中国被动式低能耗建筑年度发展研究报告

（2017）

住房和城乡建设部科技与产业化发展中心（住宅产业化促进中心）
被动式低能耗建筑产业创新战略联盟　编
江苏南通三建集团股份有限公司

中国建筑工业出版社

图书在版编目（CIP）数据

中国被动式低能耗建筑年度发展研究报告（2017）/住房和城乡建设部科技与产业化发展中心（住宅产业化促进中心），被动式低能耗建筑产业创新战略联盟，江苏南通三建集团股份有限公司编．—北京：中国建筑工业出版社，2017.9
ISBN 978-7-112-21165-4

Ⅰ.①中… Ⅱ.①住… ②被… ③江… Ⅲ.①生态建筑-建筑工程-研究报告-中国-2017 Ⅳ.①TU-023

中国版本图书馆CIP数据核字（2017）第210780号

本书主要介绍了被动式低能耗建筑国内外发展现状、分析被动式低能耗建筑在社会、经济、环境方面的效益，提出中国被动式低能耗建筑发展与推广政策建议；同时，对被动式低能耗建筑国内外标准体系发展现状进行了对比分析；并重点介绍了已获得中德共同认证的被动式低能耗建筑示范项目及有代表性示范项目的实践案例等内容。

本书为欲从事被动式低能耗建筑的开发、设计、施工、监理的行业管理人员、科研人员以及实践者提供系统全面的工作参考。

责任编辑：杨　晓　李东禧
责任校对：张　颖　关　健

中国被动式低能耗建筑年度发展研究报告（2017）
住房和城乡建设部科技与产业化发展中心（住宅产业化促进中心）
被动式低能耗建筑产业创新战略联盟　编
江苏南通三建集团股份有限公司
*
中国建筑工业出版社出版、发行（北京海淀三里河路9号）
各地新华书店、建筑书店经销
北京锋尚制版有限公司制版
北京方嘉彩色印刷有限责任公司印刷
*
开本：787×1092毫米　1/16　印张：24　字数：404千字
2017年9月第一版　2017年9月第一次印刷
定价：138.00元
ISBN 978-7-112-21165-4
（30805）

前言 | FOREWORD

2009年，住房和城乡建设部与德国交通、建筑和城市发展部共同合作，在我国开始引入以德国为代表的欧洲被动房的理念，探索适应我国不同气候条件、建筑形式和工作、生活习惯的被动式低能耗建筑，为提高我国建筑节能标准，提升房屋综合质量和性能，大幅度改善建筑室内舒适度，改良工作、居住环境，促进建筑产业和建筑产品更新换代做出重要贡献。

截止到2017年上半年，住房和城乡建设部科技与产业化发展中心参与技术支持的有45个项目单位的173栋示范建筑，总建筑面积达64万m^2。其中与德国能源署合作的是32个项目151栋示范建筑，总建筑面积达39万m^2。中国目前已有21栋建筑获得“中德合作高能能效建筑—被动式低能耗建筑质量标识”。建筑类型包括各类建筑，如住宅、工业厂房、办公楼、幼儿园、教学楼、纪念馆、学生宿舍等，涉及的省市包括：河北、山东、辽宁、青海、黑龙江、福建、内蒙古、湖南、江苏、四川、北京和河南。

河北省《被动式低能耗居住建筑节能设计标准》、《被动式超低能耗绿色建筑技术导则（试行）》（居住建筑）、国家标准图集“被动式低能耗建筑——严寒和寒冷地区居住建筑”、《青岛市被动式低能耗建筑节能设计导则》相继颁布，为被动式低能耗建筑的设计提供技术支撑。

2015年3月“被动式低能耗建筑产业技术创新战略联盟”正式成立，相继发布了四批《被动式低能耗建筑产品选用目录》。该目录已经成为被动式低能耗建筑选择产品和材料的依据。

2016年2月《中共中央国务院关于进一步加强城市规划建设管理工作的若干意见》明确提出发展被动式房屋等绿色节能建筑，这为被动式房屋下一步的发展提供强有力的政策支持。一些省市，如山东、河北、北京、江苏等地已相继出台了推广被动式低能耗建筑发展的政策，被动式低能耗建筑的发展已从星星之火渐成燎原之势。

为了系统地梳理8年来我国被动式低能耗建筑在政策、技术、标准和示范工程方面的发展状况，住房和城乡建设部科技与产业化发展中心编写了

《中国被动式低能耗建筑年度发展研究报告（2017）》。本书主要介绍了被动式低能耗建筑国内外发展现状，分析被动式低能耗建筑在社会、经济、环境方面的效益，提出中国被动式低能耗建筑发展与推广政策建议；同时，对被动式低能耗建筑国内外标准体系发展现状进行了对比分析；并重点介绍了已获得中德共同认证的被动式低能耗建筑示范项目及有代表性示范项目的实践案例等内容。

希望本书为欲从事被动式低能耗建筑的开发、设计、施工、监理的行业管理人员、科研人员以及实践者提供系统全面的工作参考。本年度报告是被动式低能耗建筑发展年度报告的第一本，计划以后每年都发布一次，为发展中国特色的被动式超低能耗建筑提供理论支撑与技术引导。

被动式低能耗建筑在中国毕竟还是一个新生事物，发展时间较短，实践项目偏少，可梳理的素材有限。同时，由于本书编写人员水平有限，难免有疏漏和不足，欢迎广大读者批评指正！

编委会

目录 | CONTENTS

一 被动式低能耗建筑发展现状

1 被动式低能耗建筑发展历程

1.1 被动式低能耗建筑的由来

早在20世纪80年代初，瑞典隆德大学博・亚当姆森（Bo Adamson）教授和德国达姆施塔房屋与环境研究所沃尔夫冈・费斯特（Wolfgang Feist）博士提出了一种新的理念：要在不设传统采暖设施而仅依靠太阳辐射、人体放热、室内灯光、电器散热等自然得热方式的条件下，建造冬季室内温度能达到20℃以上，具有必要舒适度的房屋。他们将这种房屋称为被动房。

被动式低能耗建筑是将自然通风、自然采光、太阳能辐射和室内非供暖热源得热等各种被动式节能手段与建筑围护结构高效节能技术相结合建造而成的低能耗建筑。这种建筑在大幅度减少建筑使用能耗，最大限度地降低对主动式机械采暖和制冷系统的依赖，同时明显提高室内环境的舒适性。被动式低能耗建筑不仅仅是建筑节能发展的必然趋势，而且应该是建筑发展的必然趋势。

图1_瑞典隆德大学教授博・亚当姆森

图2_本书执行主编张小玲和沃尔夫冈・费斯特夫妇

1.2 “被动式低能耗建筑”的评价指标

被动式低能耗建筑的基本要求是要满足“采暖能量来自于自身”的要求。其性能指标在不同的国家和地区需要根据自己的气候条件进行调整。

瑞典于2012年9月27日颁布了《瑞典零能耗与被动屋低能耗住宅规范》，这是世界上第一部关于被动式低能耗建筑的规范。该规范中提出的主要指标如表1所示。

表1 瑞典被动式房屋的主要指标①

类别		指标名称	指标要求
气密性		n_{50}②	≤0.3
采暖和生活热水用能	输送至建筑物的采暖和生活热水能量	气候区1	≤58kWh/（m^2·a） 最大非电加热 ≤29kWh/（m^2·a） 最大电加热
		气候区2	≤54kWh/（m^2·a） 最大非电加热 ≤27kWh/（m^2·a） 最大电加热
		气候区3	≤50kWh/（m^2·a） 最大非电加热 ≤25kWh/（m^2·a） 最大电加热
采暖负荷	楼宇采暖负荷	气候区1	≤17W/m^2
		气候区2	≤16W/m^2
		气候区3	≤15W/m^2
室内舒适度指标	采暖室内温度		20～26℃
	噪声		B类
	超温频率		10%

① 该表中的m^2指每平方米采暖面积。

② 室内外压差50帕的状态下，房屋每小时换气次数。

德国Rongen Architekte建筑师事务所提供的德国被动式房屋的主要指标如表2所示。德国被动式房屋研究所（Passive House Institute）的认证指标如表3所示。

表2 德国被动房主要指标

类别	指标名称	指标要求
气密性	n_{50}	≤0.6
建筑物总用能	总一次能源消耗	≤120kWh/（m^2·a）
采暖需热量和采暖负荷	楼宇采暖需热量	≤15kWh/（m^2·a）
	或采暖负荷	≤10 W/m^2
制冷	有效制冷需求	≤15kWh/（m^2·a）
室内舒适度指标	室内温度	20～26℃
	超温频率	10%
	室内二氧化碳含量	≤1000ppm

表3 德国被动房认证指标

类别	指标名称	指标要求
气密性	n_{50}	≤0.6
建筑物总用能	总一次能源消耗	≤120kWh/（m^2·a）
采暖需热量和采暖负荷	楼宇采暖需热量	≤15kWh/（m^2·a）
	采暖负荷	≤10 W/m^2
制冷和除湿	制冷需求（包括除湿）	≤15kWh/（m^2·a）+0.3W/（m^2·a·K）·DDH①
	或制冷负荷	≤10W/m^2

我国河北省《被动式低能耗居住建筑节能设计标准》DB13（J）/T177-2015自2015年5月1日起实施，其规定的被动式低能耗建筑的主要指标如表4所示。

表4 河北省被动式低能耗居住建筑设计标准主要指标

类别	指标名称	指标要求
气密性	n_{50}	≤0.6

① DDH指需进行干燥空气温度小时数。

续表

类别	指标名称	指标要求
设计指标	楼宇采暖需热量	≤15kWh/（m^2·a）
	采暖负荷	≤10 W/m^2
	制冷需求（包括除湿）	≤15kWh/（m^2·a）
	或制冷负荷	≤20 W/m^2
建筑物实际用能	采暖、制冷和通风一次能源消耗	≤60kWh/（m^2·a）
	建筑物总用能≤120kWh/（m^2·a）	≤120kWh/（m^2·a）
室内舒适性	室内温度	20～26℃
	超温频率	≤10%
	室内二氧化碳浓度	≤1000ppm
	围护结构非透明部分内表面温差	≤3℃
	围护结构内表面温度不低于室内温度	3℃
	门窗的室内一侧无结露现象	
	卧室、起居室和书房≤30dB（A）	
	放置新风机组的设备用房≤35dB（A）	
	室内相对湿度宜全年处于35%～65%	

2　我国被动式低能耗建筑发展状况

住房和城乡建设部科技发展促进中心自2007年与德国能源署开展合作，2009年双方确定将在中国推动被动式低能耗建筑的发展作为合作内容。2009年双方首次在中国6个城市巡演，希望能够找到愿意承担所有风险的开发商或建设单位建造出适合中国气候条件的被动式低能耗建筑。秦皇岛五兴房地产公司的秦皇岛“在水一方”和黑龙江辰能盛源房地产开发有限公司“辰能·溪树庭院”成为首批双方合作的试点项目。随着2012年“在水一方”C15号住宅楼建造成功，愿意尝试做被动式低能耗建筑的项目愈来愈多。依据被动式低能耗建筑必须符合当地气候条件的原则，我中心逐个研究每个项目的技术路线，总结试点示范项目的经验，为编制地方被动式低能耗建筑的标准打下了坚实基础。2015年河北省《被动式低能耗居住建筑设计标准》出版发行，2016年9月1日《被动式低能耗建筑——严寒寒冷地区居住》国家标准图集正式批准实施。自2017年4月1日起生效，青岛市城乡建设委员会发布《青岛市被动式低能耗建筑节能设计导则》。目前，正在编制黑龙江《被动式低能耗居住建筑设计标准》，被动式低能耗建筑仍处在“打基础、促发展”的阶段，在不同气候区开展试点示范项目的建设，研究不同气候区的相关标准，待试点成熟后再大规模推广。

2.1 工程概况

到目前为止，住房和城乡建设部科技与产业化发展中心参与技术支持的有45个项目单位的173栋示范建筑，总建筑面积达64万m^2。其中与德国能源署合作的是32个项目151栋示范建筑，总建筑面积达39万m^2，具体情况如表5所示。建筑类型包括各类建筑，如住宅、工业厂房、办公楼、幼儿园、教学楼、纪念馆、学生宿舍等，涉及的省市包括：河北、山东、辽宁、青海、黑龙江、福建、内蒙古、湖南、江苏、四川、北京和河南。

气候区涉及严寒、寒冷、夏热冬冷、夏热冬暖、青藏高原等气候区。目前已获得由德国能源署、住房和城乡建设部科技中心颁发的“中德合作高能效建筑—被动式低能耗建筑质量标识”的项目有秦皇岛“在水一方”C15号住宅楼（图3）、哈尔滨“辰能·溪树庭院”B4号住宅楼（图4）、河北省建筑

图3_秦皇岛“在水一方”C15号楼

图4_哈尔滨“辰能·溪树庭院”B4号楼

科技研发中心办公楼（图5）、山东潍坊未来之家（图6）和日照市新型建材住宅示范区27号住宅楼（图7）、济南市中心城区防灾避险公园救灾指挥中心（图8）、团林实验学校改扩建工程（图9）、江苏南通三建研发中心（图10）、大连博朗地产金纬度项目1号和24号楼（图11、图12）、威海市中小学生综合实践教育中心二号主题教育馆（图13）、北戴河大蒲河小学综合楼（图14）、北戴河大蒲河小学实验楼（图15）、北戴河大蒲河小学食堂报告厅（图16）、大连金维度项目3号楼（图17）、大连金维度项目23号楼（图18）、大连金维度项目25号楼（图19）、福建南安美景家园1号楼（图20）、张家口紫金湾陶然居（图21）、惠天然·城市公园被动房体验馆（图22）。

2016年，由住房和城乡建设部科技发展促进中心提供技术支持的湖南株洲“惠天然·城市公园被动房体验馆”，是第一个已经竣工的夏热冬冷地区被动房低能耗居住建筑项目。

图5_河北省建筑科技研发中心办公楼

图6_山东潍坊未来之家

图7_日照市新型建材住宅示范区27号住宅楼

图8_济南防灾避险公园救灾指挥中心

图9_团林实验学校改扩建工程

图10_江苏南通三建研发中心

图11_大连金纬度项目1号楼

图12_大连金纬度项目24号楼

图13_威海市中小学生综合实践教育中心二号主题教育馆

图14_北戴河大蒲河小学综合楼

图15_北戴河大蒲河小学实验楼

图16_北戴河大蒲河小学食堂报告厅

图17_ 大连金维度项目3号楼

图18_大连金维度项目23号楼

图19_ 大连金维度项目25号楼

图20_ 福建南安美景家园1号楼

图21_张家口紫金湾陶然居

图22_惠天然·城市公园被动房体验馆

表5仅列出了住房和城乡建设部科技与产业化发展中提供技术咨询的项目。特别提到的是，湖南株洲市国投文旅产业发展有限公司将建设61608m^{2}的株洲创业广场，这可能是世界上最大的被动式低能耗房屋单体项目。

表5　被动式低能耗建筑建设情况一览表

序号	城市	项目名称	进展情况	类别	层数	建筑面积（m^2）	申报单位
1	河北秦皇岛	“在水一方”C区	竣工	住宅	18层	73681/9栋	秦皇岛五兴地产有限公司
2	黑龙江哈尔滨	辰能·溪树庭院住宅B4	竣工	住宅	21层	7800	黑龙江辰能盛源房地产开发有限公司
		辰能·溪树庭院写字楼	设计	办公楼	17层	19000	
3	河北石家庄	河北省建筑科技研发中心	竣工	办公楼	6层	13000	河北省建筑科学研究院
4	福建南安	福建南安美景家园1号楼	竣工	住宅	18层	6500	中节能新材料有限公司
5	青海乐都	青海省海东市乐都区丽水湾小区被动式低建筑示范楼	正在施工	住宅	18层	14000	乐都金鼎房地产开发有限公司
6	黑龙江哈尔滨	被动式低能耗工厂建造技术的综合集成与应用示范	正在施工	工厂	2层	40000	哈尔滨森鹰窗业股份有限公司
7	湖南株洲	湖南株洲·惠天然·城市公园二期被动房示范楼	竣工	住宅	12层	7142	伟大集团（湖南）节能房股份有限公司
8	河北涿州	被动式低能耗办公楼建设项目	竣工	办公楼	5层	5000	河北新华幕墙有限公司

续表

序号	城市	项目名称	进展情况	类别	层数	建筑面积（m^2）	申报单位
9	辽宁营口	高层住宅示范楼（辰威丽湾）23号	完成设计	住宅	18层	5000	辽宁辰威集团有限公司
10	山东济南	山东建筑大学绿色教学实验楼超低能耗技术应用研究与集成示范	竣工	教学楼	6层	10000	山东建筑大学
11	山东烟台	烟台北航科技园D1科研办公楼	正在施工	办公楼	4层	3048	烟台京航科技园有限公司
12	山东济南	山东城市建设职业学院低能耗实验实训中心	正在施工	教学楼	6层	20000	山东城市建设职业学院
13	山东烟台	烟台建城丽都居住区E地块幼儿园	正在施工	幼儿园	3层	2246	烟台市住房和城乡建设局
14	山东济南	济南泉城公园应急服务中心	竣工	办公楼	3层	3000	济南市城市园林绿化局
15	山东潍坊	潍坊未来之家	竣工	办公楼	3层	2197	潍坊市住房和城乡建设局
16	山东日照	日照市新型建材住宅示范区27号住宅楼	竣工	住宅	5层	5857	日照山海天城建开发有限公司
17	山东威海	威海市中小学生综合实践教育中心2号主题教育馆	竣工	教学楼	4层	30000	威海市城乡建设委员会
18	山东威海	威海市海源公园一战华工纪念馆	竣工	纪念馆	1层	2170	威海市城乡建设委员会
19		及配套管理房	竣工	办公楼	2层	1320	
20	河北秦皇岛	北戴河新区大蒲河小学迁建项目	竣工	学校	多层	6000	北戴河新区社会发展局
21	河北秦皇岛	北戴河新区社会发展局团林实验学校	竣工	学校	多层	约10000	北戴河新区社会发展局
22	辽宁大连	金维度33栋低密度住区	完成设计；主体完工	住宅	多层	20000/33栋	大连博朗房地产开发公司
23	江苏海门	江苏南通三建研发中心	竣工	办公楼	多层	6758	江苏南通三建集团有限公司
24	河北高碑店	门窗博物馆	正在设计	展览馆	多层	15000	河北鼎泰华奥投资有限公司
25	内蒙古突泉	春州市广场5号住宅楼	主体施工	住宅	高层	12000	内蒙古鑫泰安装集团有限公司

续表

序号	城市	项目名称	进展情况	类别	层数	建筑面积（m^2）	申报单位
26	内蒙古阿尔山	内蒙古阿尔山旅游服务中心	初步设计	办公楼	2层	5000	阿尔山市万泉城市基础设施投资有限责任公司
27	江苏盐城	日月星城幼儿园	主体封顶	幼儿园	低层	2000	江苏盐城通达置业有限公司
28	湖南长沙	山水礼城别墅区	未开始	住宅	低层	45000/75栋	湖南致盛愿景房地产开发有限公司
29	辽宁大连	美林溪谷	未开始	住宅	多层	5000	大连瑞家房屋开发有限公司
30	河北张家口	紫金湾被动式小区10号楼	竣工	住宅	多层	2700	张家口蓝盾房地产开发有限公司
31	北京	焦化厂公共租赁住房项目超低能耗建筑示范工程17号、21号、22号	完成设计	住宅	高层	30000/3栋	北京保障房中心
32	北京	北京市百子湾保障房项目公租房地块02号、4号楼	完成设计	住宅	6层	2447	北京保障房中心
33	四川成都	中建科技成都有限公司产业化研发中心	正在施工	办公	4层	4190	中建科技成都有限公司
34	北京	北京金隅西砂西区公租房12号楼住宅项目	完成设计	住宅	16层	5948	北京金隅嘉业房地产开发有限公司
35	浙江杭州	杭州景澜玉皇山舍项目	正在施工	旅馆	2层	3480	景澜酒店投资管理有限公司
36	北京	凝创空间暨被动房建材展示中心	正在施工	咖啡厅	局部改造	440	中材节能股份有限公司北京工程分公司
37	湖南株洲	湖南株洲创业广场	正在施工	商业、办公	地上4层地下2层	61608	株洲市国投文旅产业发展有限公司
38	湖南株洲	株洲伟大集团惠天然·城市公园被动房体验馆	竣工	居住	3层	847	湖南伟大集团
39	山东滕州	中房·缇香郡二期项目	正在设计	居住	地上3层地下2层	10441/6栋	滕州市中房房地产开发有限公司
40	山东济南	济南市汉峪海风被动式超低能耗居住社区（m^2）	正在设计	居住	17～26层	105964/7栋	山海大象集团

续表

序号	城市	项目名称	进展情况	类别	层数	建筑面积（m^2）	申报单位
41	江苏海门	海门科教城11号	正在设计	办公	3层	2434	南通三建控股（集团）有限公司
42	江苏海门	海门科教城16号、17号、18号楼	正在设计	办公	6层	1669/3栋	南通三建控股（集团）有限公司
43	江苏海门	2被动式装配式技术集成绿色建筑示范楼	正在设计	办公	多层	2300	南通三建控股（集团）有限公司
44	江苏海门	海门文化馆、图书馆	正在设计	办公	多层	9925	南通三建控股（集团）有限公司
45	河南郑州	海马国际商务中心二期（A3地块1号楼）	正在设计	办公	多层	8792	海马（郑州）商务会馆有限公司

河北、山东已经全省范围内进行建设。河北省15个项目竣工，其建筑面积达11.83万m^2；5个被动式低能耗建筑项目正在进行建设，其建筑面积达11.83万m^2；河北还有10个项目建筑面积达150万m^2的被动项目将要开始建设。山东省有30多个被动式低能耗建筑项目，总计建筑面积超过40万m^2。

山东、河北、江苏已经出现了较大规模的区域性建设。江苏南通三建集团有限公司在江苏省海门市规划了20万m^2的“被动式超低能耗绿色产业园”；张家口蓝盾房地产开发有限公司将要在张家口建设8万m^2的“紫金湾被动式低能耗住宅小区”。由山海大象集团开发的“济南市汉峪海风被动式超低能耗居住社区”（105964m^2）即将开工建设，这也是中国境内最大的被动式低能耗建筑社区。

2.2 被动式低能耗建筑实测结果

一个房屋是否符合被动式房屋的要求，要以室内环境和能耗实测结果为依据。中德合作项目的每一个被动式低能耗建筑都需要进行室内环境和能耗实测。在已投入使用的项目中，已进行数据分析的秦皇岛“在水一方”项目，其实测结果详见表6。

表6 “在水一方”C15号楼主要技术指标[①]

测试项目	被动式低能耗建筑标准	实测结果	
测试样本	—	二层东室，建筑面积132m^2	二层西室，建筑面积134m^2
气密性	n_{50}≤0.6	0.34	0.68
室内温度	20～26℃	第一采暖期平均温度：18.9℃ 第二采暖期平均温度：19.9℃ 第一制冷期平均温度：27.6℃ 第二制冷期平均温度：24.8℃	第一采暖期平均温度：20.6℃ 第二采暖期平均温度：21.0℃ 第一制冷期平均温度：26.3℃ 第二制冷期平均温度：——
相对湿度	40%～65%	第一采暖期平均湿度：68.4% 第二采暖期平均湿度：57.4% 第一制冷期平均湿度：75.1% 第二制冷期平均湿度：67.0%	第一采暖期平均湿度：58.9% 第二采暖期平均湿度：52.2% 第一制冷期平均湿度：70.9% 第二制冷期平均湿度：——
CO_2含量	≤1000ppm	198～1032ppm	239～1054ppm
		≤1000ppm比例：99.4%	≤1000ppm比例：99.6%
室内噪声	≤30dB	≤30dB	≤30dB
室内风速	≤ 0.3m/s	≤0.3 m/s	≤0.3m/s

两户人家反映住在被动房里生病明显减少。一户男主人有心脏病史，他反映住在被动房之后，心脏病症状得到明显缓解。另一户男主人患有皮肤干燥症，他反映住在被动式低能耗房屋之后，症状基本消失。

在其他项目中也有用户反映身体健康状况得到改善。譬如，感冒次数明显减少，风湿疼痛明显减轻等。

2.3 各地对被动式低能耗建筑发展支持政策情况

2016年中共中央国务院的《关于进一步加强城市规划建设管理工作的若干意见》明确提出“发展被动式房屋等绿色节能建筑”，这是首次在国家文件中明确发展被动式低能耗建筑。住建部《关于印发建筑节能与绿色建筑发

① 居住人根据生活习惯，将采暖期、制冷期室内温度限定在不同水平，并非完全依照被动房标准规定的20～26℃进行设定。

展“十三五”规划的通知》（建科〔2017〕53号），提出：“在具备条件的园区街区推动超低能耗建筑集中连片建设”，“鼓励开展零能耗建筑建设试点”，“在全国不同气候区积极开展超低能耗建设示范”，“到2020年，建设超低能耗、近零能耗建筑示范项目1000万m^2以上”。

到目前为止，对被动式低能耗建筑建设明确提出政策和资金支持的有北京市、河北省、山东省和江苏省。

北京市住房和城乡建设委员会、北京市规划和国土资源管理委员会、北京市发展和改革委员会和北京市财政局联合发文“关于印发《北京市推动超低能耗建筑发展行动计划（2016—2018年）》的通知”（京建发〔2016〕355号），推动北京市超低能耗建筑发展。提出了加强超低能耗建筑技术研究和集成创新，增强自主保障能力；加快推进超低能耗建筑示范项目的落地，发挥示范项目的辐射作用；2016～2018年，政府投资建设的项目中建设不少于20万m^2示范项目，重点支持北京城市副中心行政办公区、政府投资的保障性住房等示范项目；社会资本投资建设项目中建设不少于10万m^2示范项目；制定超低能耗建筑技术标准和规范，推动标准化、规模化发展。编制超低能耗建筑相关设计、施工、验收及评价标准，超低能耗建筑工程设计、施工标准图集，形成完善的超低能耗建筑设计施工标准体系。对政府投资的项目，增量投资由政府资金承担；社会投资的项目由市级财政给予一定的奖励资金，被认定为第一年度的示范项目，资金奖励标准为1000元/m^2，且单个项目不超过3000万元；第二年度的示范项目，资金奖励标准为800元/m^2，且单个项目不超过2500万元；第三年度的示范项目，资金奖励标准为600元/m^2，且单个项目不超过2000万元。

河北省财政厅和住房城乡建设厅联合发文《河北省建筑节能专项资金管理暂行办法》（冀财建〔2015〕88号）对超低能耗示范每平方米补助10元，单个项目补助不超过80万元；对既有建筑被动式低能耗建筑改造示范项目每平方米补助600元，不超过100万元。

河北省保定市人民政府办公厅印发了《保定市提高居住建筑节能标准实施方案》（保政办发〔2015〕38号），鼓励建设超低能耗被动房。保定市中心城区对实施超低能耗被动式建筑的项目，其土地出让底价每亩下浮20万元，且同等条件下出让土地先得。定州市人民政府印发《提高住宅建筑节能标准发展被动式超低能耗绿色建筑的实施方案（试行）的通知》，对达到被动式超低能耗绿色建筑按20元/m^{2}奖励，奖励总额不超过100万元，同时土地出让底价每亩下浮20万元。对开展被动式超低能耗绿色建筑的项目，免收城市建设配套费，其他政府性基金和地方性行政性收费，可按收费标准下限执行。被动式超低能耗绿色建筑可免于保障房配建，同时政府可优先购买其库存用于保障性住房。

山东省住房城乡建设厅和财政厅联合发文《山东省住房城乡建设厅、山东省财政厅关于组织申报省级超低能耗绿色建筑试点示范工程的通知》（鲁建节科函〔2014〕5号），大力支持发展被动式超低能耗绿色建筑合作项目。为保证示范任务顺利完成，省住房和城乡建设厅与示范项目建设单位签订目标协议书，在资金、技术等方面提供支持，加强对示范项目实施、资金管理使用等情况的监督、指导、检查和考核，推动示范工作顺利开展。示范项目实施日期为2014年6月至2016年6月。目标协议书明确了示范项目的责任主体，负责落实相应的方案、设计、施工、资金等保障条件，确保示范项目达到被动式超低能耗绿色建筑的指标要求。2014年山东省对8个被动房项目按增量成本进行补贴，补贴额度在1200～1500元/m^2；2015年山东省对7个被动房项目按增量成本的80%进行补贴，补贴额度在1000～1200元/m^2。

青岛市2013年就提出了对建造被动式低能耗建筑的鼓励政策。该市城乡建设委员会和财政局共同设立“绿色建筑技术和产业研发推广专项资金”和“被动式建筑技术研究及示范专项资金”（以下简称“奖励资金”），见“青建办字〔2013〕82号”文。该奖励资金的设立旨在进一步大力推进青岛市绿色建筑，促进绿色建筑技术和产业研发推广。奖励资金主要用于支持青岛市绿色建筑项目建设、绿色建筑技术研发及相关标准、规范的编制和被动式低能耗建筑技术研究及示范等。奖励资金由青岛市城乡建设委员会和青岛市财政局根据项目进度情况进行奖励。该奖励资金管理办法明确了对被动式低能耗建筑示范工程给予100元/ m^{2}的奖励，单个项目300万元的封顶奖励。对于示范项目形成青岛市被动式建筑工程建设标准或适用性技术研究等技术成果的，分别给予50万元的额外奖励。被动式低能耗建筑示范工程通过图纸专项审查后，拨付奖励资金约30%，在工程项目竣工后拨付奖励金额的40%，通过三年运行状态监测后，拨付剩余全部资金。

江苏省海门市在《市政府关于加快推进建筑产业现代化的实施意见》（海政发〔2015〕27号）文件中，要求在示范引领期（2015～2017年），被动式超低能耗建筑的比例要达到5%以上；在推广发展期（2018～2020年），被动式超低能耗建筑的比例要达到10%以上；在普及应用期（2012～2023年），被动式超低能耗建筑的比例要达到20%以上。同时，提出政府投资的保障性住房（含拆迁安置房）、公共建筑及国有资本开发的建设项目，应率先采用装配式建筑技术、绿色低碳建筑技术、被动式超低能耗建筑技术和全装修成品房建设；到2017年，新开工的公共建筑项目采用装配式建筑技术、被动式超低能耗建筑技术和全装修成品房的比例应达到30%；到2020年提升至50%。

在政策措施方面提出：（1）将被动式超低能耗建筑比例要求纳入地块规划设计要点，对采用被动式超低能耗建筑技术建设的保障性安居工程及公共建筑项目，所增加的成本计入项目建设成本；（2）利用节能减排（建筑产业现代化）专项引导资金重点支持采用装配式、成品房集成、绿色低碳和被动式超低能耗等建筑技术的建设项目和建筑产业化现代化示范基地、示范项目建设；（3）对采用被动式超低能耗建筑技术的建设项目及提供技术管理服务的研发、设计、试验及培训等单位给予奖励扶持；（4）鼓励采用菜单式或集体委托的方式进行装修，房地产开发企业开发成品住宅（含绿色低碳、被动式超低能耗建设成本投入）发生的实际装修成本按规定在税前扣除；（5）采用被动式超低能耗建筑技术的开发建设项目，对征收的墙改基金、散装水泥基金即征即退，扬尘排污费按规定核定相应的达标削减系数执行；（6）采用被动式超低能耗建筑技术开发建设项目可分期交纳土地出让金；（7）房地产开发建设项目采用被动式超低能耗建筑技术建设的，外墙预制部分建筑面积可不计入成交地块的容积率计算；（8）激励装配式、绿色低碳和被动式超低能耗建筑技术在开发建设项目中应用，积极推行项目设计、生产、施工一体化开发建设。根据江苏省文件精神，2015年省级建筑节能专项引导资金给予海门市中德合作被动式低能耗建筑示范项目“江苏南通三建研发中心”114万元补助资金。

2.4 标准及技术文件的编制情况

目前，从全国来看，试点项目较少，竣工投入使用更少，还不具备编制国家标准的条件。但是，一些完成试点示范的地区可以先行编制地方标准，时机成熟后再编制国家标准。

河北省住房和城乡建设厅于2015年2月27日下发了“河北省住房和城乡建设厅关于发布《被动式低能耗居住建筑节能设计标准》的通知”。这个由住房和城乡建设部科技发展促进中心、河北省建筑科学研究院和河北五兴能源集团秦皇岛五兴房地产有限公司联合主编的《被动式低能耗居住建筑节能设计标准》被批准为河北省工程建设标准，编号为DB 13（J）/T177-2015，自2015年5月1日起实施。该标准是中国第一部，同时也是世界范围内继瑞典《被动房低能耗住宅规范》之后的第二本有关被动式房屋的标准。

住房和城乡建设部2015年10月1日颁布了《被动式超低能耗绿色建筑技术导则》(居住建筑)。由住房和城乡建设部科技发展促进中心与中国建筑标准设计院共同主编的《被动式低能耗建筑构造图集》已经编制完成，并于2016年9月1日正式生效。住房和城乡建设部科技发展促进中心主编的青岛市《被动式低能耗建筑节能设计导则》于自2017年4月1日起生效，《导则》适用于青岛市新建和扩建的居住、办公、旅馆、学校、幼儿园、养老院等被动式低能耗民用建筑的节能设计，改建建筑和医院、商场、工业厂房类建筑可参照执行。由住房和城乡建设部科技发展促进中心主编的黑龙江省《被动式低能耗居住建筑节能设计标准》预计今年年底完成。

3　被动式低能耗建筑发展中存在的主要问题

1）盲目照搬照抄德国标准

在实践过程中，有些项目往往会按德国被动房研究所规定的外围护结构的传热系数一定要小于0.15W/（m^2·K）、采暖热需求小于15kWh/（m^2·a）来进行设计。这一规定对于我国寒冷地区居住建筑和办公建筑是比较适合的。但于严寒、夏热冬冷地区、夏热冬暖地区不同气候条件下的不同建筑需要进行调整。

2）设计施工构造错误使建成的被动房出现质量问题

建成的被动式房屋除了能耗比传统节能建筑大大降低之外，室内环境应该是极佳的。在某些以被动房名义的房屋竣工之后，室内出现了不应该出现的结露发霉现象（图23、图24）。这种现象的出现表明了设计或施工出现了构造错误。

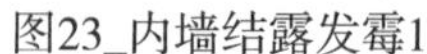
图23_内墙结露发霉1

图24_ 内墙结露发霉2

3）过度使用产品与技术

被动式低能耗建筑是以室内环境和能耗双控指标下的能耗的最终结果作为评判性指标，而不是以用了多少种、多么高端的技术和产品为荣耀。恰恰相反，在达到同样结果的前提下，所用的技术越少越好，越适用越好，投入的资金越少越好。某些单位在建设被动式低能耗建筑项目时，还以多用技术、用高端技术的技术路线，使项目投入了不必要的技术和资金。

如果一个项目用一个简单的空气源热泵就可以解决采暖和制冷问题，为什么要逼着它用地源热泵、太阳能系统呢？为什么如果只用了空气源热泵的项目就被判定为可再生能源利用率不够，不够上档次？

一个寒冷地区的项目，原本只需安装一个空气源热泵就可以满足全年的冷热需求，但该项目为了满足某些标识认证的需要，同时配备了地道风、地源热泵、太阳能热水溴化锂机组，同时还安装了空气源热泵。该项目用在新风空调的投资超过1200元/m^2，是普通项目的三倍以上。同时，过多产品的使用给房屋使用带来了负面影响。一是屋面太阳能热水系统占用了使用面积。该项目屋面设计是屋顶花园。由于屋顶太阳能热水系统占据了三分之二以上的屋顶面积，使原本可利用的300m^{2}休闲使用空间，剩下不到100m^2。二是室内机组运行发热给夏季带来了负面影响。楼内的机组设施有些部位烫手，增加了夏季的负荷。三是带来了维护成本的提升。设备用得越多，维护工作越繁重，成本也越高。四是运行成本的大幅度上升。空调系统的使用年限一般在15年左右，太阳能热水系统10～15年。将设备投资折合进使用费用中就能够判断出减少建筑用能所付出的代价。这种代价绝不同于我们将普通建筑的使用寿命从几十年延长到几百年的增量成本。前者是每隔10～15年就要投入一次，而后者仅是初始成本的一次性投入。

4）一些关键产品差强人意

（1）门窗系统产品

我国门窗行业同德国相比仍有很大差距。差距体现在两个方面，一是提供性能稳定产品的厂商凤毛麟角。二是优质的被动式低能耗建筑外门仍然缺失。

被动式低能耗建筑主要用的外窗有三种，木窗、塑料窗和复合型材。我国能够生产性能稳定的被动房所用木窗的厂商仅为3～4家。而号称能够生产被动房塑料窗的企业比比皆是。在被动式低能耗建筑项目中出现工程质量问题的往往是塑料窗。在德国，塑料窗的市场占有率在50%以上，其产品与木窗一样均是由同样加工水平的工厂生产出来的。而我国一些投资规模较小的加工厂，本不具备生产优质门窗的条件，从型材厂商购买型材就敢做被动式低能耗建筑外窗的加工。市场上的被动式低能耗建筑所用塑料窗产品参差不齐，有些工程出现了质量问题，严重者造成房屋的气密性测试无法通过。图25中的三道密封条均在角部呈断裂状态。图26中的型材角部裂缝严重。这种状态的外窗即使通过修补通过了房屋的气密性测试，在使用过程中还会需要不断地维修。

图25_ 塑料窗密封条断缝

图26_ 型材角部裂缝

图27_ 玻璃损坏

我国目前应用塑料窗的工程，为了安装方便，普遍方式是先把窗框装上，然后再安装玻璃。这种模式使窗的质量难以保证，玻璃损坏比较严重。图27中的玻璃就是在安装过程中损坏的，而这个工程中大约有10%的玻璃在竣工时就已经损坏了。而德国的塑料窗同木窗一样，玻璃安装必须在生产线上完成，现场整窗安装。而德国生产线上的工人须在师傅的指导下安装玻璃，这道工序上的工人必须有三年以上的学徒期。我国目前门窗产品与德国有很大差距，不仅表现在制造工艺上，更大的差距表现在生产线上工人的差距。德国门窗厂有品质和手艺的传承，而我国上规模的门窗厂并没有很重视工艺与品质。表现在最终产品的差别，就是德国每樘窗都具有相同的品质，而我们中国的产品则参差不齐，常常造成房屋气密性测试很难通过。

近两年，以森鹰、米兰之窗、山东极景为代表的门窗厂有了长足的进步，其产品质量逐渐逼近国外先进产品。但是，对产品性能和生产工艺要求更高的楼宇外门，国内企业仍然不能进行批量生产。

（2）门窗系统配套材料

目前，我国门窗系统所需要的密封材料、隔热垫板、密封条的产品质量较差。一些生产厂商仍然停留在走模仿、低价的老路。这种做法最终会让企业走向死路。

以五金件为例，我国国内著名门窗厂均使用国外产品，并以使用德国五金产品为荣。是因为我国企业做不出来吗？不是，而是低价竞争市场范围让生产优质五金没有出路。据反映，有国外名牌企业委托中国国内工厂加工五金件，打上自己标签之后再卖给中国企业。什么时候我国门窗企业以应用国内某厂商的产品为荣，国内市场就走向正轨了。

再以门窗所用防水透汽膜和防水隔汽膜为例。中国一些生产企业用无纺布或塑料仿制，对其力学性能、弹性要求和耐久性不做要求，更谈不上配套相应的密封胶并满足施工要求。

（3）外墙保温系统配套材料

我国企业可以生产品质较优的外墙保温系统所用的保温材料、网格布、聚合物砂浆。但是市场上的锚栓、滴水线条质量普遍较差。一些工地上的滴水线条、门窗连接线条用手一撕即破。国内已有厂商按国际优质标准生产配套材料。

（4）防水卷材系统产品

同德国防水卷材系统相比，我国市场上还是防水卷材生产厂商将防水卷材卖到工程上去的做法。而被动房要求厂商提供的是屋面卷材防水保温系统。这个系统包含防水隔汽层、保温材料、防水透汽层和施工辅材。其使用寿命将达50年以上。我国防水卷材企业还没有形成供应屋面卷材防水保温系统的做法。

5）粗放式施工

粗放施工是建造被动式房屋的大忌。我国建造被动式低能耗建筑有一个重要的不利因素需要考虑，就是以农民工为主的施工工人承担着对被动式低能耗建筑性能影响较大的安装工程，而这些工人又处于高流动状态。如果施工管理不到位，某些工程质量就难以保证。在工地检查过程中我们发现一些常见的施工质量问题，譬如：墙面水泥砂浆没有抹到地面、保温板铺装形成的缝隙较大、女儿墙盖板没有钉牢固、外窗没有做好施工保护、外墙外保温系统中网格布外露等等。图28中窗口下部的保温板裸露，根部形成孔洞。暴风雨时，很可能会出现雨水向墙体内部灌入的现象。图29中

图28_ 窗角处有空洞

图29_ 密封条脱落

的外窗密封条已经脱落。这种情况在没有做好外窗保护的施工工地是常见现象。

总之，被动式低能耗建筑的健康发展需要人们回归追求事物的本真。作为工程技术人员，我们既不能妄自菲薄，机械地照搬照抄德国标准；也不能妄尊自大，忽视行业中存在的问题。我们需要知行合一，一步一步地克服困难，推动行业进步。

（撰文：张小玲）

二　国外被动式低能耗建筑发展情况

自德国物理学家沃尔夫冈·费斯特博士于1991年建造出全世界第一个具有现代意义的被动式房屋以来，至今已建成的被动式建筑近65000栋，总建筑面积达1000万m^2。建筑类型涉及居住、办公、学校、养老院、工厂、超市、宾馆等。瑞典、德国、丹麦、奥地利、比利时是发展被动式低能耗建筑较好的国家。

瑞典已经宣布将使建筑能耗摆脱对化石能源的依赖，并且建筑基本按被动式低能耗建筑标准建造，并已经对既有建筑按被动式低耗建筑标准进行改造。这个国家只有在建筑可以用废热时，才可以以低于被动式低能耗建筑的标准建造。

德国在福岛核电事故后，率先宣布放弃使用核能，而核能占有其能源供应的40%。2011年，德国提出了新的节能目标，即自2019年1月1日起，政府办公建筑将实现（近）零能耗；2021年1月1日起，所有的新建建筑将建成（近）零能耗。2050年所有建筑要节约80%左右的一次能源，实现上述目标将为德国节省出40%左右的社会终端能耗。

奥地利政府在相关专家数年的调查研究结果基础上，制定了能源自供自足循环经济政策，按照现在的实现速度，奥地利有望在2040年实现“不再依赖化石能源”和“全国CO_2零排放”的“梦想”，成为世界上第一个无化石能源消耗的国家。

比利时是世界上最早在全国范围内实施只建造“被动式房屋”的国家。从2015年1月1日起，比利时所有建筑将按被动式房屋标准建造。

2009年12月18日欧盟决议：要最大限度地利用建筑潜在的能源，自2020年起，所有新建建筑必须达到“近零能耗建筑”标准。此项规定意味着：新建建筑要达到零排放建筑标准，建筑物所需能源由可再生能源替代，对建筑物的改造也必须最大限度地发掘其内在的能源潜力。

这些国家和地区逐渐将房屋建设成被动式低能耗房屋，不但将极大地节约能源，使其建筑摆脱对化石能源的依赖，而且房屋寿命可以得到极大的延长，资源与环境可以得到有效的保护。可以毫不夸张地说，被动式低能耗建筑是人类得到永续发展的必经之路。

（撰文：张小玲）

三　发展被动式低能耗建筑的经济与技术政策

在我国发展被动房面临诸多挑战，这些挑战既有经济方面的，又有技术层面的，表现为承受不了增量成本、缺乏政策激励、无产品可用、无标准可用、专业人员匮乏等等。政府应出台相应技术与经济政策引导行业健康发展。

除北京、河北、山东和江苏外，被动式低能耗建筑的建造无激励政策。建造被动式低能耗建筑需要付出比一般建筑更多的资金和精力。虽然一些开发商看到了被动式低能耗建筑可以给他们带来经济利益，但对大多数开发商面对资金和建造失败风险的压力，仍望而却步。我国一些现有规定严重影响被动房的开发建设。譬如对房屋容积率和面积计算的现有规定制约和阻碍了被动房建设。按照我国现有规定以外墙外包线来计算建筑面积和容积率。而被动式低能耗建筑有比一般房屋高出10~30cm厚的保温层，用这一计算方法首先会给开发商造成容积率的损失，开发商不愿意；如果开发商还用这一规定计算建筑面积，那么房屋购买者将要多付至少3%~10%的费用去购买由多出的保温层构成的建筑面积。又如，限期开发的规定迫使开发商放弃建造被动房。一些开发商反映，在拿到土地后，他们必须在规定时间内完成开发。而有些土地限期开发时间太短，在尚无经验的情况下，开发商不敢建造被动房。关于下一步推广应用被动式低能耗房屋的建议如下：

1. 扩大被动式低能耗房屋的示范规模

在不同气候区选取包括住宅、中小学校、办公楼等不同类型的房屋开展示范，选取积极性高、保障力强的城市开展区域成规模的被动式低能耗房屋示范，及时总结示范经验并在全国扩大推广。

2. 引导相关材料产品行业的发展，促进建筑节能材料与产品更新换代

通过被动式房屋的推广形成一定的市场规模，鼓励有积极性的企业开展

研发与示范，引导国内相关产品升级换代，带动建筑节能材料与产品市场的发展。

3. 研究推动被动式低能耗房屋发展的激励政策

与财政主管部门协调，争取出台鼓励采用被动式低能耗房屋的财政激励政策，研究关于税收、土地、规划、容积率等方面的激励政策建议。鼓励有积极性的地方率先出台激励政策，鼓励更多的开发商建造被动式低能耗房屋。

4. 对被动式房屋采用结构外墙计算容积率和建筑面积

不以建筑外围护外包线计算容积率和建筑面积，即外保温层不计入。而是以结构最外层计算容积率和建筑面积，这种计算方法将不会使开发商因建造被动房而损失容积率，也不会使购房者多花线购买厚保温层构成的建筑面积。

5. 适当放宽建造被动房地块开发期限

对建造被动式低能耗房屋的地块给予开发期限可以延长1～2年的政策支持。这一政策将使开发商有时间完成被动式低能耗房屋的设计和掌握相关建造知识。

6. 限制在西藏、青海地区推广使用集中供暖

西藏、青海地区至今还是一方净土。随着生活条件的改善，希望生活工作环境有集中供暖设施已经成为这一地区的诉求。国家也投入巨额资金支持这一地区的基础设施的建设。西藏、青海地区太阳能资源丰富，完全有条件利用被动式低能耗建筑技术满足人们室内舒适度的要求。建议国家把资金投入到被动式低能耗建筑建设过程中。对这一地区率先提出，无论是既有建筑改造还是新建建筑必须建成被动式低能耗建筑。

7. 限制在淮河以南地区推广使用集中供暖

我国广大的南方地区，尤其是长江流域的城市，对冬季供暖的呼声愈来愈高。上海、武汉等城市已经出现了集中供暖的高档居住小区。这种基础设

施在这一区域的运行时间，每年仅有2个多月，不但耗费了大量基础设施投资，而且每年占用大量人力、物力资源。建议严禁在这一区域进行集中供暖的基础设施建设。鼓励有条件的地区制订被动式低能耗建筑的推广目标，到2050年前后将这一地区的建筑逐步建设成被动式低能耗建筑。

8. 提高既有建筑节能改造标准

我国正在逐步对居住建筑进行节能改造。目前的节能改造目标是按现行国家的节能标准进行的。德国专家提醒我们，不要走他们进行二次节能改造的老路，应一步改造到位。建议提高既有建筑节能改造标准，从现在的节能65%提高到被动式房屋。

9. 严格限制各地新建供暖设施

为了满足新建建筑的需求，各地有大量基金投入到供暖设施的建设。建议严格限制各地的新建供暖设施，将投入到供暖设施的基金转入到支持推广被动式低能耗建筑领域。

10. 对建造被动式低能耗建筑给予政策支持

各地对被动式低能耗建筑建设应给给予政策支持。如对开发商提供容积率的计算以结构墙为准或提高容积率支持政策；对被动式低能耗建筑的购房人提供降低首付、低息贷款等等。

11. 支持被动式低能耗房屋的技术研发，改变高端产品依赖进口的局面

围绕被动式低能耗房屋的特殊技术需求，要研发拥有自主知识产权的新技术、新产品、新材料和新工艺。尽管示范项目中绝大部分的技术和产品都可以在国内找到，但是还有部分关键技术和高端产品，如传热系数K≤0.8 W/（m^2·K）的被动式房屋用外门、阻断阳台与主体结构热桥的连接构件、低导热结构连接构件、窗与墙体之间的防水密封材料、长寿命的屋面卷材系统、外墙保温系统中的专用系统配件等，因国内研发落后，至今尚无成熟的产品。有些因目前市场需求量小而导致供应量小、不但价高且难以购得，需要从国外进口或委托外资企业在国内的供应商进行专门加工定制，不但提高了建筑造价且与国外同等产品相比性能还略差。

12. 强化能力建设，满足建造被动式低能耗建筑建设的人才需求

同普通房屋相比，被动式房屋的设计、施工要精细得多。国内绝大部分设计单位都不具备专业知识和设计能力。一个没有被动房设计经验的设计单位，一般可通过设计培训、施工培训和一个示范工程实践，基本上可以掌握被动房设计要点。被动房在某些部位构造与工法同传统做法完全不同，通过培训，中国施工人员可以完全掌握操作要领和施工方法。

此外，被动式低能耗建筑竣工后需进行气密性检测，目前国内尚无相应的标准可供执行，有经验的检测机构和人员不多。要进一步发展被动式房屋，必须加强对设计、施工、监理和检测人员的培训，从根本上改变国内落后的施工工艺、粗放的现场施工管理，实现精细化的绿色施工。

通过编写被动式低能耗建筑培训的系统性教材，设计培训课程，开展针对设计、施工和监理、检测等技术人员的系统培训。特别要注重提高施工人员的技能，保证施工质量。探索建立被动式低能耗建筑的专题培训学校，培养我国被动式低能耗房屋的专门队伍。通过组织专题研讨会、技术经验巡讲等方式，加强对地方政府、开发企业、设计科研单位的宣传，扩大被动式低能耗建筑的影响。

13. 出台标准规范

被动式低能耗建筑在规划、设计、施工、检测、材料、产品、运行、维护等各个方面同现有的体系有很大差别。我们需要逐步建立我国被动式低能耗建筑的国家标准体系。

目前除了河北省有《被动式低能耗居住设计标准》，青岛市有《被动式低能耗建筑节能设计导则》外，其他省市尚无标准规范可依。由住房和城乡建设部科技中心和中国建筑标准设计研究院共同主编的《被动式低能耗——严寒和寒冷地区居住建筑构造》图集送审稿已经通过审定，预计今年年底前出版。目前这种状况使得绝大多数的工程技术人员在面对被动式低能耗建筑的建设时无从下手。建议尽快出台如下标准：

（1）编制国家标准图集《被动式低能耗——南方地区居住建筑构造》

（2）编制严寒和寒冷地区《被动式低能耗居住建筑设计标准》

在河北省和黑龙江省《被动式低能耗居住建筑设计标准》基础的基础上，尽快启动编制严寒和寒冷地区的《被动式低能耗居住建筑设计标准》国家

标准。

（3）编制南方地区《被动式低能耗居住建筑设计标准》

通过示范工程的实践，编制夏热冬冷地区和夏热冬暖地区的地方标准，并在此基础上编制南方地区《被动式低能耗居住建筑设计标准》。

（4）编制青海、西藏的地方《被动式低能耗居住建筑设计标准》

通过示范工程的实践，编制青海、西藏的地方《被动式低能耗居住建筑设计标准》。这一区域的被动式建筑可以完全依赖太阳能解决采暖问题。

（5）编制地方和国家层面的《被动式低能耗公共建筑设计标准》

在充分的示范工程实践的基础上，编制地方和国家层面的《被动式低能耗公共建筑设计标准》。

（撰文：张小玲）

四　中欧低能耗及超低能耗建筑标准体系及对比

欧洲已经逐步建立起了超低能耗建筑标准体系。2010年6月18日，欧盟出台了《建筑能效2010指令》(EPBD2010)，该指令规定："成员国从2020年12月31日起，所有的新建建筑都是近零能耗建筑[①]；2018年12月31日起，政府使用或拥有的新建建筑均为零能耗建筑，起到表率作用"。为了实现欧盟的能效提升目标，各成员国都积极推进超低能耗建筑（近零能耗建筑）的发展。欧洲低能耗建筑是个广义的概念，通常指能效高于国家现行标准30%的建筑；超低能耗建筑是在低能耗建筑上进一步提高能耗，比国家现行节能标准提高50%以上，与各国未采取任何节能措施的旧房比，其能效提高了约90%以上的建筑。各国对于超低能耗建筑都赋予相应的名称和标准，如德国、瑞典的被动房，奥地利推广的Klima:aktiv被动房，德国3升房，英国的可持续发展建筑和被动房，瑞士的Minergie-P建筑，丹麦2020年近零能耗房等等。处于欧洲不同气候区的国家会根据本国的气候条件对超低能耗指标体系进行适应性调整。例如，北欧国家如瑞典、丹麦等国都在德国被动房的基础上根据本国的气候条件修正了采暖负荷和采暖需求指标，提出了本国被动房指标体系，因为这些国家的采暖期更长，冬季更严寒。

在低能耗和超低能耗建筑的基础上，欧盟还在进一步研究与发展零能耗建筑和产能房建筑（正能效建筑），零能耗建筑是指年供暖、热水能源需求及辅助电力需求基本由建筑内部得热和可再生能源供应；产能房（或正能效建筑）是指年能源产业大于能源消耗，多余的电力输给公共电网或用于电动汽车充电。这两类建筑已代表了未来建筑节能的方向。

本章考察了欧洲8个典型国家的低能耗和超低能耗建筑标准体系。这些国家在欧盟能效指令（EPBD）的统一框架下制定了本国的低能耗和超低能耗建筑标准，因此既有较大的共性又有差异。本章的内容主要包括三个方面：（1）介绍欧洲8个典型国家低能耗建筑和超低能耗建筑标准体系；

① 近零能耗建筑：指采暖能耗需求≤30kWh/(m^2·a)的超低能耗建筑。

（2）对8个欧洲典型国家低能耗和超低能耗建筑在建筑室内环境要求、建筑能耗指标、建筑围护结构传热系数限值及气密性要求、通风系统性能参数、建筑验收要求、计算方法边界、认证等方面进行对比；（3）欧洲典型国家低能耗和超低能耗建筑与中国节能建筑（超低能耗建筑）在建筑室内环境要求、建筑能耗指标、建筑围护结构传热系数限值及气密性要求、通风系统性能参数、建筑验收要求、计算方法边界、认证等方面进行对比。

1 欧洲典型国家低能耗建筑和超低能耗建筑标准概况

1.1 瑞典

瑞典目前执行的建筑节能规范是2009年修订后的BBR16，该规范并没有提到低能耗建筑的定义，因此2007年成立的FEBY制定了低能耗建筑认证的相关文件。FEBY是瑞典能源署资助的机构，其合作成员包括瑞典环境研究机构（IVL）、ATON技术咨询公司、隆德大学、瑞迪技术研究院（SP）。FEBY颁布了低能耗建筑（Minienergi）和被动房两个自愿性标准，其中被动房标准包含了对零能耗建筑的定义。两个标准都参照德国被动房的标准，并进行了适当的调整以符合适应瑞典的气候条件和工程的经验和做法。根据FEBY的规定，被动式—低能耗建筑的认证有两个选择，一个是规划设计认证，一个是建筑运营的认证，后者必须符合理论计算的值和相关标准。建筑运营核证需由第三方执行。对于零能耗建筑的认证只有针对实际运行效果的建筑运营认证。

瑞典将气候区划分为三个，瑞典北部属于气候一区，瑞典中部属于气候二区，南部属于气候三区。根据气候区的不同划分不同的采暖负荷和终端能耗［含采暖（制冷）、生活热水和辅助能源（用于新风系统或采暖）］。其限值见表1。

表1 瑞典低能耗建筑和被动房能耗限值

	采暖最大负荷 P_{max}［W/(m^2·a)］	一次能源［kWh/(m^2·a)］	终端能耗［kWh/(m^2·a)］	能源需求［kWh/(m^2·a)］
低能能耗建筑				
气候一区	20		≤88	
气候二区	18		≤84	

续表

	采暖最大负荷 P_{max} [W/(m^2·a)]	一次能源 [kWh/(m^2·a)]	终端能耗 [kWh/(m^2·a)]	能源需求 [kWh/(m^2·a)]
气候三区	16		≤80	
被动房				
气候一区	17		≤68（不含家用电器）	
气候二区	16		≤64（不含家用电器）	
气候三区	15		≤60（不含家用电器）	

1.2 挪威

挪威现行的国家建筑节能标准是TEK，最新版本是2007年修订的TEK07，它规定建筑能源需求要比1997年降低25%。TEK07并不对低能耗建筑和被动房进行规定，而是由挪威标准委员会专门起草一个关于低能耗建筑和被动房的标准，名为NS3700。该标准也是基于德国被动房标准的定义和指标，并根据挪威的气候特征和施工标准进行了本土化的调整。该标准强调与瑞典和欧洲标准的一致性，避免大的变动。标准规定了一次能源表示方式有两种表示方式：一种方式是确定了一次能源每年每单位面积二氧化碳排放量，另一种方式是确定可再生能源在一次能源消耗总量中的比例（表2）。

表2　挪威低能耗建筑和被动房能耗限值

		采暖最大负荷 P_{max} [W/(m^2·a)]	一次能源 [kWh/(m^2·a)]	终端能耗 [kWh/(m^2·a)]	能源需求（采暖需求）[kWh/(m^2·a)]
低能耗建筑（大于200m^{2}以上）	当年平均温度 t_{ym}≥5℃		方案1：CO_2：35kg/(m^2·a) 方案2：可再生能源比例不小于15%		≤30
	当年平均温度 t_{ym}<5℃		方案1：CO_2：35kg/(m^2·a) 方案2：可再生能源比例不小于15%		≤30+5（5−t_{ym}）
被动房		参照德国被动房标准			

1.3 丹麦

自1973年第一次石油危机以来，丹麦就一直实行积极的能源政策。自

1980年以来，丹麦经济增长了80%，但能源消耗总量基本维持不变。丹麦建筑能耗约占社会总能耗的40%。目前，随着可再生能源供应比重的逐步提高，丹麦明确了未来能源发展的方向：到2050年，温室气体排放要在1990年的水平上降低80%以上，到2050年，完全摆脱对化石燃料的依赖。2013年3月，丹麦议会批准通过了《2012—2020年能源执政协议》。该协议提出了一揽子行动计划，旨在实现2050年“100%依靠可再生能源供应”的目标。其中2020年的主要预期目标为：

1）与1990年相比，温室气体排放减少34%；

2）可再生能源占终端能源消费总量的比重超过35%；

3）2020年前，新建建筑成为近零能耗建筑，主要依靠可再生能源；

4）从2013年起，新建建筑禁止使用石油和天然气采暖，区域供热区内的现有建筑自2016年起不得安装新的燃油锅炉。进一步推广热泵、太阳能和生物质的热利用。

丹麦于1961年制定了第一部建筑条例（BR），随后每版建筑条例不断提高对建筑节能的要求，尤其是BR08和BR10版。丹麦的2008年的建筑条例（BR08）第7.2.4章首次对低能耗建筑有明确的规定。2006年丹麦为推动盟能效指令（EPBD2002/91/EC）在丹麦的实施，引入低能耗建筑分级系统，将低能耗建筑分为两级，低能耗1级和低能耗建筑2级。低能耗建筑2级是低于2006年标准建筑能耗要求的25%，目前已成为现行的丹麦2010版建筑条例的要求。低能耗建筑1级是在2006年标准建筑能耗要求的基础上降低50%的能耗，成为丹麦2015版建筑条例的最低要求。丹麦2020年的建筑条例将进一步提高建筑能效，预计将建筑能耗降低到2006年水平的75%（表3）。

表3　丹麦建筑能耗限值

	住宅能源需求kWh/（m^2·a）（+kWh/HFS）①	非住宅能源需求kWh/（m^2·a）（+kWh/HFS）
2010年建筑条例（强制性）/低能耗建筑2级	52.5（+1650）	71.3（+1650）

① 一栋住宅对来自外部的能源需求每年的最高限额为1650千瓦时/HFS加上52.5kWh/m^2，含采暖、通风、生活热水。HFS是建筑物每平方米受热地板面积。

续表

	住宅能源需求kWh/（m^2·a）（+kWh/HFS）	非住宅能源需求kWh/（m^2·a）（+kWh/HFS）
2015年级别的建筑条例/低能耗建筑1级	30（+1000）	41（+1000）
2020年级别的建筑条例	20	25

2000年丹麦引入了被动房的概念，被动房的认证是参考了德国被动房的标准和指标，丹麦的被动房研究所是德国被动房研究所的合作单位，负责对丹麦的被动房进行认证。

1.4 芬兰

自2010年3月，芬兰对建筑规范中的C3章（建筑保温）、D2章（建筑室内环境和通风）及D3章（建筑能效）进行了修订。该规范中提到了低能耗建筑但没有规定相应的限值，只是有推荐的最大热损失值。由于该规范对低能耗建筑只有一个推荐的指导值，因而规范对于低能耗建筑的定义不能视为低能耗建筑标准。因此，芬兰的工程师协会（RIL）专门制定了低能耗建筑和被动房标准（RIL249-2009）。该标准将低能耗建筑划分为几等，分别为M-30、M-35、M-40、M-45和M-50，代表不同的单位面积年能耗需求。比如M-40，代表每年每平方米终端能耗为40KWh（含采暖、通风、制冷和辅助设备用能）（表4）。

表4 芬兰低能耗建筑和被动房能耗限值

		采暖最大负荷 P_{max} [W/(m^2·a)]	一次能源 [kWh/(m^2·a)]	终端能耗 [kWh/(m^2·a)]	能源需求 [kWh/(m^2·a)]
低能耗建筑		180			
M-30	芬兰中部			≤30	
	芬兰南部			≤26.4	
	芬兰北部			≤38.1	
M-35	芬兰中部			≤35	
	芬兰南部			≤30.8	
	芬兰北部			≤44.45	

续表

		采暖最大负荷 P_{max} [W/(m^2·a)]	一次能源 [kWh/(m^2·a)]	终端能耗 [kWh/(m^2·a)]	能源需求 [kWh/(m^2·a)]
M-40	芬兰中部			≤40	
	芬兰南部			≤35.2	
	芬兰北部			≤50.8	
M-45	芬兰中部			≤45	
	芬兰南部			≤39.6	
	芬兰北部			≤57.15	
M-50	芬兰中部			≤50	
	芬兰南部			≤44	
	芬兰北部			≤63.5	
被动房		135 ~ 140			
P-15	芬兰中部			≤15	
	芬兰南部			≤12.75	
	芬兰北部			≤19.95	
P-20	芬兰中部			≤20	
	芬兰南部			≤17	
	芬兰北部			≤26.6	
P-25	芬兰中部			≤25	
	芬兰南部			≤21.25	
	芬兰北部			≤33.25	

被动房的概念与指标是基于德国的被动房的标准并根据芬兰的气候区进行了调整。被动房也分为几个等级，包括P15、P20和P25，也代表了不同的单位面积年终端能耗。

芬兰的标准规定建筑采暖面积$A_{br,h}$和建筑总面积A_{br}，且都从建筑围护结构外包线计算。建筑采暖面积规定必须达到17℃，建筑总面积包括采暖和不采暖区域。根据RIL249-2009，芬兰的终端能耗包括了采暖、制冷和新风及辅助能耗（循环泵），生活热水和家用电器及新风风机能耗不包含在内。此外终端能耗根据芬兰的气候区其限值也各有不同，以芬兰中部气候带的能耗为基准，芬兰南部和北部的能耗则是中部能耗值乘以各自的气候修正系数，即度日数修正系数（表5）。由于一次能源核算方法还没最终确定，其值属于粗略估计。低能耗建筑的一次能源不高于180kWh/（m^2·a），被动房一次能源应在135 ~ 140kWh/（m^2·a）之间。

表5　芬兰低能耗建筑和被动房气候修正系数

	地区	气候修正系数
低能耗建筑	芬兰南部	0.88
	芬兰北部	1.27
被动房	芬兰南部	0.85
	芬兰北部	1.33

1.5　德国

建筑能耗占德国能耗总量的40%左右，德国从1977年颁布第一部保温法规到2012年进一步修改建筑节能条例（EnEV），共经历了六个节能阶段，建筑采暖能耗已由最初的220kWh/（m^2·a）下降到2014年30kWh/（m^2·a）的水平（表6）。在过去20年里，通过一系列措施，德国新建建筑单位居住面积的采暖能耗降低了40%左右，在此基础上，到2020年和2050年，采暖能耗应分别再次降低20%和80%。

表6　德国建筑节能条例发展历程

标准名称	采暖能耗需求限值［kWh/（m^2·a）］	折合一次能源耗油量（L）
保温条例（1977）	220	22
保温条例（1984）	190	19
保温条例（1995）	140	14
节能条例（2002）	70	7
节能条例（2009）	50	5
节能条例（2014）	30	3

资料来源：德国能源署

2002年德国用《建筑节能条例》（EnEV）取代了《建筑保温法规》和《供暖设备法规》，它对建筑保温、供热、热水供应和通风等设备技术的设计和施工提出了全面和全新的要求。EnEV不再将单个的建筑构件视为评判能效的关键标准，而是将建筑物看作一个完整的系统进行计算和评估；同时建筑物能耗不再仅限于年采暖热需求，而是扩大到这个供暖、通风、热水制备以及相关辅助能源。《建筑节能条例》规定建筑物应达到一个主要和一个次要条件，限定了两个能效指标。一方面是建筑物的一次能源需求不得超过限定值；另一方面是建筑围护结构的传热系数必须满足一个最低的能效水平。2007年德国对《建筑节能条例》进行了修订，一方面是大范围引入建筑能源证书制度，另一方面是在计算方法中引入了制冷能耗和照明电耗两个参数。2009年德国对《建筑节能条例》再次进行修订，采暖能耗限值进一步下降到45kWh/（m^2·a）。根据能源、气候一体化计划（IKEP），自2012年起，德国还将进一步提高能效，最大幅度可达30%。

日本发生福岛核电站事故后，德国率先宣布放弃使用核能（占其能源总供应量的40%），并于2011年提出了新的房屋节能目标：自2019年1月1日起，将政府办公建筑建成近零能耗房屋；自2021年1月1日起，将所有新建房屋建成近零能耗房屋；到2050年，所有房屋节约80%的一次能源。发展被动式房屋是德国实现上述目标的基础，可为德国节省近40%的社会终端能耗。在被动式房屋的基础上，德国还将进一步研究产能房屋（energy plus）。

德国的低能耗建筑包括几类：RAL认证体系下的低能耗建筑，被动房，3升房，德国复兴信贷银行针对既有改造的节能房屋70和节能房屋80，针对新建建筑的kfw-55、kfw-40。

（1）RAL认证体系下的低能耗建筑

德国的低能耗建筑是根据RAL-GZ965标准认证的，其规定低能耗建筑的传热损失要比现行的EnEV2009低30%，同时对其他的指标例如保温、气密性和通风系统进行了更严格的规定。该认证体系对低能耗建筑的认证也分为两类，一是规划设计认证，二是运营阶段的认证。

（2）被动房

它是在德国沃尔夫冈·费斯特博士的研究下由德国被动房研究所提出的超低能耗建筑形式。与德国现行“建筑节能条例EnEV2009”中的法定建筑能耗最低标准相比，被动房能耗仅为法定最低能耗的50%～40%（视建筑类型）（表7）。

表7 德国EnEV2009 与被动房能效指标比较

	EnEV2009	被动房
屋顶U值［W/（m^2·k）］	≤0.20	≤0.12
窗户U值［W/（m^2·k）］	≤1.3	≤0.80
墙体U值［W/（m^2·k）］	≤0.28（与空气接触的外墙）/≤0.35（与土壤接触的外墙）	≤0.15
非采暖地下室顶板［W/（m^2·k）］	≤0.35	≤0.15
外门［W/（m^2·k）］	≤1.8	≤0.80
通风系统及测试	集中式排风系统，气密性测试	机械通风且带热回收的气密性测试
采暖系统（示例）	冷凝式锅炉，回收排烟废热，将末端排烟温度控制在55/45℃，采用集中式系统，所有管道做保温隔热处理	热泵/生物质颗粒
生活热水	太阳能热水器	太阳能热水器

“被动房”并不是一个能耗标准，而是一种兼顾能效和最佳舒适度的设计理念和综合方案。在德国指仅通过建筑的新风系统供暖及制冷，并且只需要DIN 1946规定的新风量就可以满足ISO 7730中热舒适度的要求，基本不需要额外加装采暖、制冷设备的高能效建筑。当建筑采暖负荷≤10W/m^2，被动房可以依靠带高效热回收效率的新风系统进行采暖。

在节能意识较高的不来梅、法兰克福、科隆、莱比锡、勒沃库森和纽伦堡等地区和城市已开始对所有新建的市政建筑采用被动房标准。“被动房”认证的条件是必须满足相应的能效指标（表8）。

表8 德国被动房的指标体系

	类别	指标名称	指标要求	
			居住建筑	非居住建筑
控制性指标（设计认证指标）	气密性	n_{50}	≤0.6h^{-1}	≤0.6h^{-1}
	能耗指标	总一次能源（含采暖、制冷、新风、生活热水、家用电器）	≤120kWh/（m^2·a）	≤120kWh/（m^2·a）

续表

	类别	指标名称	指标要求	
			居住建筑	非居住建筑
控制性指标（设计认证指标）	能耗指标	采暖	采暖需求≤15kWh/（m^2·a）或采暖负荷≤10W/m^2	采暖需求≤15kWh/（m^2·a）或者采暖负荷≤10W/m^2
		制冷	制冷需求≤15kWh/m^2·a+0.3W/（m^2·a·K）·DDH或者制冷负荷≤10W/m^2且制冷需求≤4kWh/（m^2·a·K）·θ_e①+2×0.3W/（m^2·a·K）·DDH−75kWh/（m^2·a），但该需求最大不能超过45kWh/（m^2·a）+0.3W/（m^2·a·K）·DDH②	制冷需求≤15kWh/（m^2·a）
软性指标（跟建筑运行和居住体验有关）	室内环境指标	室内温度	20～26℃	20～26℃
		超温频率	≤10%	≤10%
		室内二氧化碳浓度	≤1000ppm	≤1000ppm

德国被动房研究所（PHI）是对被动房及其构件进行认证的权威机构之一。德国被动房由PHPP进行模拟的计算和认证。PHPP是个工具包，包括对建筑围护结构构件的U值计算、能源平衡计算、设计舒适的通风系统、计算供热负荷等。该软件包括了许多欧洲国家的气象数据，从而使它更具有国际化的兼容性。被动房研究所除了对被动房进行认证外，也对建筑服务系统，如热交换器、热泵进行设备认证。

被动房的造价比按照德国EnEV2009建造的常规节能建筑，单位面积增量成本约为150欧元（Wuppertal气候环境与能源研究所），其中窗户和通风系统增量成本占比较大，其次是保温隔热系统。

（3）3升房

3升房的概念是由德国弗朗霍夫研究所引入的建筑概念，指单位建筑面

① θ_e：室外年平均温度，用℃表示。

② 干燥度时数，指每小时露点温度和参考温度13℃差值为正数时，乘以1h，并将乘积累计相加的值。0.3W/（m^2·a·K）·DDH代表了除湿能耗。

积年采暖需求≤35kWh/（m^2·a），即相当于3升耗油量，对应的是一次能源需求。该类建筑没有相应的认证体系，只是由弗朗霍夫研究所定义的一种超低能耗建筑，它给出了一次能源需求的限值，但没有技术系统方面的特殊要求，技术路线仍是要参照德国EnEV的要求。

（4）德国复兴信贷银行节能房屋

德国复兴信贷银行可为新建的、购买的或改造的低能耗建筑提供低息贷款，这些低能耗建筑的能效指标由德国能源署确定，能效指标的参考数值依据EnEV规定的一次能源需求Q_p和传输热损失H'T而定。目前针对既有建筑改造的资助标准有两种，即德国复兴信贷银行节能房屋70和85，以前被称为kfw-40、kfw-60。Kfw85和 Kfw70指在EnEV2009的基础上能效分别提高15%和30%。达到这类标准的每套住宅最多可申请贷款5万欧元。评判建筑是否属于节能房屋70，必须满足两个条件：一是建筑一次能耗不允许超过2009年版《节能条例》中规定的参考建筑计算值70%；二是建筑围护结构传热损失不能超过2009年版《节能条例》中规定的参考计算值的85%。针对新建建筑的资助标准有两种，分别为kfw-55、kfw-40，即在EnEV2009的基础上能效分别提高40%和60%。kfw-40接近被动房的能效水平。

1.6 奥地利

奥地利有9个州，各自有自己的建筑法规。建筑能耗的计算方法参照奥地利OIB制定的奥地利标准ONORM B8110-1和欧洲标准EN832。2008年奥地利建立了建筑能效认证制度，它根据建筑采暖需求将建筑划分为几个等级，分别为A++、A+、A～G，其中A++是最优等级，即采暖能耗和总能耗最低（图1）。

奥地利政府有专门针对低能耗建筑和被动房的资助计划。获得资助（stated-aided）的低能耗建筑和被动房在国家标准RLMA25中有明确的定义。低能耗建筑中居住建筑的能耗计算由建筑体型系数（l_c）和机械通风系统是否带热回收装置来决定。被动房的能耗指标主要依据德国PHI的要求，其中采暖需求HWB_{PHPP}≤15kWh/（m^2·a），一次能源PEB_{PHPP}≤120kWh/（m^2·a）。

同时奥地利专门的“推动环境保护计划（Klima:aktiv）”也对被动房进行认证和资助。该项目的目标是降低CO_2的排放并提高可再生能源利用。该项目资助的被动房分四个分项进行评估和认证，分别是规划和竣工验收、能源供

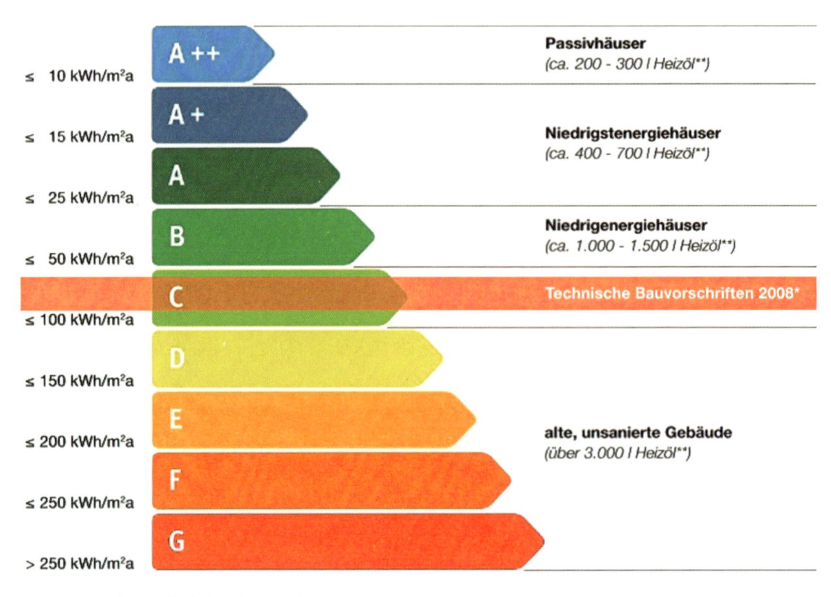

图1_奥地利建筑能效认证分级

应、建筑材料和施工、空气质量和舒适性。每个分项都列出了相应的评价标准，这些标准也分为强制项和可选项，达到可选项便可获得相应的分数。四个分项的总分为1000分，获得被动房的认证必须达到所有的强制项且总分达到900分。对于该项目下认证的被动房，$PEB_{PHPP,\ building\ services}$（不含家用电器能耗，只有采暖、生活热水、新风和采暖用辅助电力能耗）≤65kWh/（m²·a）（表9）。

截止到2010年，奥地利的被动房已达到8500栋，并呈上升的发展趋势。从2015年，奥地利只有被动房建筑可享受政府补贴。

表9　奥地利低能耗建筑和被动房能耗

	采暖最大负荷 P_{max}[W/(m²·a)]	一次能源 [kWh/（m²·a）]	终端能耗 [kWh/(m²·a)]	采暖能耗需求 [kWh/（m²·a）]
国家资助的低能耗建筑				不带热回收系统：$HWB_{BGF,\ WG}<15（1+2.5/l_c）$ 带热回收系统：$HWB_{BGF,\ WG}<11（1+2.5/l_c）$
国家资助的被动房	≤10	≤120		≤15
K:a 被动房	—	$PEB_{PHPP,\ building\ services}$≤65		≤15

1.7 瑞士

瑞士的建筑节能国家标准是SIA380/1：2009，但是该标准并没有对低能耗建筑进行定义。瑞士与2006年提出“2000瓦社会”，并出台了指导文件SIAD 0216，旨在促进可持续建筑的发展。该文件针对居住建筑、办公建筑和学校提出了建筑材料的一次能源耗能，室内环境、生活热水、灯光、暖通设施的安装规定了相应的限值和要求，该指导文件也没有对低能耗建筑进行定义，而是专门制定了针对低能耗建筑认证的标准Minergie。Minergie 于2003年颁布，认证的标识分为Minergie、Minergie-P和Minergie-ECO/P-ECO三类，每类标识的有效期为5年。Minergie-P的能效要求参照德国被动房的认证标准，相当于瑞士被动房；Minergie-ECO /P-ECO除了要满足Minergie-P的能效要求外，还加入了保持环境和健康的可持续性的标准；Minergie和Minergie-P根据居住建筑和公共建筑的不同类型确定能耗约束性指标（表10）。健康标准涉及采光、噪声、室内空气等细则，而环境标准涉及环保建筑材料的生产、建筑材料的循环利用和可再生能源优先利用、易于拆迁的建筑材料的循环利用等。这些标准等同于我国绿色建筑评价标准。

表10 Minergie 和Minergie-P能效指标要求

指标	Minergie-P	Minergie
采暖需求［kWh/（m^2·a）］	居住建筑：30 商场：25 会议室：40 学校：25 餐厅：40 宾馆：40 医院：45 工厂：15 体育建筑：20	38 40 40 40 45 45 70 20 25
一次能源节能率	＞60%	＞90%
采暖最大负荷	≤10W/m^2	—
气密性	≤0.6h^{-1}	无要求

1.8 英国

英国目前还没有对低能耗建筑和被动房进行明确的官方定义，然而国家的《可持续建筑规范》含有对可持续建筑评价分级的内容。该评价标准将可持续建筑分为六级，第六级是最节能和可持续方面水平最高的建筑，被认为达到“零碳”水平。评价内容包括能源和CO_2排放、水和材料、地表水径流、垃圾、污染、健康和舒适、能源能运管理和建筑生态等几个方面，也类似国内的绿色建筑评价。自2008年开始，英国所有的新建保障住房必须达到可持续建筑的三级水平，而对于商业开发建筑，可以自愿申请是否进行分级评价。在英国，英国建筑科学研究院（BRE）负责对被动房进行认证，认证标准参照德国的被动房标准。

2 欧洲典型国家低能耗建筑和超低能耗建筑能效指标及对比

2.1 室内环境要求

目前，国际上广泛采用的衡量建筑热工舒适性指标是PMV 或PPV，PMV是丹麦教授弗朗格（P. Ole Franger）提出来的“预测平均投票”指标，这是通过空气温度、湿度、风速、人体代谢率等综合计算出的指标，取值范围在-3～3之间，其中负值代表冷，正值代表热，0代表热中性、舒适状态。

欧洲超低能耗建筑显著特点之一是以极低的能耗达到室内较高的舒适性，为了达到相应的舒适状态，欧洲研究人员提出了达到舒适状态的室内环境指标限值。室内环境通常包括热工环境、卫生环境（空气质量）、光环境和声环境。热工环境包括室内温度、送风温度、外墙内表面温度、室内湿度、空气流速等。卫生环境包括CO_2和其他化学物质的含量，新风系统的过滤级别等。声环境指房间允许的噪声级别（表11）。欧洲低能耗建筑达到普通的舒适度，超低能耗建筑需达到较高的舒适度。

表11 欧洲建筑室内环境指标

	较高的舒适度	普通的舒适度
热工环境		
感知温度（℃）		
冬季	20～24℃	
夏季	23～26℃	
地板温度（℃）		
基本要求	22～26℃	20～26℃
非儿童用房		16～27℃
垂直温差（℃）	<2℃	<3℃
相对湿度	35%～55%	40%～60%
空气流速（m/s）		
20℃的条件下	<0.10m/s	<0.15m/s
26℃的条件下	<0.15m/s	<0.25m/s
卫生环境-空气质量		
化学物质浓度		
Radon（类氡）	100 Bq/m^3	
CO	2mg/m^3	
NO_2	40 μg/m^3	
O_3	50 μg/m^3	
HCHO	50 μg/m^3	
新风过滤器过滤级别	至少7级	
声环境（dB）		
居住区	22～26dB	30dB

来源：Recommended values for a good indoor climate（Ekberg, L., 2007）

2.2 建筑能耗指标要求及对比

欧洲国家对于能耗的表述和边界有比较统一的认识。能源根据边界的不同分为三个层次：一次能源、输送能耗（终端能耗）、能源需求。一次能源（primary energy）：包含原始能源（可再生或非可再生能源）从开采、能量转换和运输到建筑供应端的全过程能耗。一次能源=终端能耗×一次能源转换系数。

输送能耗（终端能耗）（delivered energy或end-energy）：即建筑外部输送给建筑内的用能设备与系统以满足建筑采暖、制冷、通风、照明和生活热水需求的能源，如热水、电力、蒸气、冷水等。

能源需求（energy demand或final energy）：建筑物内部为满足采暖、制冷、通风、照明和生活热水所需的净能量，通过建筑内各种终端设备实际获得的能量，与建筑使用的能源种类和系统形式无关。

各个国家在能耗表述时采用的指标和所含的用能分项不尽相同，有的是给出能源需求和一次能源消耗，有的仅给出终端能耗指标。各国能耗表述采用的能耗指标及所含的用能分项如表12所示。欧洲典型国家的能耗构成中，采暖、生活热水能耗占据建筑总能耗80%以上，中北欧国家住宅建筑夏季通常不制冷或制冷时间短，所以能耗需求中制冷能耗很小，通常不计入，直接表述为采暖能耗（含生活热水）需求。以德国为例，根据其2015年建筑报告统计，住宅建筑中，采暖能耗约占总能耗的80%，生活热水占18%，照明占13%。非住宅建筑中，采暖能耗约占总能耗的70%，制冷占19%，生活热水占8%，照明占3%。被动房所含的用能分项包括采暖、通风、制冷、生活热水、辅助设备用能、照明和家用电器。

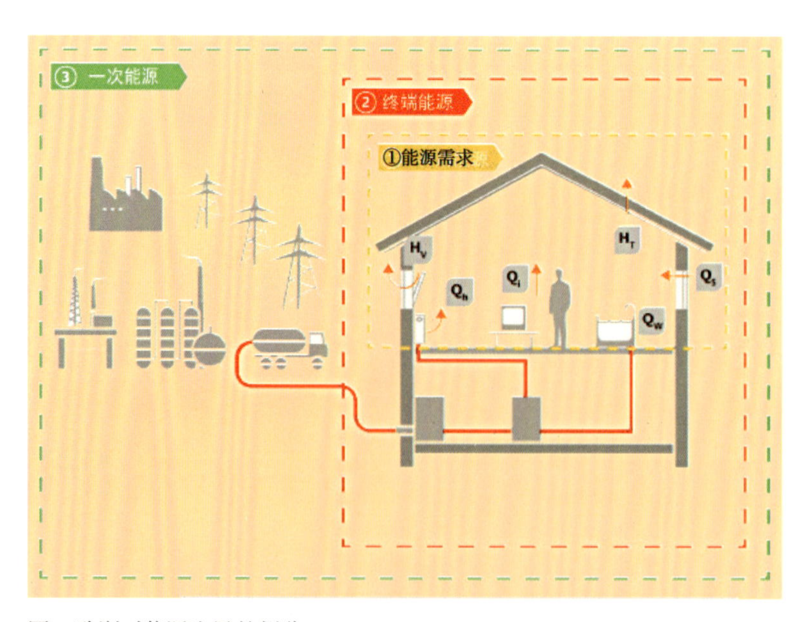

图2_欧洲对能源边界的划分

表12 能耗指标和用能分项

国家	一次能源（primary energy）	输送能耗/终端能耗	能源需求（energy demand或final energy）
瑞典			
所有建筑类型		√ 采暖+制冷+生活热水+辅助设备用能	
挪威			
低能耗建筑	√ 采暖+新风加热+制冷+生活热水+辅助设备用能+照明		√ 采暖+新风加热
被动房	√ 采暖+机械通风+制冷+生活热水+辅助设备用能+照明+家用电器		√ 采暖
丹麦			
低能耗建筑		√ 采暖+通风+制冷+生活热水	
被动房		√ 采暖+通风+制冷+生活热水	√ 采暖
芬兰			
所有建筑		√ 采暖+通风+制冷+辅助设备用能	
德国			
低能耗建筑			√ 采暖
被动房	√ 采暖+通风+制冷+生活热水+辅助设备用能+照明+家用电器		√ 采暖
3升房	√ 采暖+辅助设备用能		

续表

国家	一次能源 （primary energy）	输送能耗/终端能耗	能源需求（energy demand或final energy ）
奥地利			
国家资助的低能耗建筑			√
			采暖
国家资助的被动房	√		√
	采暖+通风+制冷+生活热水+辅助设备用能+家用电器		采暖
3升房			√
			采暖+生活热水
K:a被动房	√		√
	采暖+通风+制冷+生活热水+辅助设备用能		采暖
瑞士			
所有建筑		√	√
		采暖+通风+生活热水	采暖
英国			
被动房	√		
	采暖+通风+制冷+生活热水+辅助设备用能+照明+家用电器		

表13　德国一次能源转换系数（根据德国EnEV）

能源种类	一次能源转换系数
燃料油	1.1
天然气	1.1
原煤	1.1
褐煤	1.2
木材	0.2
热电联产供暖	0.19
电力	2.6
可再生能源和清洁能源	0.0

2.3 建筑围护结构传热系数限值及气密性要求及对比

低能耗建筑外墙传热系数一般控制在0.3W/（m^2·K）以下，屋顶传热系数控制≤0.2W/（m^2·K），窗户的传热系数控制≤1.4W/（m^2·K）。被动房的围护结构限值参照德国被动房研究所的标准，分别控制在0.15W/（m^2·K）、0.15W/（m^2·K）和0.8W/（m^2·K）以下。

窗户性能的提高对建筑节能做出较大贡献。欧洲被动房窗户通常采用三层Low-E玻璃，玻璃间充惰性气体（氩气或氪气），玻璃U_g值≤0.7W/（m^2·K），窗框通常为高效的多腔框架或填充发泡保温芯材的多腔框架，其U_f值≤0.7W/（m^2·K），整窗U值≤0.8W/（m^2·K），安装后传热系数≤0.85W/（m^2·K）。

建筑气密性是指建筑物外围护结构必须是密封的，避免任何的缝隙漏风导致热损失增加，必要的空气交换需通过高效的新风设施来完成。欧洲超低能耗建筑强调建筑高气密性的原因是：防止建筑部件结露，降低建筑围护结构渗漏造成热损失，提高室内的居住舒适度，避免穿堂风，保证热舒适性，保证隔声效果。建筑物气密性测通过“鼓风门”测试实现，被动房要求n_{50}≤0.6 h^{-1}。

欧洲国家不是所有国家对建筑围护结构U值做强制性规定，通常以能耗计算值作为建筑节能评判依据。瑞典、挪威、德国和瑞士对外窗和外墙有明确的规定；奥地利一般是参考国家的建筑规范要求；丹麦、芬兰国家一般给U值建议值，不做强制性要求。

典型国家的超低能耗建筑围护结构传热系数限值和建筑气密性要求如表14所示。

表14 欧洲典型国家超低能耗建筑围护结构传热系数限值及建筑气密性要求

类型	传热系数U值［W/（m^2·K）］		气密性n_{50}
	外窗	外墙	
瑞典			
低能耗建筑	≤0.90	0.18	—
被动房	≤0.80	0.15	≤0.3h^{-1}
挪威			
低能耗建筑	≤1.2	≤0.18	≤1.0 h^{-1}
被动房	≤0.8	≤0.15	≤0.6 h^{-1}

续表

类型	传热系数U值［W/（m^2·K）］		气密性n_{50}
	外窗	外墙	
丹麦			
低能耗建筑1级	1.4，天窗1.7	≤0.15	≤1.5h^{-1}（BR08）
低能耗建筑2级	1.3，天窗1.4	≤0.15	≤1.5h^{-1}（BR08）
被动房	≤0.8	≤0.15	参照德国被动房研究所标准
芬兰			
低能耗建筑	0.8～0.9	0.12～0.14	≤0.8h^{-1}
被动房	0.7～0.8	0.08～0.12	≤0.6h^{-1}
德国			
低能耗建筑	≤1.3，g=0.6	≤0.25	≤1.0 h^{-1}
被动房	≤0.8，安装后传热系数≤0.85W/（m^2·K）	≤0.15	≤0.6h^{-1}
奥地利			
低能耗建筑（国家资助）	参照OIB，≤1.4 屋顶窗：≤1.7	≤0.35	自然通风：≤3h^{-1} 机械通风（无热回收系统）：≤1.5h^{-1}
被动房（国家资助）	≤0.8	≤0.15	≤0.6h^{-1}
瑞士			
Minergie	ME-Modul 1.00	ME-Modul 0.15	无要求
Minergie-P	—	—	≤0.6h^{-1}
英国			
被动房	参照德国被动房研究所标准	参照德国被动房研究所标准	参照德国被动房研究所标准

2.4 通风系统性能参数指标及对比

超低能耗建筑是高气密性建筑，且对新风换气次数有较高要求，以最大限度地降低建筑换气和新风渗透带来的能量损失，为了保证室内的空气质量和卫生，带高效热回收的机械通风和集中排风系统是必然选择。超低能耗的建筑标准对通风系统的类型、热回收效率、换气次数或新风量、过滤器的等级、通风系统耗电量都有相应规定（表15）。

表15 德国（奥地利）低能耗建筑和超低能耗建筑（被动房）新风系统要求

	低能耗建筑	被动房	奥地利K:a资助下的被动房
通风系统类型	带热回收的新风系统	带热回收的新风系统	带热回收的新风系统
换气次数	对于带热回收的系统：n=0.3 h^{-1}	n=0.3h^{-1}（每人每小时所需新风量为20～30m^3）	$n \geqslant 0.3h^{-1}$
控制调节系统	—	调节系统至少是三个水平，基本通风(70%～80%的通风量)，标准通风（100%通风），加速通风（130%的通风量）	调节系统至少是三个水平
系统部件的效率			
a热交换器的效率	≥70%	≥75%	≥75%
b如果使用空气源热泵条件的效率	≥3.3	—	
过滤器	新风过滤器：F7 排风过滤器：G4	新风过滤器：F7 排风过滤器：G4	新风过滤器：F7 排风过滤器：G4
除霜设备	—	热交换器应该配有防霜冻设备	—
空气温度	—	送风温度必须≥16.5℃	—
噪声	德国：≤25dB（卧室和起居室） 奥地利：≤23dB（卧室和起居室）	≤23dB（卧室和起居室），≤25dB（功能区）	≤25dB（卧室和起居室，功能区）
空气流速	0.15m/s	0.15m/s	0.15m/s
通风系统的耗电量	0.50Wh/m^3	≤0.45Wh/m^3	—

低能耗建筑通风设备换气次数一般不低于$0.5h^{-1}$，超低能耗建筑通风设备的换气次数则不低于$0.3h^{-1}$或按每人每小时所需新风量为20～$30m^3$计算。当按新风量计算时，换气次数的计算公式为：

$$n=\frac{R}{V}$$

式中 n——换气次数；

R——每小时所需新风量，R=新风量/（人·时）×人数；

V——建筑换气体积。

2.5 建筑验收要求及对比

欧洲超低能耗建筑验收检测及后续检测项目包括以下几项，各个国家的情况略有差异，但总体是一致的。

- 建筑气密性测试；
- 施工现场质量监理和抽检的报告、文件与照片；
- 室内空气质量检测；
- 建筑红外线成像仪照片；
- 建筑连续运营三年期间，对建筑能耗的分项计量与核证。

2.6 计算方法边界条件对比

各国建筑能耗的计算方法依据本国的能耗计算规范，最显著的差异是建筑面积的差异（表16）。

瑞典的标准规定：参与能耗计算的面积是建筑采暖面积$A_{temp+garage}$，该面积指建筑围护结构内侧围住的采暖温度10℃及以上空间的平面面积，还包括处于采暖区域的车库。围护结构不计入面积。

挪威的标准规定：参与能耗计算的建筑面积A_{fl}是指建筑围护结构内侧围成的采暖面积，不含围护结构面积。

丹麦的建筑面积定义为采暖的建筑面积，且从外围护结构的外包线计算。采暖区域为15℃以上。

芬兰的标准规定建筑采暖总面积 $A_{br,\ h}$和建筑总面积 $A_{br,\ h}$两个值。前者参与能耗计算，且室温至少达到17℃。建筑总面积A_{br}是指外围护结构外包线围成的平面面积的总和，包括采暖面积和非采暖面积。

德国规定了两类建筑面积指标：A_{net}为建筑围护结构内侧围成的平面面积，又称净使用面积或处理面积（不含围护结构面积）。不包括居住单元外的非采暖的地下室、储藏室、锅炉房和车库面积。A_N是建筑使用面积或建筑净面积，它是根据EnEV确定的面积计算形式，$A_N=0.32m^{-1}\cdot Ve$。在居住建筑中，如果户间层高平均值大于3m或小于2.5m，则$A_N=(\frac{1}{h_G}0.04m^{-1})\cdot Ve$，其中Ve指建筑围护结构内的采暖建筑体积。在被动房计算中采用的是A_{net}。

奥地利建筑两个面积概念，即建筑处理面积$A_{BGF,\ cond}$和建筑净面积A_{net}。$A_{BGF,\ cond}$为外围护结构外包线围成的需要进行调节（如采暖、制冷、通风或除湿）的空间。建筑净面积A_{net}和德国标的准规定是一样的。参与能耗计算的是$A_{BGF,\ cond}$。

瑞士的标准有两个关于面积的概念，一是处理面积A_E，即建筑围护结构内侧围成的需要空气调节（采暖或制冷）的平面面积总和。另一个是建筑面积A_{th}，包括所有接触室外空气的面积、地面面积和不采暖面积。参与能耗计算的是A_E。

总而言之，典型国家的建筑能耗计算面积一定是需要进行空气调节（采暖或制冷）的面积，非采暖/制冷区域不在计算面积中。其次，大部分国家采用不含围护结构表面积的建筑面积。

表16　典型国家能耗计算使用面积类型的比较

国家	净处理面积（不含围护结构）		围护结构的外包线外侧围成的面积（含围护结构的面积）	
	采暖面积	非采暖面积	采暖面积	非采暖面积
瑞典（$A_{temp+garage}$）	√			
挪威（A_{fl}）	√			
丹麦（A）			√	
芬兰（$A_{br,h}$）			√	
德国（A_{net}）	√			
奥地利（$A_{BGF,cond}$）			√	
瑞士（A_E）	√			
英国（A）	√			

注：“√”代表所选面积类型

被动房的计算是基于月份的能量平衡计算。被动房的能耗认定指标中，公共建筑的能耗控制指标与居住建筑基本一致。公共建筑的采暖负荷/能耗指标与居住建筑完全相同，但公共建筑对制冷的限制比住宅建筑严格，必须控制在15kWh/（m^2·a）以下，无除湿能耗。而居住建筑制冷包括了制冷能耗和除湿能耗，制冷需求小于15kWh/（m^2·a）或者冷负荷小于10W/m^2且制冷需求≤4kWh/（m^2·a·K）·θ_e+2×0.3W/（m^2·a·K）·DDH−75kWh/（m^2·a），但按照该公式计算出的制冷需求最大不能超过45kWh/（m^2·a）+0.3W/（m^2·a·K）·DDH。欧洲被动房中的公共建筑能耗规定仅适用于凉爽的温带气候条件（如中欧地区），这个地区制冷时间比较短，同时由于公共建筑面积大且一般采用的是集中制冷设备，均摊到面积上后，制冷需求较容易控制在15kWh/（m^2·a）。对于其他气候条件需要对此标准进行适应性调整。此外，公共建筑的制冷和总一次能源的控制指标仅适用于学校和类似方式的建筑。由于公共建筑类型众多，功能和用途复杂，使用者对室内环境要求不尽相同，不能用单一指标进行笼统控制，需根据不同建筑的使用情况做适应性调整。

PHI在进行被动房认证时，明确了计算的条件和边界，如表17所示：

表17　PHI被动房计算条件和取值

指标	要求
气象数据	各地的气象数据（内置于PHPP）如果采用独立的气象数据，必须和认证师讨论达成一致意见
计算方法	按月计算
室内设计温度	采暖：住宅建筑：20℃（没有夜间关闭采暖的情况下） 非住宅建筑：根据EN12831标准确定的室内温度 制冷和除湿工况：25℃
室内热舒适标准	参照ISO7730
室内得热	单户住宅、多户住宅、联排住宅：2.1W/m^2 办公楼、行政办公建筑：3.5W/m^2 学校：2.8W/m^2
人均居住面积	35m^2/人，如果有实际居住率或设计参数的值，可酌情调整，但变动幅度在20~50 m^2/人
生活热水	住宅：25L/人·天（60℃） 非住宅：需根据项目情况确定

续表

指标	要求
通风量取值	住宅建筑：20～30m³/（人·时），或换气次数n=0.3 h^{-1} 非住宅建筑：15～30m³/（人·时），必须考虑新风机组不同的运行时间和运行风量档
用电需求	根据PHPP确定的标准值计算，除非有认证师核证过的其他更合理的取值

2.7 认证

超低能耗建筑标准性质根据制定标准的单位、强制性的程度以及是否进行认证可以划分为三类：官方标准、半官方标准和非官方标准（表18）。官方标准指由政府发布的强制性标准，半官方是根据特定的文件授权独立的机构或认证机构制定的标准。非官方标准由某机构或团体给予定义和标识的建筑类型，但无认证系统。各国的认证情况各不一样。低能耗建筑标准通常在几年后上升为国家的强制性的最低建筑节能标准，在此以前，是作为推荐性的高性能的建筑节能设计指导文件存在。被动房目前在欧洲属于超低能耗建筑一种类型，它不是官方标准，是具有指导性的兼顾超低能耗与高舒适性的设计方法。PHI对其有一套不断完善的认证体系。随着建筑节能技术的不断普及和应用，各国建筑能效标准的不断提高，被动房所代表的能效水平将逐渐上升为国家能效标准。

表18　欧洲典型国家超低能耗建筑标准性质

	标准性质	是否有认证体系
	瑞典	
低能耗建筑“Minienergi”	半官方	有
被动房	半官方	有
	挪威	
被动房	半官方	有
	丹麦	
低能耗建筑1级	官方	有
低能耗建筑2级	官方	有
被动房	半官方	有

续表

	标准性质	是否有认证体系
芬兰		
低能耗建筑	半官方	有
被动房	半官方	有
德国		
低能耗建筑	半官方	有
被动房	半官方	有
3升房	非官方	无
德国复兴信贷银行节能房45	半官方	有
奥地利		
被动房（国家资助）	官方	有
瑞士		
Minergie（低能耗）	半官方	有
Minergie-P（被动房）	半官方	有
英国		
被动房	半官方	有

德国PHI的被动房认证体系完善，需递交的认证资料包括：认证的能效指标，认证需递交的建筑能源平衡计算文件，建筑设计、施工和建筑设备的规划文件，支持文件和相关技术信息，建筑围护结构气密性的核证，带热回收新风系统的调试报告，工程项目经理的声明，工程图片。

被动房认证的对象包括新建建筑、既有建筑改造和建筑部品。建筑部品认证包括非透明围护结构、门窗系统、暖通系统。此外还对被动房设计机构、认证机构（师）进行认证。

3 中欧建筑能效指标比较

通过之前的介绍，我们知道德国被动房是欧洲超低能耗建筑的一种典型类型，几乎在中北欧典型国家被广泛接受应用，有些国家做了符合本国气候特点的适应性调整。我国于2009年开始引入被动房的理念和技术，并研究和实施适应我国气候条件、建筑形式和居民生活习惯的被动式低能耗建筑。截止到2017年8月，中德中央政府层面已实际实施了中德被动式低能耗建筑示范项目32个，约36万m^2，覆盖中国4个气候区12个省（直辖市）（黑龙江、内蒙古、青海、辽宁、河北、北京、山东、河南、江苏、湖南、四川、福建），其中山东省和河北省示范项目数量居前。

本章主要选取德国节能建筑/被动房指标为代表与我国强制性建筑节能设计标准、被动式超低能耗建筑设计标准进行对比。

3.1 定义对比

欧洲低能耗建筑没有统一的定义。有的国家在专门的标准中进行文字描述，如瑞典，“低能耗建筑是能耗水平介于被动屋与BBR19之间的建筑，具有和被动屋相同的要求，但热损失必须明显低于BBR19的要求”；有的国家则通过具体性能指标规定来定义低能耗建筑，如丹麦的低能耗建筑1级和2级。典型欧洲国家的低能耗建筑其能耗为现行建筑节能标准的30%或50%。随着各国建筑能效水平的不断提高，低能耗建筑标准逐步上升为现行的国家标准。欧洲的超低能耗建筑又被称为“近零耗建筑”，但各个国家赋予了超低能耗建筑各类名称，如被动房、3升房、Minergie-P等。

我国目前没有专门的低能耗建筑标准，住房和城乡建设部每年评审全国范围低能耗建筑示范项目，对低能耗建筑进行了定义：在必须满足国家强制节能标准的基础上，对能耗控制有创新、有突破，比当地现行节能设计标准的设计节能率再降低5%以上的建筑。

被动房进入我国之初，为了避免德文直译引起的释义不清，国内涌现了多种适应市场特殊需求的“被动房”名称，如“无源房”、“零能耗建筑”、“超低能耗建筑”等。2015年，随着河北省《被动式低能耗居住建筑节能设计标准》、《被动式超低能耗绿色建筑技术导则（试行）》（居住建筑）颁布，我国对被动式超低能耗建筑有了比较完善的定性解释：将自热通风、自然采光、太阳能辐射和室内非供暖热源得热等各种被动式节能手段与建筑围护结构高效节能技术相结合建造而成的低能耗房屋。这种建筑在显著提高室内环境舒适性的同时，可大幅度减少建筑使用能耗，最大限度地降低对主动式机械采暖和制冷系统的依赖，同时能满足绿色建筑的基本要求。

我国夏热冬冷地区也有许多城市相继制定了节能65%的标准，定义为当地的低能耗建筑标准，有的省市定义“被动式建筑”为不设置集中空调和集中供暖系统的节能建筑。

3.2 室内环境指标对比

被动房比我国普通节能建筑室内舒适性环境要求更高，指标规定更全面。在温湿度和隔声控制方面要求更高，同时附加考虑了房间内表面温差、CO_2含量、超温频率等（表19）。这些指标只有在围护结构有足够的保温隔热性能和强制性热回收装置时才能做到。被动式房屋不以牺牲舒适度单纯强调节能。它与我国南方地区一些低能耗居住建筑在冬季室内温度低于16℃时不采暖，夏季室内温度高于29℃时不制冷，有本质的区别。在北方采暖地区，被动式房屋能极大限度地降低冬季采暖需求，减少夏季制冷时间，显著提高室内舒适度和空气质量。在夏热冬冷地区和炎热地区，被动式房屋能解决冬季室内发霉结露问题，使室温在无供暖系统情况下保持20℃以上，夏季缩短制冷时间，降低制冷除湿能耗。在过渡季，通过高性能的围护结构保证室内温度在20～26℃之间波动。

表19 德国被动房与我国节能建筑室内环境指标比较

室内环境指标	德国被动房	中国节能建筑设计标准	河北省被动式低能耗居住建筑节能设计标准	《被动式超低能耗绿色建筑技术导则（试行）》（居住建筑）
室内温度	20～26℃	18～26℃	20～26℃	20～26℃
空气相对湿度	40%～60%	30%～70%	35%～65%	30%～60%
内表面温差	墙体表面温度不室内空气温度温差低于4K，不同房间的表面温度（热辐射不对称）温差低于5 K，地面与顶板之间空气温差低于3K	—	不超过3℃	—

续表

室内环境指标	德国被动房	中国节能建筑设计标准	河北省被动式低能耗居住建筑节能设计标准	《被动式超低能耗绿色建筑技术导则（试行）》（居住建筑）
噪声控制	卧室≤25dB；起居室≤30dB；在当量空间吸声面积为4m²条件下，设备间声压分贝<35dB	住宅的卧室、起居室（厅）内的允许噪声级（A声级）昼间≤50dB，夜间≤40dB	卧室、起居室和书房≤30dB（A）；放置新风机组的设备用房≤35dB（A）	白天≤40dB 夜间≤30dB
室内二氧化碳含量（居住空间）	≤1000ppm	—	≤1000ppm	—
超温频率	≤10%	—	-超出室内适宜温度范围的频率不宜大于10%	温度不保证率≤10%
室内风速	0.15m/s	0.2 ~ 0.3 m/s	不宜大于0.15m/s	—

3.3 建筑能耗指标对比

欧洲节能建筑通常采用采暖需求、终端能耗或总一次能源消耗量绝对值作为限制性指标；被动房是对建筑采暖能耗、制冷能耗和建筑物的总一次能源能耗（采暖、制冷、生活热水、通风、家用电器）做限制而不仅对采暖或制冷能耗做限制。我国北方采暖地区建筑节能设计以“耗热量指标”来表示建筑物能耗的高低。

被动房比我国现行节能标准的能耗要低很多，采暖能耗大约为我国现行《严寒和寒冷地区居住建筑节能设计标准》JGJ26-2010的1/4 ~ 1/10（表20）。

欧洲很多国家一般采用一次能源指标来考量建筑在全寿命周期对环境的综合影响。一次能源是指自然界中以原有形式存在的、未经加工转换的能源。欧洲国家一般习惯将不同形式的能源单位统一转换为千瓦时（kWh）单位来进行统一衡量。比如，电力的一次能源系数是2.6，将电力折算成一次能源时需要乘以2.6的换算系数。这就意味着，当建筑消耗1个单位的电能时，相当于消耗了自然界中2.6个单位的一次能源。这是因为电能是高品位、高纯度的能源，在发电过程中（如火电厂）由于能源转换规律的限制，低品位的能源（如煤炭）不能完全转换为电能，有很大一部分能源已经在“提纯”和输送的过程中损失掉了。通过这种折算方法，可以更为溯本追源地真实评估建筑对环境的影响（如便于研究建筑的二氧化碳排放量）。在中国，目前并没有对“一次能源系数”指标进行统一规定。目前常规采用的折算方法是折合标准煤系数法。即将不同形式的能源单位统一转换为“吨标准煤”单位来进行统一衡量。

欧洲的被动房当采暖负荷小于10W/m^2，可以取消传统的化石能源的采暖设施，靠带高效热回收的全空气空调系统满足室内采暖需求，而该系统在不考虑该地区的夏季负荷下，可以实现全新风状态的运行并满足夏季工况。我国由于绝大多数地区夏季必须制冷除湿，既定负荷和新风量前提下全新风运

表20　德国节能建筑/被动房与中国节能建筑（被动式低能耗建筑）能耗指标对比

类别	德国节能建筑(EnEV2014)	德国被动房	中国节能65%建筑（JGJ26–2010）		河北省被动式低能耗居住建筑节能设计标准	《被动式超低能耗绿色建筑技术导则（试行）》（居住建筑）
			秦皇岛(寒冷地区)	哈尔滨(严寒地区)		
年采暖需求或采暖负荷	30kWh/（m^2·a）	≤15kWh/（m^2·a）或≤10W/m^2	45.53 kWh/（m^2·a）	73.35 kWh/（m^2·a）	≤15kWh/（m^2·a）或≤10W/m^2	寒冷地区≤15kWh/（m^2·a）；严寒地区≤18kWh/（m^2·a）
年制冷需求或制冷负荷		制冷需求≤15kWh/（m^2·a）+0.3W/（m^2·a·K）·DDH或者制冷负荷≤10W/m^{2}且制冷需求≤4kWh/（m^2·a·K）·θ_e+2×0.3W/（m^2·a·K）·DDH–75kWh/（m^2·a），但该需求最大不能超过45kWh/（m^2·a）+0.3W/（m^2·a·K）·DDH	—	—	≤15kWh/（m^2·a）或≤20W/m^2	$\leq 3.5+2.0\times WDH_{20}+2.2\times DDH_{28}$
总一次能源需求		≤120kWh/（m^2·a）（采暖、制冷、新风、生活热水、照明和家用电器）	—	—	≤120kWh/（m^2·a）（采暖、制冷、新风、生活热水、照明和家用电器）	≤60（采暖、供冷和照明）

行的全空气空调系统通常不能满足夏季的运行工况，因此必须有回风混合或者采用单独的辅助制冷措施。

3.4 建筑围护结构传热系数限值及气密性对比

尽管我国也在不断地修订和提高建筑节能标准水平，但围护结构控制性指标与欧洲节能建筑和超低能耗建筑水平相比仍存在较大的差距（表21）。

其次欧洲的超低能耗建筑讲究的是精细化设计和施工细节、高质量的产

表21　德国节能建筑标准/被动房与中国节能建筑围护结构指标比较

类别	德国节能建筑标准（EnEV2009）U[W/(m^2·K)]	德国被动房 U[W/(m^2·K)]	中国JGJ26-2010 K[W/(m^2·K)]		DB11-891-2012K[W/(m^2·K)]	河北省被动式低能耗居住建筑节能设计标准 K[W/(m^2·K)]	《被动式超低能耗绿色建筑技术导则（试行）》（居住建筑）K[W/(m^2·K)]
			秦皇岛	哈尔滨	北京		
屋顶	≤0.20	≤0.15	0.45	0.25	0.35	≤0.15	寒冷地区： 0.10～0. 25 严寒地区： 0.10～0.20
外墙	≤0.28	≤0.15	0.60～0.70	0.40～0.50	0.40	≤0.15	寒冷地区： 0.10～0. 25 严寒地区： 0.10～0.20
地面	≤0.20	≤0.15	0.65	0.45	0.65	≤0.15	寒冷地区： 0.15～0.35 严寒地区： 0.10～0.25
外窗	≤1.3	U≤0.8 g<0.5	≤2.0	1.6	1.8	≤0.8 g ≥0.35	寒冷地区： 0.80～1.50 SHGC：冬季≥0.45，夏季≤0.30 严寒地区： 0.70～1.20 SHGC：冬季≥0.50，夏季≤0.30

品技术支撑，从而保证建筑在实际运营中实现真正的节能。而我国尽管不断提高建筑标准能效指标，但由于施工粗放、低能耗建筑节能产品技术质量参差不齐、建筑运营管理水平落后，导致建筑节能不能落到实处。

3.5 通风系统性能参数对比

被动房直接或间接要求安装机械新风系统，新风系统必须带热回收装置，热回收效率必须在75%以上，且室内出风口送风温度不低于17℃。我国当前的居住建筑节能标准还达不到超低能耗水平，对强制性机械通风无要求，采用自然通风为主。大型公共建筑采用机械通风为主。我国目前较好的热回收设备效率一般达到65%以上，与国外的设备还存在一定差距。我国对设置新风系统的居住建筑所需最小新风量按换气次数确定，规定每小时换气次数0.5次；被动房通常按每人每小时所需新风量为20～30m^{3}计算（表22）。

表22　德国被动房与中国节能建筑新风系统设计与性能指标对比

	德国被动房	中国节能建筑
通风系统类型	带高效热回收的新风系统	居住建筑：不强制要求新风系统，自然通风为主公共建筑：推荐使用机械通风
新风量	按每人每小时所需新风量为20～30m^{3}计算	换气次数按n=0.5h^{-1}计算
控制调节系统	调节系统至少是三个水平，基本通风（70%～80%的通风量），标准通风（100%通风），加速通风（130%的通风量）	手动调节为主，不分级
热交换器的效率	≥75%	50%～65%
过滤器	新风过滤器：F7 排风过滤器：G4	新风过滤器：F7 排风过滤器：G4
除霜设备	热交换器应该配有防霜冻设备	热交换器应该配有防霜冻设备
空气温度	送风温度必须≥16.5℃	送风口内表面温度大于室内结露温度。置换通风，不宜小于18℃
噪声	≤23dB（卧室和起居室），≤25dB（功能区）	住宅的卧室、起居室（厅）内的允许噪声级（A声级）昼间≤50dB，夜间≤40dB
通风系统耗电量	≤0.45Wh/m^3	—

3.6 计算边界条件和方法参数对比

欧洲被动房的计算方法和我国建筑节能标准的区别是：1）被动房是基于月份的能量平衡法进行计算，是稳态的简化的计算方法；2015年颁布的《河北省被动式低能耗居住建筑设计标准》则采用的是动态的逐时计算。2）计算输入参数不同，室内计算温度、生活热水量、通风量、围护结构传热限值、室内得热等指标与我国现行节能标准规定不一样，大部分高于我国的现行标准；《河北省被动式低能耗居住建筑设计标准》吸收了欧洲被动房的计算输入参数，又结合了当地的气候条件和实际情况。3）欧洲典型国家里，大部分国家参与建筑节能计算的建筑面积是不包括围护结构表面积的建筑面积，其原因是不把建筑外保温与建筑使用面积挂钩。被动房的计算方法是各楼层外墙内侧围成的平面面积的总和，即通常指的是在气密层以内的采暖（制冷）处理空间的面积，对于不以居住功能为主的特殊区域，按不同比例计入面积。如在住宅外部或地下室的辅助用房、在住宅外部或地下室的过道只计入60%的面积。我国建筑节能标准中计算的建筑面积是含外围护结构的建筑面积，在我国高密度高容积率建筑现状下，该计算方法不利于较大厚度的外墙保温系统的应用，会导致用户实际使用面积的缩小。《河北省被动式低能耗居住建筑节能设计标准》规定我国被动式低能耗建筑面积按各楼层外围护结构外包线围成的平面面积的总和计算，包括对室内环境有同样要求的半地下室或地下室的面积，即气密层以内属于被动式建筑的处理面积（表23）。

表23 德国被动房与中国节能建筑（被动式低能耗建筑）计算参数对比

指标	德国被动房	中国建筑节能设计标准（居住）	河北省被动式低能耗居住建筑节能设计标准
气象数据	各地的气象数据（内置于PHPP）如果采用独立的气象数据，必须和认证师讨论达成一致意见	国家气象数据	国家气象数据
室内计算温度	冬季20℃ 夏季25℃	冬季18℃ 夏季26℃	冬季20℃ 夏季26℃
室内得热	单户住宅、多户住宅、联排住宅：2.1 W/m^2 办公楼、行政办公建筑：3.5W/m^2 学校：2.8 W/m^2	3.4 W/m^2	逐时计算室内得热

续表

指标	德国被动房	中国建筑节能设计标准（居住）	河北省被动式低能耗居住建筑节能设计标准
人均居住面积	$35m^2$/人，如果有实际居住率或设计参数的值，可酌情调整，但变动幅度在20～50 m^2/人	根据实际建筑面积	根据实际建筑面积
生活热水	25L/（人·天）（60℃）	60～80L/（人·天）	25L/（人·天）（20℃加热到35℃计算）
通风流量取值	住宅：20~30m^3/(人·时)，或换气次数n=0.3 h^{-1} 非住宅建筑：15～30 m^3/人·时	无，建筑自然通风条件下换气次数0.5h^{-1}	20～30m^3/（人·时）
用电需求（一次能源）	根据PHPP确定的标准值计算，除非有认证师核证过的其他更合理的取值，40kWh/（m^2·a）	无	50kWh/（m^2·a）
非透明围护结构的U值	≤0.15W/（m^2·K）	不同气候区不同	≤0.15W/（m^2·K）
能耗指标体系	采暖/制冷需求［kWh/（m^2·a）］ 采暖/制冷负荷（W/m^2） 总一次能源需求［kWh/（m^2·a）］	建筑物耗热量指标（W/m^2）	采暖/制冷需求［kWh/（m^2·a）］ 采暖/制冷负荷（W/m^2） 总一次能源需求［kWh/（m^2·a）］
参与计算的建筑面积	按各楼层外墙内侧围成的平面面积的总和，但对于在住宅外部或地下室的辅助用房、在住宅外部或地下室的过道只计入60%的面积	按各楼层外围护结构外包线围成的平面面积的总和计算，局部面积如开敞阳台按一定比例计入面积	按各楼层外围护结构外包线围成的平面面积的总和计算，包括对室内环境有同样要求的半地下室或地下室的面积，即气密层以内属于被动式建筑的处理面积

3.7 建筑验收要求对比

欧洲被动房通过建筑物的气密性测试、外围护结构红外线成像、能耗计量、查看分部工程质量验收文件等手段控制建筑的质量并进行验收。我国通常的建筑节能验收主要是现场对围护结构传热系数抽检和外窗气密性测试，采暖/制冷、新风系统节能性能的检测并查看过程质量文件；我国在被动式低能耗建筑方面的验收依据：建筑整体的气密性测试结果达标并查看设计施工过程文件，同时对建筑进行红外线成像测试，作为验收的辅助判断措施，便于建筑进一步进行整改（表24）。

表24　德国被动房与中国节能建筑验收方法对比

	德国被动房	中国节能建筑	河北省被动式低能耗建筑
验收方法	• 建筑整体气密性测试 • 红外线成像 • 能耗计量表 • 系统调试与检测 • 查看过程质量验收文件	• 围护结构传热系数现场抽检 • 外窗气密性的现场实体检测 • 查看过程质量验收文件	• 建筑整体进行气密性测试。如果有不满足$n_{50}\leq0.6h^{-1}$的样本，则必须对此样本进行整改使之满足要求，且应重新抽样，直至抽样样本全部满足规定为止 • 在房屋投入正常使用后，应对室内环境和实际能耗进行测试

3.8　认证比较

我国节能建筑已建立完善的能效测评机制，主要是对政府投资节能项目进行强制性节能认证。测评指标包括基础性指标、规定性指标和选择项指标。基础性指标是唯一的量化指标，包括单位面积采暖制冷能耗的理论计算值和实测值。规定性指标则是指测试是否满足设计要求，包括围护结构节能性能、采暖制冷节能性能、室内舒适度、采暖空调系统运行效率。选择项则为加分指标，包括可再生能源利用、自然采光与通风设计、新型节能技术和产品、用能管理。

德国的能效测评是根据EnEV要求对所用竣工项目进行认证，属于强制性认证。能源证书主要标识两个值：一是终端能耗（含采暖、新风、生活热水等），另一个是一次能源能耗，同时标注CO_2排放量并划分能效等级。

德国PHI对被动房的认证属于自愿性认证，以采暖/制冷需求、采暖/制冷负荷、总一次能源消耗（采暖、制冷、新风、照明、生活热水及电器）和建筑气密性测试结果4个方面来做判定依据。

住房和城乡建设部科技与产业化发展中心与德国能源署从2010年开始实施中德被动式低能耗建筑示范，并对示范项目进行质量认证。该认证内容全面，它吸取了中德能效认证的优点，并加入了更多量化的指标和技术措施的描述。除了提供采暖/制冷需求、采暖/制冷负荷、总一次能源消耗和建筑气密性测试结果外，还与我国建筑节能标准和德国被动房能效指标进行对比，并详细标注了认证项目在围护结构、通风系统、采暖制冷系统、生活热水供应系统方面的措施和技术参数。

4 经验借鉴

（1）被动式低能耗建筑是我国未来建筑节能的方向，与我国现有建筑节能65%的标准相比，它可以达到节能90%以上，是超低能耗的健康的、高舒适性的绿色建筑。

（2）我国应深入研究建立适合我国不同气候区和建筑类型被动式低能耗建筑标准体系。制定符合我国国情的被动式低能耗建筑标准，不能照搬欧洲的经验，而是因地制宜，根据我国的气候条件，确定各气候区的技术指标与技术路线。北欧国家如瑞典、丹麦等国都在德国被动房的基础上根据本国的气候条件修正了采暖负荷和采暖需求，因为这些国家的采暖期更长，冬季更严寒，我国严寒地区的气候类似，可以为我国严寒地区被动式低能耗建筑的制定提供参考。

《河北省被动式低能耗居住建筑设计标准》是在德国被动房的基础上进行了指标调整，主要是在制冷负荷和制冷需求以及新风系统热回收效率方面进行了修正。欧洲中北部地区的国家夏季几乎不制冷或制冷时间短、负荷低，这与我国的多数地区的气候条件不符合，特别是夏热冬冷和夏热冬暖地区，因此其他气候区的被动式低能耗建筑标准将在当地示范项目的基础上进行编制，并应提出符合当地气候技术经济条件的技术指标。

（3）被动式低能耗建筑标准要深入研究、提高、细化和完善室内环境舒适性指标，并根据各气候区做适应性调整。我国被动式低能耗建筑标准要与国际近零能耗建筑标准接轨或可以比较，考虑把一次能源和建筑整体气密性指标纳入标准中，前者考核建筑对环境的影响和破坏，后者考量整个建筑围护结构的气密性能，与节能效果密切相关。

（4）我国应逐步建立起被动式低能耗建筑、部品和机构（人员）的认证制度。我国的被动式低能耗建筑的研究和示范刚起步，并在示范项目上引入了质量认证标识。未来应考虑在这个基础上建立中国被动式低能耗建筑的认证制度，并借鉴欧洲经验，对被动式低能耗建筑的专用技术产品进行严格认证，从而保证被动式低能耗建筑的质量。并建立专业机构和人员的培训及认证体制，带动被动式低能耗建筑人员的能力建设。

（5）建立被动式低能耗建筑配套标准，包括产品标准、施工规程、技术指南、图集等，从而带动建筑节能产品材料、施工工艺的整体提高，带动产业的升级换代。

（6）推动国家相关配套政策的出台，支持被动式低能耗建筑的发展。

（撰文：彭梦月）

参考文献

[1] *Katharina Thullner, Low-energy buildings in Europe-Standards, Criteria and Consequences, Lunds university, 2010.*

[2] 德国能源署和住房城乡建设部科技与产业化发展中心. 中德合作高能效建筑实施手册.

[3] Christopher Anthony Moore. 如何设计超/低能耗建筑. Wuppertal 气候环境与能源研究所，2014.

[4] *http://www.minergie.ch/index.php? standards-6.*

五　中德被动式低能耗建筑能耗计算方法及对比

1　绪论

1.1　国内外研究现状

1.1.1　国外被动式低能耗建筑计算方法发展现状

1988年瑞典隆德大学的亚当森教授和德国的费斯特博士首先提出被动式建筑的概念，认为被动式建筑不采用主动的采暖和制冷系统就可以维持舒适的室内热环境。1996年，费斯特博士在德国达姆施塔特创建了被动房研究所，并开发出Passive House Planning Package（PHPP）[1]作为被动式建筑的专用计算和设计软件。

早期被动式建筑能耗的计算需要输入大量高准确度的动态数据，这些数据广泛且不便收集，因此计算任务繁重且准确度不高。经过对比分析多种方案并不断优化被动式建筑设计，在与实测数据进行对比的基础上，提取关键参数对计算模型进行了简化。目前PHPP以Excel为平台，以物理平衡方程为科学依据，采用基于月份的能量平衡法进行计算，即将整栋建筑看作整体，用月/年能量平衡代替短时间间隔的动态模拟给出建筑的年采暖需求和制冷需求。

总体而言，简化稳态计算方法PHPP的计算结果与动态模拟法和测试统计结果的吻合度均较高。当然，任何一种简化模型都会使准确度有所降低。然而在一个复杂的程序中，任一输入参数都会因输入误差导致计算结果精度降低，且计算精度还受到多种不可预测因素如天气的影响。因此，考虑到工程实用性，使用优化且简单的计算工具是比较实际的。

PHPP的主要内容包括：能耗计算（包括热阻计算和传热系数计算）；窗户规格设计；室内通风系统设计；热、冷负荷计算；夏季热舒适预测；采暖和家用热水系统设计；一次能源需求计算以及CO_2排放量计算。

1.1.2 我国被动式低能耗建筑计算方法发展现状

2010年，秦皇岛“在水一方”C15号住宅楼成功入选中德合作被动式低能耗建筑示范项目，历经3年的设计和施工，于2013年10月完成质量验收，成为中国首例成功实施的被动式建筑示范项目，并获得了德国能源署认证。

在总结示范项目经验、论证示范项目设计和实测数据、借鉴德国和瑞典被动式建筑标准的基础上，我国首部被动式低能耗建筑标准——河北省《被动式低能耗居住建筑节能设计标准》[2]于2015年编制完成。

该标准是根据河北省住房和城乡建设厅《关于印发〈2012年度省工程建设标准和标准设计第一批编制计划〉的通知》（冀建质〔2012〕214号）的要求而制订的。历经近3年时间，数十次标准讨论和修改完善，编制组总结试点经验，参照中国现行的相关标准、规范，完成了本标准的编制工作。

2015年2月27日，河北省住房和城乡建设厅下发了“河北省住房和城乡建设厅关于发布《被动式低能耗居住建筑节能设计标准》的通知”，批准由住房和城乡建设部科技发展促进中心、河北省建筑科学研究院主编的《被动式低能耗居住建筑节能设计标准》为河北省工程建设标准，编号为DB13（J）/T177-2015，自2015年5月1日起实施。本标准是中国第一部，同时也是世界范围内继瑞典《被动房低能耗住宅规范》后第二部有关被动式房屋的标准。

该标准的主要内容包括：总则，术语和符号，室内外空气计算参数，基本规定，热工设计，采暖、制冷和房屋总一次能源计算，通风和空调系统设计，关键材料和产品性能，以及施工、测试、工程认定及运行管理。

其中，关于采暖、制冷和房屋总一次能源计算部分，该标准基于我国现行的《民用建筑热工设计规范》GB 50176、《民用建筑供暖通风与空气调节设计规范》GB 50736、《民用建筑节能设计标准（采暖居住建筑部分）》JGJ 26以及陆耀庆主编的《实用供热空调设计手册（第二版）》，提出了被动式低能耗建筑的计算方法，包括采暖负荷、采暖需求、制冷负荷、制冷需求、采暖一次能源需求、制冷一次能源需求以及总一次能源需求的计算和分析。

采暖期采暖通风系统的采暖负荷，应根据房屋下列散失和获得的热量确定：（1）围护结构传热的耗热量，包括基本耗热量和附加耗热量；（2）通风耗热量；（3）建筑物的内部热源得热量，包括人体、照明和家用电器散热。

房屋单位面积的年采暖需求，应从规定的采暖计算起始日期至采暖计算终止日期进行逐时计算确定。考虑的失热包括：（1）围护结构传热引起的房屋单位面积耗热量；（2）通风引起的房屋单位面积耗热量。考虑的得热包括：（1）透明围护结构通过太阳辐射获得的房屋单位面积得热量；（2）建筑物内部热源引起的房屋单位面积得热量，包括人体、照明和家用电器散热。当逐时热平衡计算值为负时，取该时点的采暖需求为零；当逐时热平衡计算值为正时，该值即为该时点的采暖需求；将所有时点的采暖需求累加，即为房屋的年采暖需求。

制冷期制冷通风系统的制冷负荷，应根据逐项逐时的冷负荷计算确定。通过围护结构进入的非稳态传热量、透过外窗进入的太阳辐射热量、人体散热量以及非全天使用的设备、照明灯具的散热量等形成的冷负荷，应根据非稳态传热方法计算确定，不应将上述得热量的逐时值直接作为各相应时刻冷负荷的即时值。空气调节区的夏季计算得热量，应按照下列各项分别确定：（1）围护结构传热的得热量；（2）通风得热量；（3）通过透明围护结构进入室内的太阳辐射得热量；（4）建筑物的内部热源得热量，包括人体、照明和家用电器散热。

房屋单位面积的年制冷需求，应从规定的制冷计算起始日期至终止日期进行逐时计算确定。考虑的得热包括：（1）围护结构传热引起的房屋单位面积得热量；（2）通风引起的房屋单位面积得热量；（3）透明围护结构通过太阳辐射获得的房屋单位面积得热量；（4）建筑物内部热源引起的房屋单位面积得热量，包括人体、照明和家用电器散热。将所有时点的制冷需求累加即为房屋的年制冷需求。

房屋总一次能源需求包括采暖、制冷、通风、生活热水、照明和家用电器一次能源需求。将采暖和制冷需求转换为一次能源需求时，应依据采暖和制冷的方式和所用能源的种类，考虑加工、转换和输送过程中的能量损失。采暖和制冷一次能源需求应根据不同情况，按照实际的管网效率、锅炉效率、采暖或制冷计算期的设备终端效率，以及不同能源种类的一次能源系数计算。通风、生活热水、照明、家用电器一次能源需求应根据不同情况进行估算。

1.2 主要研究内容及研究意义

本章的研究内容包括：

（1）对中、德被动式低能耗建筑能效计算理论进行比较和分析，重点关注对热桥计算、遮阳计算、外窗传热系数计算等关键问题的处理方法，识别造成计算结果差异的主要原因，对我国计算方法做必要和有益的修正和补充；

（2）通过比较研究中、德被动式低能耗建筑能效计算理论和方法，为我国被动式低能耗建筑标准中能耗计算方法相关部分的制订提供依据和技术支撑，为后续示范项目的能效计算和认证提供可靠基础。

2 中国被动式低能耗建筑能效计算方法

2.1 一般计算原则

被动式低能耗建筑应进行采暖负荷、采暖需求、制冷负荷、制冷需求、采暖一次能源需求、制冷一次能源需求以及总一次能源需求计算，各项指标均应符合被动式低能耗建筑要求。

采暖与制冷需求计算的起止日期，是依据各城市或地区的全年逐时温度确定的。对于采暖需求计算，取连续低于15℃的小时数超过20小时连续三天以上，或全天24小时均低于15℃的日期为起始日期；取连续高于15℃的小时数超过5小时连续三天以上的日期为终止日期。对于制冷需求计算，取连续高于29℃的小时数超过4小时连续三天以上的日期为起始日期；取连续高于29℃的小时数小于4小时连续三天以上，或全天24小时均低于29℃的日期为终止日期。当根据以上条件无法确定某城市的制冷计算日期时，其制冷计算起始日期为室外温度高于28℃连续2小时以上的日期，终止日期为室外温度高于28℃连续2小时以下的日期。

非透明围护结构的传热系数计算值应取其平均传热系数与系统性热桥附加值之和。非透明围护结构的系统性热桥附加值不得小于0.05 W/（m^2·K）。

2.2 采暖负荷计算

按照现行国家标准《民用建筑供暖通风与空气调节设计规范》GB 50736的规定，采暖期采暖通风系统的采暖负荷，应根据房屋下列散失和获得的热量确定：

（1）围护结构传热的耗热量，包括基本耗热量和附加耗热量；

（2）通风耗热量；

（3）建筑物的内部热源得热量，包括人体、照明和家用电器散热。

房屋单位面积的采暖负荷，应按下列公式计算：

$$q_{\mathrm{h}} = q_{\mathrm{h}}^{\mathrm{env}} + q_{\mathrm{h}}^{\mathrm{dv}} - q_{\mathrm{h}}^{\mathrm{int}} \tag{2-1}$$

式中，$q_{\mathrm{h}}^{\mathrm{env}}$ 为围护结构传热引起的房屋单位面积采暖负荷，W/m²；$q_{\mathrm{h}}^{\mathrm{dv}}$ 为通风引起的房屋单位面积采暖负荷，W/m²；$q_{\mathrm{h}}^{\mathrm{int}}$ 为建筑物内部热源引起的房屋单位面积采暖负荷补偿，W/m²。

围护结构传热引起的房屋单位面积采暖负荷，应按下列公式计算：

$$q_{\mathrm{h}}^{\mathrm{env}} = \sum q_{\mathrm{h},j}^{\mathrm{env}} \tag{2-2}$$

（1）对于非透明围护结构，由其传热引起的房屋单位面积采暖负荷，应按下列公式计算：

$$q_{\mathrm{h},j}^{\mathrm{env}} = \frac{(K_j + K_{\mathrm{add}}) \cdot F_j \cdot (T_{\mathrm{h}}^{\mathrm{int}} - T_{\mathrm{h}}^{\mathrm{ext}}) \cdot (1 + \varepsilon_j)}{A} \tag{2-3}$$

（2）对于透明围护结构，由其传热引起的房屋单位面积采暖负荷，应按下列公式计算：

$$q_{\mathrm{h},j}^{\mathrm{env}} = \frac{K_j \cdot F_j \cdot (T_{\mathrm{h}}^{\mathrm{int}} - T_{\mathrm{h}}^{\mathrm{ext}}) \cdot (1 + \varepsilon_j)}{A} \tag{2-4}$$

式中，$q_{\mathrm{h},j}^{\mathrm{env}}$ 为第j个围护结构传热引起的房屋单位面积采暖负荷，W/m²；A为建筑面积，m²；K_j为第j个围护结构的传热系数，对于非透明围护结构应取其平均传热系数，W/（m²・K）；K_{add}为系统性热桥附加值，W/（m²・K）；F_j为第j个围护结构的面积，m²；$T_{\mathrm{h}}^{\mathrm{int}}$ 为采暖期室内计算温度，取20℃；$T_{\mathrm{h}}^{\mathrm{ext}}$ 为采暖期空气调节室外计算温度，℃；ε_j为第j个围护结构的附加耗热量修正值，按其占基本耗热量的百分率取值，见表1。

表1　围护结构的附加耗热量修正值

围护结构的朝向	所占基本耗热量的百分率
北、东北、西北	10%
东、西	–5%
东南、西南	–10%
南	–15%

通风引起的房屋单位面积采暖负荷，应按下列公式计算：

$$q_h^{dv} = q_h^d + q_h^v \tag{2-5}$$

（1）开启外门进入空气引起的房屋单位面积采暖负荷，应按下列公式计算：

$$q_h^d = \frac{c \cdot n_d \cdot V_d \cdot \rho_{hm} \cdot (T_h^{int} - T_h^{ext})}{A} \tag{2-6}$$

（2）通风系统进入新风引起的房屋单位面积采暖负荷，应按下列公式计算：

$$q_h^v = \frac{c \cdot n_v \cdot V_v \cdot \rho_{hm} \cdot (T_h^{int} - T_h^{ext}) \cdot (1 - R)}{A} \tag{2-7}$$

式中，q_h^d为开启外门进入空气引起的房屋单位面积采暖负荷，W/m^2；q_h^v为通风系统进入新风引起的房屋单位面积采暖负荷，W/m^2；c为空气比热容，取0.28Wh/（kg・K）；ρ_{hm}为采暖期室外平均温度条件下的空气密度，kg/m^3；n_d为外门小时人流量，按建筑物的实际情况取值，或按50h^{-1}考虑，h^{-1}；V_d为外门开启一次的空气渗入量，按表2取值，m^3；n_v为通风系统的小时换气次数，按总新风量与换气体积的比值确定，h^{-1}；V_v为建筑的换气体积，m^3。

表2　外门开启一次的空气渗入量（m³）

每小时通过的人数	普通门		带门斗的门		转门	
	单扇	一扇以上	单扇	一扇以上	单扇	一扇以上
＜100	3.0	4.75	2.5	3.5	0.8	1.0
100～700	3.0	4.75	2.5	3.5	0.7	0.9
701～1400	3.0	4.75	2.25	3.5	0.5	0.6
1401～2100	2.75	4.0	2.25	3.25	0.3	0.3

建筑物内部热源引起的房屋单位面积采暖负荷补偿q_h^{int}，应按建筑物内部热源引起的房屋单位面积得热逐时值的最小值考虑。建筑物内部热源引起的房屋单位面积得热逐时值应按下列公式计算：

$$q_\tau^{int} = q_\tau^{man} + q_\tau^{lig} + q_\tau^{app} \tag{2-8}$$

（1）人体散热引起的房屋单位面积得热逐时值，应按下列公式计算：

$$q_\tau^{man} = \frac{m_\tau \cdot \chi^{man} \cdot q_{sen}^{man} + m_\tau \cdot q_{lat}^{man}}{A} \quad (2\text{-}9)$$

（2）照明散热引起的房屋单位面积得热逐时值，应按下列公式计算：

对于白炽灯和镇流器设在采暖区之外的荧光灯，

$$q_\tau^{lig} = \varphi_1 \cdot \chi^{lig} \cdot \overline{q_\tau^{lig}} \quad (2\text{-}10)$$

对于镇流器设在采暖区之内的荧光灯，

$$q_\tau^{lig} = 1.2 \cdot \varphi_1 \cdot \chi^{lig} \cdot \overline{q_\tau^{lig}} \quad (2\text{-}11)$$

对于暗装在采暖区吊顶玻璃罩之内的荧光灯，

$$q_\tau^{lig} = \varphi_1 \cdot \varphi_2 \cdot \chi^{lig} \cdot \overline{q_\tau^{lig}} \quad (2\text{-}12)$$

（3）家用电器散热引起的房屋单位面积得热逐时值，应按下列公式计算：

$$q_\tau^{app} = \chi^{app} \cdot \overline{q_\tau^{app}} \quad (2\text{-}13)$$

式中，τ为计算时刻，取一天24个时刻进行逐时计算，0~23点钟；q_τ^{int}为计算时刻τ，建筑物内部热源引起的房屋单位面积得热，W/m^2；q_τ^{man}为计算时刻τ，人体散热引起的房屋单位面积得热，W/m^2；q_τ^{lig}为计算时刻τ，照明散热引起的房屋单位面积得热，W/m^2；q_τ^{app}为计算时刻τ，家用电器散热引起的房屋单位面积得热，W/m^2；m_τ为计算时刻τ，房屋内的总人数；χ^{man}为人体显热散热系数；q_{sen}^{man}为人体小时显热散热量，按表3取值，W；q_{lat}^{man}为人体小时潜热散热量，按表3取值，W；φ_1为同时使用系数，可视情况取值，一般可取为0.5；φ_2为考虑玻璃反射及罩内通风情况的系数，当荧光灯罩有小孔，利用自然通风散热于顶棚之内时，取为0.5~0.6；当荧光灯罩无小孔时，可视顶棚内的通风情况取为0.6~0.8；χ^{lig}为照明散热系数；$\overline{q_\tau^{lig}}$为计算时刻τ，照明设备的照明密度，W/m^2；χ^{app}为器具散热系数；$\overline{q_\tau^{app}}$为计算时刻τ，家用电器的散热密度，W/m^2。

表3　一名成年男子的散热量

室内温度（℃）	20	21	22	23	24	25	26	27	28
显热 q_{sen}^{man}（W）	90	85	79	74	70	66	61	57	52
潜热 q_{lat}^{man}（W）	46	51	56	60	64	68	73	77	82

注：成年女子的散热量为成年男子的84%；儿童的散热量为成年男子的75%。

2.3 采暖能耗计算

房屋单位面积的年采暖需求，应从规定的采暖计算起始日期至采暖计算终止日期，按下列公式进行逐时计算。当逐时计算值为负时，取该时点的采暖需求为零；当逐时计算值为正时，该值即为该时点的采暖需求；将所有时点的采暖需求累加，即为房屋的年采暖需求。

$$Q_h = \sum_{t_1}^{t_2}(q_{hi}^{env} + q_{hi}^{dv} - q_i^s - q_i^{int}) \cdot \Delta t/1000 \qquad (2\text{-}14)$$

式中，t_1为计算的起始时点；t_2为计算的终止时点；Δt为计算时间步长，取1h；q_{hi}^{env}为在i计算时点，围护结构传热引起的房屋单位面积耗热量，W/m^2；q_{hi}^{dv}为在i计算时点，通风引起的房屋单位面积耗热量，W/m^2；q_i^s为在i计算时点，透明围护结构通过太阳辐射获得的房屋单位面积得热量，W/m^2；q_i^{int}为在i计算时点，建筑物内部热源引起的房屋单位面积得热量，W/m^2。

围护结构传热引起的房屋单位面积耗热量，应按下列公式计算：

$$q_{hi}^{env} = \sum q_{hi,j}^{env} \qquad (2\text{-}15)$$

（1）对于非透明围护结构，应采用室外综合温度，按下列公式计算：

$$q_{hi,j}^{env} = \frac{(K_j + K_{add}) \cdot F_j \cdot (T_h^{int} - T_{i,j}^{syn})}{A} \qquad (2\text{-}16)$$

$$T_{i,j}^{syn} = T_i^{ext} + \frac{\mu_j \cdot J_{i,j}}{\alpha^{ext}} \qquad (2\text{-}17)$$

（2）对于透明围护结构，应采用室外温度，按下列公式计算：

$$q_{hi,j}^{env} = \frac{K_j \cdot F_j \cdot (T_h^{int} - T_i^{ext})}{A} \qquad (2\text{-}18)$$

式中，$q_{hi,j}^{env}$为在i计算时点，第j个围护结构传热引起的房屋单位面积耗热量，W/m^2；T_i^{ext}为在i计算时点的室外温度，℃；$T_{i,j}^{syn}$为在i计算时点，第j个围护结构的室外综合温度，℃；μ_j为第j个围护结构外表面的太阳辐射吸收系数，按表4取值；$J_{i,j}$为在i计算时点，第j个围护结构所在朝向的太阳总辐射照度，W/m^2；α^{ext}为围护结构外表面换热系数。对于外墙和屋面，取23W/（m^2·K）。

表4　围护结构外表面的太阳辐射吸收系数

外表面材料	太阳辐射吸收系数	外表面材料	太阳辐射吸收系数
红瓦屋面	0.70	水泥瓦屋面	0.69

续表

外表面材料	太阳辐射吸收系数	外表面材料	太阳辐射吸收系数
灰瓦屋面	0.52	绿豆砂保护屋面	0.65
石棉水泥瓦屋面	0.75	白石子屋面	0.62
深色油毡屋面	0.85	绿色草地	0.78
水泥屋面和墙面	0.70	水（开阔湖、海面）	0.96
红砖墙面	0.75	黑色漆	0.94
硅酸盐砖墙面	0.50	灰色漆	0.91
石灰粉刷墙面	0.48	褐色漆	0.89
水刷石墙面	0.68	绿色漆	0.89
浅色饰面砖和浅色涂料	0.50	棕色漆	0.88
抛光铝反射板	0.12	蓝色漆、天蓝色漆	0.88
水泥拉毛墙	0.65	中棕色漆	0.84
白水泥粉刷墙	0.48	浅棕色漆	0.8
砂石粉刷墙	0.57	棕色、绿色喷泉漆	0.79
浅色饰面砖	0.50	红油漆	0.74
混凝土墙	0.73	浅色涂料	0.50
水泥屋面	0.74	银色漆	0.25

通风引起的房屋单位面积耗热量，应按下列公式计算：

$$q_{hi}^{dv} = q_{hi}^{d} + q_{hi}^{v} \tag{2-19}$$

（1）开启外门进入空气引起的房屋单位面积耗热量，应按下列公式计算：

$$q_{hi}^{d} = \frac{c \cdot n_{di} \cdot V_d \cdot \rho_{hm} \cdot (T_h^{int} - T_i^{ext})}{A} \tag{2-20}$$

（2）通风系统进入新风引起的房屋单位面积耗热量，应按下列公式计算：

$$q_{hi}^{v} = \frac{c \cdot n_v \cdot V_v \cdot \rho_{hm} \cdot (T_h^{int} - T_i^{ext}) \cdot (1 - R)}{A} \tag{2-21}$$

式中，q_{hi}^{d}为在i计算时点，开启外门进入空气引起的房屋单位面积耗热量，W/m^2；q_{hi}^{v}为在i计算时点，通风系统进入新风引起的房屋单位面积耗热量，

W/m^2；n_{di}为在i计算时点的外门小时人流量，按建筑物的实际情况取值，或按每天7：00～22：00期间$50h^{-1}$考虑，h^{-1}。

透明围护结构通过太阳辐射获得的房屋单位面积得热量，应按下列公式计算：

$$q_i^{s} = \sum q_{i,j}^{s} \tag{2-22}$$

（1）当外窗无任何遮阳设施时，

$$q_{i,j}^{s} = \frac{\alpha_j \cdot F_j \cdot J_{i,j} \cdot g_j}{A} \tag{2-23}$$

（2）当外窗只有内遮阳设施时，

$$q_{i,j}^{s} = \frac{\alpha_j \cdot F_j \cdot \chi_{s,j}^{int} \cdot J_{i,j} \cdot g_j}{A} \tag{2-24}$$

（3）当外窗只有外遮阳设施时，

$$q_{i,j}^{s} = \frac{\alpha_j \cdot [F'_j \cdot J_{i,j} + (F_j - F'_j) \cdot J_{i,j}^{s}] \cdot g_j}{A} \tag{2-25}$$

（4）当外窗既有内遮阳设施又有外遮阳设施时，

$$q_{i,j}^{s} = \frac{\alpha_j \cdot [F'_j \cdot J_{i,j} + (F_j - F'_j) \cdot J_{i,j}^{s}] \cdot \chi_{s,j}^{int} \cdot g_j}{A} \tag{2-26}$$

式中，$q_{i,j}^{s}$为在i计算时点，第j个透明围护结构通过太阳辐射获得的房屋单位面积得热量，W/m^2；α_j为第j个透明围护结构的透明材料与洞口面积之比；g_j为第j个透明围护结构的透明材料太阳能总透射比，其值由材料性能决定；$\chi_{s,j}^{int}$为第j个透明围护结构的内遮阳系数，其值由内遮阳材料性能决定；F'_j为第j个透明围护结构的太阳直射面积，m^2；$J_{i,j}^{s}$为在i计算时点，第j个围护结构所在朝向的太阳散射辐射照度，W/m^2。

建筑物内部热源引起的房屋单位面积得热量，应按下列公式计算：

$$q_i^{int} = q_i^{man} + q_i^{lig} + q_i^{app} \tag{2-27}$$

（1）人体散热引起的房屋单位面积得热量，应按下列公式计算：

$$q_i^{man} = \frac{m_i \cdot \chi^{man} \cdot q_{sen}^{man} + m_i \cdot q_{lat}^{man}}{A} \tag{2-28}$$

（2）照明散热引起的房屋单位面积得热量，应按下列公式计算：

对于白炽灯和镇流器设在采暖区之外的荧光灯，

$$q_i^{lig} = \varphi_1 \cdot \chi^{lig} \cdot \overline{q_i^{lig}} \tag{2-29}$$

对于镇流器设在采暖区之内的荧光灯，

$$q_i^{\text{lig}} = 1.2 \cdot \varphi_1 \cdot \chi^{\text{lig}} \cdot \overline{q}_i^{\text{lig}} \tag{2-30}$$

对于暗装在采暖区吊顶玻璃罩之内的荧光灯，

$$q_i^{\text{lig}} = \varphi_1 \cdot \varphi_2 \cdot \chi^{\text{lig}} \cdot \overline{q}_i^{\text{lig}} \tag{2-31}$$

（3）家用电器散热引起的房屋单位面积得热量，应按下列公式计算：

$$q_i^{\text{app}} = \chi^{\text{app}} \cdot \overline{q}_i^{\text{app}} \tag{2-32}$$

式中，q_i^{man}为在i计算时点，人体散热引起的房屋单位面积得热量，W/m^2；q_i^{lig}为在i计算时点，照明散热引起的房屋单位面积得热量，W/m^2；q_i^{app}为在i计算时点，家用电器散热引起的房屋单位面积得热量，W/m^2；m_i为在i计算时点，房屋内的总人数；$\overline{q}_i^{\text{lig}}$为在$i$计算时点，照明设备的照明功率密度，W/m^2；$\overline{q}_i^{\text{app}}$为在$i$计算时点，家用电器的散热密度，W/m^2。

2.4 制冷负荷计算

应对房屋的空气调节区进行逐项逐时的冷负荷计算。通过围护结构进入的非稳态传热量、透过外窗进入的太阳辐射热量、人体散热量以及非全天使用的设备、照明灯具的散热量等形成的冷负荷，应根据非稳态传热方法计算确定，不应将上述得热量的逐时值直接作为各相应时刻冷负荷的即时值。空气调节区的夏季计算得热量，应按照下列各项分别确定：

（1）围护结构传热的得热量；

（2）通风得热量；

（3）通过透明围护结构进入室内的太阳辐射得热量；

（4）建筑物的内部热源得热量，包括人体、照明和家用电器散热。

房屋单位面积的制冷负荷，应按下列公式计算：

$$q_{c\tau} = q_{c\tau}^{\text{env}} + q_{c\tau}^{\text{dv}} + q_{c\tau}^{\text{s}} + q_{c\tau}^{\text{int}} \tag{2-33}$$

式中，$q_{c\tau}$为计算时刻τ，房屋单位面积的制冷负荷，W/m^2；$q_{c\tau}^{\text{env}}$为计算时刻τ，围护结构传热引起的房屋单位面积制冷负荷，W/m^2；$q_{c\tau}^{\text{dv}}$为计算时刻τ，通风引起的房屋单位面积制冷负荷，W/m^2；$q_{c\tau}^{\text{s}}$为计算时刻τ，透明围护结构通过太阳辐射引起的房屋单位面积制冷负荷，W/m^2；$q_{c\tau}^{\text{int}}$为计算时刻τ，建筑物内部热源引起的房屋单位面积制冷负荷，W/m^2。

围护结构传热引起的房屋单位面积制冷负荷，应按下列公式计算：

$$q_{c\tau}^{env} = \sum q_{c\tau,j}^{env} \tag{2-34}$$

（1）对于非透明围护结构，由其传热引起的房屋单位面积制冷负荷，应按下列公式计算：

$$q_{c\tau,j}^{env} = \frac{(K_j + K_{add}) \cdot F_j \cdot (T_{\tau-\xi,j} + \Delta - T_c^{int})}{A} \tag{2-35}$$

（2）对于透明围护结构，由其传热引起的房屋单位面积制冷负荷，应按下列公式计算：

$$q_{c\tau,j}^{env} = \frac{K_j \cdot F_j \cdot (T_{\tau,j} + \Delta - T_c^{int})}{A} \tag{2-36}$$

式中，$q_{c\tau,j}^{env}$为计算时刻τ，第j个围护结构传热引起的房屋单位面积制冷负荷，W/m^2；$\tau-\xi$为温度波的作用时刻，即温度波作用于非透明围护结构外侧的时刻，点钟；$T_{\tau-\xi,j}$为作用时刻$\tau-\xi$，第j个非透明围护结构的冷负荷计算温度，简称冷负荷温度，℃；Δ为冷负荷温度的地点修正值，℃；T_c^{int}为制冷期室内计算温度，取26℃；$T_{\tau,j}$为计算时刻τ，第j个透明围护结构的冷负荷温度，℃。

通风引起的房屋单位面积制冷负荷，应按下列公式计算：

$$q_{c\tau}^{dv} = q_{c\tau}^{d} + q_{c\tau}^{v} \tag{2-37}$$

（1）开启外门进入空气引起的房屋单位面积制冷负荷，应按下列公式计算：

$$q_{c\tau}^{d} = \frac{c \cdot n_d \cdot V_d \cdot \rho_{cm} \cdot (T_c^{ext} - T_c^{int})}{A} \tag{2-38}$$

（2）通风系统进入新风引起的房屋单位面积制冷负荷，应按下列公式计算：

当进行冷回收时，

$$q_{c\tau}^{v} = \frac{c \cdot n_v \cdot V_v \cdot \rho_{cm} \cdot (T_c^{ext} - T_c^{int}) \cdot (1 - R)}{A} \tag{2-39}$$

当不进行冷回收时，

$$q_{c\tau}^{v} = \frac{c \cdot n_v \cdot V_v \cdot \rho_{cm} \cdot (T_c^{ext} - T_c^{int})}{A} \tag{2-40}$$

式中，$q_{c\tau}^{d}$为计算时刻τ，开启外门进入空气引起的房屋单位面积制冷负荷，W/m^2；$q_{c\tau}^{v}$为计算时刻τ，通风系统进入新风引起的房屋单位面积制冷负荷，W/m^2；T_c^{ext}为制冷期空气调节室外计算温度，℃；ρ_{cm}为制冷期室外平均温度条件下的空气密度，kg/m^3。

透明围护结构通过太阳辐射引起的房屋单位面积制冷负荷，应按下列公式计算：

$$q_{c\tau}^{s}=\sum q_{c\tau,j}^{s} \tag{2-41}$$

（1）当外窗无任何遮阳设施时，

$$q_{c\tau,j}^{s}=\frac{\alpha_{j}\cdot F_{j}\cdot J_{\tau,j}\cdot g_{j}/\gamma}{A} \tag{2-42}$$

（2）当外窗只有内遮阳设施时，

$$q_{c\tau,j}^{s}=\frac{\alpha_{j}\cdot F_{j}\cdot \chi_{s,j}^{\text{int}}\cdot J_{\tau,j}^{\text{int}}\cdot g_{j}/\gamma}{A} \tag{2-43}$$

（3）当外窗只有外遮阳设施时，

$$q_{c\tau,j}^{s}=\frac{\alpha_{j}\cdot [F_{j}'\cdot J_{\tau,j}+(F_{j}-F_{j}')\cdot J_{\tau,j}^{s}]\cdot g_{j}/\gamma}{A} \tag{2-44}$$

（4）当外窗既有内遮阳设施又有外遮阳设施时，

$$q_{c\tau,j}^{s}=\frac{\alpha_{j}\cdot [F_{j}'\cdot J_{\tau,j}^{\text{int}}+(F_{j}-F_{j}')\cdot J_{\tau,j}^{\text{int,s}}]\cdot \chi_{s,j}^{\text{int}}\cdot g_{j}/\gamma}{A} \tag{2-45}$$

式中，$q_{c\tau,j}^{S}$为计算时刻τ，第j个透明围护结构通过太阳辐射引起的房屋单位面积制冷负荷，W/m^2；γ为标准窗玻璃的太阳能透过率，取0.87；$J_{\tau,j}$为计算时刻τ，第j个无内遮阳外窗玻璃的太阳辐射冷负荷强度，W/m^2；$J_{\tau,j}^{\text{int}}$为计算时刻τ，第j个有内遮阳外窗玻璃的太阳辐射冷负荷强度，W/m^2；$J_{\tau,j}^{s}$为计算时刻τ，第j个无内遮阳外窗玻璃的太阳散射辐射冷负荷强度，W/m^2；$J_{\tau,j}^{\text{int,s}}$为计算时刻$\tau$，第$j$个有内遮阳外窗玻璃的太阳散射辐射冷负荷强度，W/m^2。

建筑物内部热源引起的房屋单位面积制冷负荷$q_{c\tau}^{\text{int}}$，应按建筑物内部热源引起的房屋单位面积得热逐时值考虑，按公式（2–8）至（2–13）计算。

房屋单位面积的最大制冷负荷，应按下列规定计算：

（1）计算整栋房屋的单位面积最大制冷负荷时，应根据上述各项得热量的种类和性质，以及房屋的蓄热特性，分别逐时计算，然后逐时叠加，并按下列公式求出综合最大值：

$$q_{c,\max}=\max(q_{c0},q_{c1}\cdots\cdots,q_{c\tau}\cdots\cdots q_{c23}) \tag{2-46}$$

（2）计算典型单元的单位面积最大制冷负荷时，应计算位于顶层的南、东、西、西南和东南方向的典型单元单位面积最大制冷负荷。应假设相邻单元为通风良好的非空调房间，根据上述各项得热量的种类和性质，以及房间的蓄热特性，分别逐时计算，然后逐时叠加，并按式（2–46）求出综合最大值。

2.5 制冷能耗计算

房屋单位面积的年制冷需求，应从规定的制冷计算起始日期至制冷计算终止日期，按下列公式进行逐时计算。将所有时点的制冷需求累加，即为房屋的年制冷需求。

$$Q_c = \sum_{t_1}^{t_2}(q_{ci}^{env} + q_{ci}^{dv} + q_i^s + q_i^{int}) \cdot \Delta t/1000 \quad (2\text{-}47)$$

式中，t_1为计算的起始时点；t_2为计算的终止时点；Δt为计算时间步长，取1h；q_{ci}^{env}为在i计算时点，围护结构传热引起的房屋单位面积得热量，W/m^2；q_{ci}^{dv}为在i计算时点，通风引起的房屋单位面积得热量，W/m^2；q_i^s为在i计算时点，透明围护结构通过太阳辐射获得的房屋单位面积得热量，W/m^2；q_i^{int}为在i计算时点，建筑物内部热源引起的房屋单位面积得热量，W/m^2。

围护结构传热引起的房屋单位面积得热量，应按下列公式计算：

$$q_{ci}^{env} = \sum q_{ci,j}^{env} \quad (2\text{-}48)$$

（1）对于非透明围护结构，应采用室外综合温度，按下列公式计算：

$$q_{ci,j}^{env} = \frac{(K_j + K_{add}) \cdot F_j \cdot (T_{i,j}^{syn} - T_c^{int})}{A} \quad (2\text{-}49)$$

（2）对于透明围护结构，应采用室外温度，按下列公式计算：

$$q_{ci,j}^{env} = \frac{K_j \cdot F_j \cdot (T_i^{ext} - T_c^{int})}{A} \quad (2\text{-}50)$$

式中，$q_{ci,j}^{env}$为在i计算时点，第j个围护结构传热引起的房屋单位面积得热量，W/m^2。

通风引起的房屋单位面积得热量，应按下列公式计算：

$$q_{ci}^{dv} = q_{ci}^{d} + q_{ci}^{v} \quad (2\text{-}51)$$

（1）开启外门进入空气引起的房屋单位面积得热量，应按下列公式计算：

$$q_{ci}^{d} = \frac{c \cdot n_{di} \cdot V_d \cdot \rho_{cm} \cdot (T_i^{ext} - T_c^{int})}{A} \quad (2\text{-}52)$$

（2）通风系统进入新风引起的房屋单位面积得热量，应按下列公式计算：

当进行冷回收时，

$$q_{ci}^{v} = \frac{c \cdot n_v \cdot V_v \cdot \rho_{cm} \cdot (T_i^{ext} - T_c^{int}) \cdot (1 - R)}{A} \quad (2\text{-}53)$$

当不进行冷回收时，

$$q_{ci}^{v} = \frac{c \cdot n_v \cdot V_v \cdot \rho_{cm} \cdot (T_i^{ext} - T_c^{int})}{A} \quad (2\text{-}54)$$

式中，q_{ci}^{d} 为在i计算时点，开启外门进入空气引起的房屋单位面积得热量，W/m^2；q_{ci}^{v} 为在i计算时点，通风系统进入新风引起的房屋单位面积得热量，W/m^2。

透明围护结构通过太阳辐射获得的房屋单位面积得热量，按公式（2-22）至（2-26）计算。

建筑物内部热源引起的房屋单位面积得热量，按公式（2-27）至（2-32）计算。

2.6 一次能源计算

房屋总一次能源需求包括采暖、制冷、通风、生活热水、照明和家用电器一次能源需求。将采暖和制冷需求转换为一次能源需求时，应依据采暖和制冷的方式和所用能源的种类，考虑加工、转换和输送过程中的能量损失。

采暖一次能源需求，应根据不同情况按下列公式计算：

（1）当使用生物质燃料、天然气、液化气、燃料油或煤采暖时，

$$E_{p}^{h} = \beta_{p} \cdot Q_{h}/(\eta_{1} \cdot \eta_{2}) \quad (2\text{-}55)$$

（2）当使用电采暖时，

$$E_{p}^{h} = \beta_{p} \cdot Q_{h}/\eta_{e} \quad (2\text{-}56)$$

式中，β_p为一次能源系数，按表5取值；η_1为管网效率，按管网实际或设计效率取值；η_2为锅炉效率，按锅炉实际或设计效率取值；η_e为采暖或制冷计算期的设备终端效率。

表5 不同能源种类的一次能源系数

能源种类	生物质燃料	天然气、液化气	燃料油	煤	电
一次能源系数β_p	0.8	1.1	1.2	1.3	3.0

制冷一次能源需求，应按下列公式计算：

$$E_{p}^{c} = \beta_{p} \cdot Q_{c}/\eta_{e} \quad (2\text{-}57)$$

通风一次能源需求，应按下列规定取值：

$$E_{p}^{v} = 20\text{kWh}(\text{m}^2 \cdot \text{a}) \quad (2\text{-}58)$$

生活热水一次能源需求，应根据不同情况按下列规定取值：

（1）当使用电热水器时，

$$E_p^w = 13\text{kWh/（m}^2\cdot\text{a）} \quad (2\text{-}59)$$

（2）当使用天然气热水器时，

$$E_p^w = 6\text{kWh/（m}^2\cdot\text{a）} \quad (2\text{-}60)$$

（3）当使用太阳能热水器时，

$$E_p^w = 1\text{kWh/（m}^2\cdot\text{a）} \quad (2\text{-}61)$$

（4）当使用煤时，

$$E_p^w = 8\text{kWh/（m}^2\cdot\text{a）} \quad (2\text{-}62)$$

（5）当使用燃料油时，

$$E_p^w = 7\text{kWh/（m}^2\cdot\text{a）} \quad (2\text{-}63)$$

（6）当使用生物质燃料时，

$$E_p^w = 5\text{kWh/（m}^2\cdot\text{a）} \quad (2\text{-}64)$$

式中，E_p^w 为生活热水的房屋单位面积年一次能源需求，kWh/（$m^2\cdot a$）。

照明一次能源需求，应按下列规定取值：

$$E_p^{lig}=15\text{kWh/（m}^2\cdot\text{a）} \quad (2\text{-}65)$$

式中，E_p^{lig} 为照明的房屋单位面积年一次能源需求，kWh/（$m^2\cdot a$）。

家用电器一次能源需求，应按下列规定取值：

$$E_p^{app}=50\ \text{kWh/（m}^2\cdot\text{a）} \quad (2\text{-}66)$$

式中，E_p^{app} 为家用电器的房屋单位面积年一次能源需求，kWh/（$m^2\cdot a$）。

房屋总一次能源需求，应按下列公式计算：

$$E_p^T = E_p^h + E_p^c + E_p^v + E_p^w + E_p^{lig} + E_p^{app} \quad (2\text{-}67)$$

3　中德被动式低能耗建筑能效计算理论及方法比较

3.1　输入参数比较

1．气象数据

我国：目前已具备我国474个城市或地区的全年逐时温度数据、全年逐日温度数据，以及这些城市或地区的每个季度的逐时太阳辐射照度数据。采暖、制冷需求计算采用的气象数据为各城市或地区的逐时温度数据、逐时太阳辐射照度数据；采暖、制冷负荷计算采用的气象数据为我国现行标准《民用建筑供暖通风与空气调节设计规范》GB 50736中规定的冬季和夏季空气调节室外计算温度。

德国：PHPP集成了欧洲主要城市或地区的气象数据，对于未在数据库内的城市，可采用用户自定义的方式输入气象数据。采暖、制冷需求计算采用的气象数据为项目所在地的月度平均温度数据、月度平均太阳辐射照度数据；当采用月度计算方法时，直接采用月度平均温度数据、月度平均太阳辐射照度数据进行能耗计算；当采用年度计算方法时，需要对月度气象数据进行一系列转换计算，最终得到全年的采暖期天数H_T、采暖期度时数G_t、采暖期平均环境温度T_{amb}、采暖期太阳辐射照度$J_{N,E,S,W,H}$等，参与后续的能耗计算。采暖、制冷负荷计算采用的气象数据是根据动态模拟计算生成的，对于未集成在数据库内的城市或地区，需要进行动态模拟计算，进而给出适宜的气象参数。此外，PHPP会依据气象站点和项目所在地的海拔差异，对室外温度数据进行修正。

2. 围护结构面积

我国：对于外墙、屋面和底板，均按照外围护结构外包线计算面积。

德国：对于外墙、屋面和底板，均按照外围护结构外包线计算面积。

3. 建筑面积

我国：按各楼层外围护结构外包线围成的平面面积的总和计算，包括对室内环境有同样要求的半地下室或地下室的面积。

德国：按各楼层外墙内侧围成的平面面积的总和计算。各部分面积计入的比重不同，例如位于地下室的辅助用房、楼道等仅计入其60%的面积。各部分面积计入方法详见表6、表7。

4. 换气体积

我国：按与计算建筑面积所对应的建筑物外表面和底层地面所围成的体积计算建筑体积V_0，再按照V_v=0.65V_0计算换气体积V_v。

德国：按$V_v=A_{TFA}\cdot h_{net}$计算建筑的换气体积，其中A_{TFA}为被动房的建筑面积，h_{net}为房间净高。

5. 外窗输入

我国：以一樘外窗整窗为单位进行输入，计算中涉及的参数，如外窗传热系数、外窗玻璃所占面积比、遮阳系数等，均以一樘整窗为基础进行输入。

表6 居住建筑建筑面积计算原则

居住建筑		
计入100%	计入60%	计入0%
✓ 起居室、卧室； ✓ 卫生间； ✓ 在住宅内部的辅助用房（设备安装间、储藏室等）； ✓ 在住宅内部的过道（楼道、走廊等）	✓ 在住宅外部或地下室的辅助用房*； ✓ 在住宅外部或地下室的过道* * 在独栋住宅里，当辅助用房和过道所在的楼层作为居住空间的面积小于其总面积的50%时，将辅助用房和过道面积的60%计入建筑面积	✓ 3步以上的楼梯； ✓ $0.1m^2$以上的电梯井、电井、水井、烟囱； ✓ $0.1m^2$以上的柱子、与房间同高的饰面； ✓ 空心处； ✓ 门和落地窗凹进处（进深达到0.13m）； ✓ 保温层以外的房间
对于所有房间： ✓ 房间净高$1m \leq h_{net} \leq 2m$，将其面积的50%计入建筑面积（例如，在住宅外部的辅助用房，房间净高$h_{net}=1.9m$，其面积60%的一半，即30%将被计入建筑面积）； ✓ 房间净高$h_{net}<1m$，不计入建筑面积		

表7 公共建筑建筑面积计算原则

公共建筑		
计入100%	计入60%	计入0%
有用空间，例如： ✓ 起居空间、办公室； ✓ 卫生间； ✓ 娱乐间； ✓ 教室、公共房间； ✓ 储藏间； ✓ 衣帽间、盥洗室； ✓ 厨房； ✓ 实验室； ✓ 游泳池及池边区域； ✓ 有额外用途（紧急出口除外）的过道和交通区域	技术功能区： ✓ 设备安装间； ✓ 机房（电气、通风、供暖、制冷、通信等）。 过道区： ✓ 走廊； ✓ 大厅、门厅； ✓ 楼梯平台	✓ 3步以上的楼梯； ✓ 电梯井； ✓ 设备井； ✓ 空心处； ✓ 门和落地窗凹进处（进深达到0.13m）； ✓ 保温层以外的房间

德国：由于外窗整窗传热系数、外窗玻璃所占面积比等参数的计算均是以上、下、左、右四个侧边框体的面积为基础而展开的，因此德国的计算方法是以一个单窗为单位进行外窗输入的，若一樘整窗是由几个窗格组合而成

的，那么则需要把该整窗拆分成若干个单窗分别进行输入。参数输入时，需分别输入每个单窗的洞口宽度和高度，上、下、左、右四个侧边框体的宽度，以及其安装位置（是安装在墙体上还是与其他框体搭接），由此确定单窗的几何尺寸。

6. 外窗传热系数

我国：采用外窗整窗的传热系数K_{window}直接进行计算，该值来源于项目所用外窗的检测报告。

德国：采用计算的方法得到外窗整窗的传热系数U_{window}，计算公式同时考虑了玻璃、框体、玻璃边缘连接、外窗安装边缘连接四部分的影响。其中，框体、玻璃边缘连接、外窗安装边缘连接又分别考虑了上、下、左、右四个侧边各自的影响，需要分别输入上、下、左、右四个侧边框体的传热系数，四个侧边玻璃边缘连接的线传热系数，以及四个侧边外窗安装边缘连接的线传热系数，再配合单窗的几何尺寸构造进行计算。

7. 外墙方向

我国：对于接触室外空气的外墙，可按照东、南、西、北、东南、东北、西南、西北八个方向进行输入。

德国：外墙不分方向，仅分为接触室外空气的外墙和接触土壤的外墙。

这是由于德国的计算方法不考虑外墙、屋顶的辐射对采暖能耗和负荷的影响，认为白天外墙、屋顶可从太阳辐射中得热，而夜晚外墙、屋顶则会向低温高空进行辐射而失热，两者大致平衡而抵消，可忽略其影响，从而不必要区分外墙的方向。而在中国的计算方法中，考虑了外墙辐射得热的影响（在采暖负荷计算中采用了修正系数的方法考虑不同方向辐射的作用；在采暖需求计算中采用了综合温度的方法，即在室外温度的基础上附加太阳辐射对不透明围护结构的影响），从而需要区分外墙的方向，针对每个方向分别输入外墙的面积。然而，我国的计算方法未考虑外墙、屋顶在夜间的辐射失热问题，有待进一步研究考证这部分失热的大小，是否有计入的必要。

8. 外窗方向

我国：可依据项目的实际情况，按照东、南、西、北、东南、东北、西南、西北、水平九个方向进行输入。

德国：无论建筑物朝向如何，PHPP执行计算的方向均为东、南、西、北、水平五个方向。PHPP会根据外窗与北向夹角的偏转角度ϕ和外窗与竖直方向夹角的倾斜角度θ，对每个外窗的方向进行认定，将其归为东、南、西、北、水平五个方向中最接近的一个方向。例如，某一与北向夹角为30° 的外窗会被PHPP认定为北向外窗，该外窗的全部洞口面积都将属于北向外窗面积，但是在涉及太阳辐射的计算中，PHPP将会对太阳辐射照度进行处理，也就是说，PHPP不会将数据库中北向的太阳辐射照度数据直接用于该外窗的辐射计算，而是通过对数据库中东、南、西、北、水平方向的太阳辐射照度数据进行分解合并而实现方向变换，得到适用于该角度外窗的太阳辐射照度数据，继而进行辐射计算。

9. 外窗遮阳

我国：考虑了垂直遮阳、水平遮阳、活动遮阳。

德国：考虑了水平遮挡物、垂直遮阳、水平遮阳、其他遮挡，其中其他遮挡可综合考虑活动外遮阳、百叶窗等的影响。

10. 辐射得热

我国：考虑了遮阳、玻璃占洞口面积比的折减影响。

德国：考虑了遮阳、灰尘、非垂直入射、玻璃占洞口面积比的折减影响。

11. 通风失热

我国：考虑了通风系统进入新风、开启外门进入空气的影响，未考虑渗透空气的影响。

德国：考虑了通风系统进入新风、渗透空气的影响，未考虑开启外门进入空气的影响。

12. 设备换气量

中德双方：综合考虑三方面因素确定设备的换气量：（1）新风需求量：根据建筑物内总人数和每人每小时新风需求量进行计算；（2）排风需求量：根据厨房、卫生间、浴室等类型的房间数量和每个房间的排风需求量进行计算；（3）最小换气次数：根据室内卫生要求，最小换气次数不得小于0.3 h^{-1}。最大设备换气量取新风需求量、排风需求量和根据最小换气次数计算得到的空气流量中的最大值。

13. 设备换气次数

中德双方：取不同设备运行模式下设备换气次数的加权平均值。根据最大设备换气量设计几种不同的设备工作模式，如最大化模式、标准模式、基本模式、最小化模式等。基于各种模式与最大模式之间的折减系数，得到各种运行模式下的设备换气量。用于能耗和负荷计算的平均设备换气量=各种模式的日运行时间与设备换气量乘积的总和/24小时，设备换气次数=平均设备换气量/换气体积。

14．热回收效率

我国：依据通风设备供应商提供的通风系统热回收效率进行输入。

德国：在通风系统热回收效率的基础上，考虑了通风系统机组设备的安装位置（安装在保温层之内或保温层之外），以及设备到保温层间管道的热损失，得到有效热回收效率，用于后续的能耗和负荷计算。需要输入管道的尺寸、保温层厚度、保温材料导热系数等，计算该部分热损失的影响。

15．内部得热量

我国：需要输入建筑物内的实际人数、人员室内停留时间、灯具散热密度、开灯时间、同时照明系数、室内用电设备散热密度、设备开启时间等。

德国：按标准散热密度计算得到，单户住宅、多户住宅、联排住宅取2.1W/m^2；辅助生活型住房取4.1W/m^2；办公楼、行政办公建筑取3.5W/m^2；学校取2.8 W/m^2。

3.2 计算方法比较

1．采暖、制冷计算日期

我国：各城市或地区采暖与制冷需求计算的起止日期，是依据各城市或地区的全年逐时温度确定的。采暖需求计算，取连续低于15℃的小时数超过20小时连续三天以上，或全天24小时均低于15℃的日期为起始日期；取连续高于15℃的小时数超过5小时连续三天以上的日期为终止日期。制冷需求计算，取连续高于29℃的小时数超过4小时连续三天以上的日期为起始日期；取连续高于29℃的小时数小于4小时连续三天以上，或全天24小时均低于29℃的日期为终止日期。当根据以上条件无法确定某城市的制冷计算日期时，其制冷计算起始日期为室外温度高于28℃连续2小时以上的日期，终止日期为室外温度高于28℃连续2小时以下的日期。

德国：根据月平均温度采用回归拟合公式计算出每个月可被平衡的最大热损失比例α（percentage of maximum losses, which is to cover）

$$\begin{cases} 月温度 < 6, \alpha = 1 \\ 月温度 > 16, \alpha = 0 \\ 6 \leqslant 月温度 \leqslant 16, \alpha = 0.000038 \cdot T_{\mathrm{mon}}^{4} - 0.0014 \cdot T_{\mathrm{mon}}^{3} + 0.0116 \cdot T_{\mathrm{mon}}^{2} - 0.032 \cdot T_{\mathrm{mon}} + 1 \end{cases}$$

由此确定采暖期天数H_{T}（单位：d/a）和采暖期度时数G_{t}（单位：kKh/a）

$$H_T = \sum_{i=1}^{12} D_{\mathrm{mon},i} \times (0.78 \times \alpha_i + 0.22) \times \alpha_i$$

$$G_{\mathrm{t}} = \sum_{i=1}^{12} [\alpha_i \times (20 - T_{\mathrm{mon},i}) \times D_{\mathrm{mon},i} \times 0.024] + (T_{\mathrm{in}} - 20) \times H_{\mathrm{T}} \times 0.024$$

2．传热失热

我国：计算每个时点的传热失热

$$Q_{\mathrm{T}i} = A \cdot K \cdot f_T \cdot (T_{\mathrm{h}}^{\mathrm{int}} - T_i^{\mathrm{ext}})$$

其中外墙、屋顶的传热失热计算考虑了太阳辐射的影响，使用的温度为室外综合温度，即在室外环境温度的基础上又附加了外墙、屋顶所在方向的太阳辐射照度的影响。此外，为考虑为系统性热桥的影响，非透明围护结构的传热系数计算值取其平均传热系数与系统性热桥附加值之和，且非透明围护结构的系统性热桥附加值不得大于0.05 W/（m^2・K）。

德国：计算整个采暖期的传热失热

$$Q_{\mathrm{T}} = A \cdot U \cdot f_{\mathrm{T}} \cdot G_{\mathrm{t}}$$

传热失热计算中不考虑外墙、屋顶的辐射的影响。此外，对于由热桥引起的附加热损失，通过热桥的长度、热桥线传热系数进行计算

$$Q_{\mathrm{T}} = L \cdot \psi \cdot f_{\mathrm{T}} \cdot G_{\mathrm{t}}$$

3．通风失热

我国：计算每个时点的通风失热

$$Q_{\mathrm{v}i} = n_{\mathrm{v}} \cdot V_{\mathrm{v}} \cdot c \cdot (T_{\mathrm{h}}^{\mathrm{int}} - T_i^{\mathrm{ext}})$$

换气次数n_{v}考虑了通风系统进入新风和开启外门进入空气的影响。

德国：计算整个采暖期的通风失热

$$Q_{\mathrm{v}} = n_{\mathrm{v}} \cdot V_{\mathrm{v}} \cdot c \cdot G_{\mathrm{t}}$$

有效换气次数n_{v}考虑了通风系统的设备换气次数和空气渗透换气次数。

4．辐射得热

我国：计算每个时点的辐射得热

$$Q_{si} = r \cdot A_{\mathrm{window}} \cdot g \cdot J_i$$

折减系数r考虑了遮阳、玻璃占洞口面积比的折减影响；J_i为在i计算时点，该外窗所在朝向的太阳辐射照度，kWh/m^2。

德国：计算整个采暖期的辐射得热

$$Q_S = r \cdot A_{\text{window}} \cdot g \cdot J$$

折减系数r考虑了遮阳、灰尘、非垂直入射、玻璃占洞口面积比的折减影响；J为经过变换的适用于某一角度外窗的太阳辐射照度，kWh/（m^2·a）。而用来做变换的基本方向（东、南、西、北、水平向）的太阳辐射照度是利用每月的平均太阳辐射照度[kWh/（m^2·month）]和每月的α值计算得到的。以北向的太阳辐射照度为例，

$$J_{\text{N}} = \sum_{i=1}^{12} F_{\text{rad},i} \times J_{\text{mon},i,\text{N}}$$

$$F_{\text{rad},i} = [0.4 \times \alpha_i \times (0.78 \times \alpha_i + 0.22) + 0.6] \times (0.78 \times \alpha_i + 0.22) \times \alpha_i$$

5. 内部得热

我国：按建筑物内的实际人数、人员室内停留时间、灯具散热密度、开灯时间、室内用电设备散热密度、设备开启时间等，结合不同时刻的人体散热系数、照明散热系数、设备散热系数进行核算得到。

$$Q_{\text{I}i} = Q_i^{\text{man}} + Q_i^{\text{lig}} + Q_i^{\text{app}}$$

$$Q_i^{\text{man}} = m_i \cdot \chi^{\text{man}} \cdot q_{\text{sen}}^{\text{man}} + m_i \cdot q_{\text{lat}}^{\text{man}}$$

$$Q_i^{\text{lig}} = \varphi_1 \cdot \chi^{\text{lig}} \cdot \overline{q}_i^{\text{lig}} \cdot A$$

$$Q_i^{\text{app}} = \chi^{\text{app}} \cdot \overline{q}_i^{\text{app}} \cdot A$$

德国：按标准散热密度计算得到。

$$Q_{\text{I}} = 0.024 \cdot H_{\text{T}} \cdot q_{\text{I}} \cdot A_{\text{TFA}}$$

6. 热需求

我国：采用逐时计算的方法得到。即对采暖期内每一时点进行得热、失热的热平衡分析，当逐时计算值为负时，得热大于失热，取该时点的采暖需求为零；当逐时计算值为正时，失热大于得热，该值即为该时点的采暖需求；将所有时点的采暖需求累加，即为房屋的年采暖需求。

$$Q_{\text{h}} = \sum_{t_1}^{t_2} (q_{\text{h}i}^{\text{env}} + q_{\text{h}i}^{\text{dv}} - q_i^{\text{s}} - q_i^{\text{int}}) \cdot \Delta t / 1000$$

德国：采用年度或月度计算的方法得到。即利用回归公式的方法得到G_{t}、H_{T}、J_{N}等计算参数，参与传热、通风、辐射、内部得热的计算；再通过回归公式得到自由得热利用系数η_{G}，完成热平衡计算，得到热需求。

$$Q_L = Q_T + Q_V$$

$$Q_F = Q_S + Q_I$$

$$\eta_G = \frac{1-(Q_F/Q_L)^5}{1-(Q_F/Q_L)^6}$$

$$Q_H = Q_L - \eta_G \cdot Q_F$$

4 总结与展望

4.1 总结

本章进行了中德被动式低能耗建筑计算理论、方法的比较研究，基于以上工作，可为德国计算方法在我国的应用，以及我国被动式低能耗建筑能效计算方法的完善提出以下几点建议。

1. 在计算方法方面，德国的算法是通过以下一系列核心计算公式得到建筑物的热需求计算结果。例如：

（1）PHPP根据月平均温度采用下列拟合公式计算出每个月可被平衡的最大热损失比例α（percentage of maximum losses，which is to cover）：

$$\begin{cases} \text{月温度} < 6, \alpha = 1 \\ \text{月温度} > 16, \alpha = 0 \\ 6 \leqslant \text{月温度} \leqslant 16, \alpha = 0.000038 \cdot T_{mon}^4 - 0.0014 \cdot T_{mon}^3 + 0.0116 \cdot T_{mon}^2 - 0.032 \cdot T_{mon} + 1 \end{cases}$$

由此确定采暖期天数H_T（单位：d/a）和采暖期度时数G_t（单位：kKh/a）：

$$H_T = \sum_{i=1}^{12} D_{mon,i} \times (0.78 \times \alpha_i + 0.22) \times \alpha_i$$

$$G_t = \sum_{i=1}^{12} [\alpha_i \times (20 - T_{mon,i}) \times D_{mon,i} \times 0.024] + (T_{in} - 20) \times H_T \times 0.024$$

（2）在G_t、H_T、J_N等计算参数的基础上，完成传热、通风、辐射、内部得热的计算；再通过下列计算公式得到自由得热利用系数η_G，完成热平衡计算，得到年采暖需求。

失热=传热失热+通风失热，即：$Q_L = Q_T + Q_V$

自由得热=辐射得热+内部得热，即：$Q_F = Q_S + Q_I$

自由得热利用系数$\eta_G = \dfrac{1-(Q_F/Q_L)^5}{1-(Q_F/Q_L)^6}$

年采暖需求$Q_H = Q_L - \eta_G \cdot Q_F$

我国的建筑能耗逐时计算方法，是基于我国气象数据中心提供的气象数据，采用我国现行标准规定的方法，分别计算出项目每一小时的传热得（失）热、辐射得热、通风得（失）热、室内散热得热。然后，对采暖期内每一小时进行得热、失热的热平衡分析。当某一小时的得热大于失热时，建筑不需要额外补充热源，那么取该小时的采暖需求为零；当某一小时的失热大于得热时，失热减去得热的差值即为建筑需要额外补充的热量，那么该差值即为该小时的采暖需求；将所有小时的采暖需求累加，即为房屋的年采暖需求。由于是逐时计算，不涉及能耗的推导公式及推演性计算。

2. 在输入参数方面，中德双方还存在以下差异。例如：

（1）关于建筑面积，我国规范规定按各楼层外围护结构外包线围成的平面面积的总和计算；德国PHPP按各楼层外墙内侧围成的平面面积的总和计算。

由于我国一直沿用外包线计算方法，并为广大设计和工程人员所熟悉，如果强行推广德国净面积计算方法，在被动式低能耗建筑计算已经较为复杂的情况下，会更加加大设计人员的工作量，并且会在业内引起概念混淆和混乱。

（2）关于外窗，我国以一樘外窗整窗为单位进行输入，计算中涉及的外窗传热系数是由我国检测机构给出的检测报告提供的。德国采用计算的方法得到外窗整窗的传热系数，计算公式同时考虑了玻璃、框体、玻璃边缘连接、外窗安装边缘连接四部分的影响。其中，框体、玻璃边缘连接、外窗安装边缘连接又分别考虑了上、下、左、右四个侧边各自的影响，需要分别输入上、下、左、右四个侧边框体的传热系数，四个侧边玻璃边缘连接的线传热系数，以及四个侧边外窗安装边缘连接的线传热系数，再配合单窗的几何尺寸构造进行计算。

以上不同的计算方法是两国不同的检测方式所决定的。我国对于外窗的检测方式是整窗检测，直接提供整窗的传热系数。而德国是分项检测，分别检测框体四边、边缘四边和玻璃的传热系数。德国的分项检测方式决定了PHPP软件中的输入项需要分别输入上、下、左、右边框的面积，传热系数，边缘连接的线传热系数等等。而该种分项检测的方法在我国并未被采用。如果项目选用了国产外窗型材，将无法得到PHPP软件所要求的上、下、左、右四个侧边框体的传热系数。

（3）关于外墙，我国对于接触室外空气的外墙，可按照东、南、西、北、东南、东北、西南、西北八个方向进行输入。德国外墙不分方向，仅分为接触室外空气的外墙和接触土壤的外墙。

这是由于德国的计算方法不考虑外墙、屋顶的辐射对采暖能耗和负荷的影响，认为白天外墙、屋顶可从太阳辐射中得热，而夜晚外墙、屋顶则会向低温高空进行辐射而失热，两者大致平衡而抵消，可忽略其影响，从而不必要区分外墙的方向。而在中国的现行标准、规范中，考虑了外墙辐射得热的影响（在采暖负荷计算中采用了修正系数的方法考虑不同方向辐射的作用；在采暖需求计算中采用了综合温度的方法，即在室外温度的基础上附加太阳辐射对不透明围护结构的影响），从而需要区分外墙的方向，针对每个方向分别输入外墙的面积。

3. 通过与国外的计算方法的对比，在以后的研究和计算过程中，可围绕下述五点对我国的计算方法做出有益的修正和补充。

（1）根据气象站点和项目所在地的海拔对室外温度数据进行修正

随着我国被动式低能耗建筑的推广和发展，示范项目的数量和所在地区都会越来越多，不可避免地，某些项目的所在地会与最为临近的气象站点的位置有较大差异，尤其是在海拔上的差异。建议增加项目所在地海拔的输入项，并把所有气象站点的海拔高度纳入数据库，在必要的情况下，可根据气象站点和项目所在地的海拔差异对室外温度数据进行修正。

（2）对我国建筑面积的计算法则进行明确的规定

我国和德国对于建筑面积的计算原则有较大差异，德国计算的是外墙内包线围合成的建筑面积，而我国计算的是外墙最外层包绕的建筑面积。由于我国工程技术人员一贯采取的是后者的概念，因此没有必要在被动式低能耗建筑领域做出改变，造成混乱和混淆。

另一方面，有必要对我国建筑面积的计算法则进行明确的规定，例如辅助房间、机房层、阁楼层、闷顶层、地下室应如何计入，以何种比例计入。由于被动式低能耗建筑的能效分析是绝对值分析，计算结果要落在在每平方米建筑面积的负荷和能耗上，并以此作为认证和考核的依据，因此，明确并细化建筑面积的计算原则，是保证计算结果科学性的基础。

（3）对换气体积的计算进行细化分析

目前我国计算换气体积采用的方法是首先计算建筑体积，并认为建筑体积的65%为换气体积。由于不同形式的建筑，其内部可供空气流通的空间大小不尽相同，将65%单一比例同时用于居住建筑和公共建筑的适用性还有待进一步研究考证。有必要对换气体积的计算进行细化分析，并给出明确的计算法则。

（4）考虑外窗安装边缘连接影响

我国外窗传热系数的输入方法是取整窗传热系数的检测值，该检测值中未包含安装边缘连接的影响。而建筑外窗的质量，除了取决于外窗本身外，很大程度上还是取决于施工人员的安装质量。因此，建议在计算中考虑安装边缘处的线传热系数问题，使其影响在计算中得以体现。

（5）考虑渗透空气的影响

被动式低能耗建筑的气密性较高，可达到$n_{50}\leqslant0.6/h$的要求，但是不能完全避免空气渗透。尤其在我国，高层建筑比例较大，较高楼层在风压作用下的空气渗透作用还有待进一步研究，以供被动式低能耗建筑引入渗透空气影响和计算渗透空气换气次数之用。

4.2 展望

在本章研究工作的基础上，后续研究可考虑从以下几个方面开展。

（1）德国的被动房计算和验收中，一个重要指标是超温频率。超温频率的物理意义是，设定某最高舒适温度T_{max}，计算在单纯采用“被动式”方式制冷情况下的室内温度，将该室内温度超过T_{max}的小时数占全年小时数（8760小时）的比例称为超温频率。超温频率越低，夏季室内舒适度水平越高。当超温频率低于10%时，认为仅需要依靠“被动式”措施就可以保证居住者的舒适度要求；当超温频率高于10%时，则需要增加辅助的制冷措施以保证室内舒适度水平。该方法建立于1999年，并成功应用于中欧地区的居住建筑和公共建筑。

我国目前的计算不涉及超温频率问题，因为现有项目都是采用制冷设备控制建筑物夏季的室内舒适度。但是在北方沿海一带，如威海、大连等地，夏季温度并不太高，或者出现高温的时间较为短暂，而夜间较为凉爽，通风情况良好，当地居民并没有使用空调的生活习惯。当在该类地区建设被动式低能耗建筑时，由于建筑本身隔热性能较好，再辅之以夜间通风等自然制冷手段，或许可实现夏季不采用主动式制冷手段的目的。在这种项目上，可研究超温频率及其计算方法、计算结果对我国该类气候区被动式建筑的适用性。

（2）本项目现阶段的研究主要集中在采暖问题，主要对比分析了中德双方在采暖负荷、需求计算上的异同，并以我国寒冷地区的示范项目作为分析模型，进行了计算结果之间的对比。下一步可将工作重点放在制冷及除湿问题。

德国的气候特点决定了其解决问题的重点在于冬季采暖，而我国气候类型多样，大部分地区夏季的制冷和除湿问题都是室内环境控制的重要方面。在完善夏季制冷和除湿能耗的计算分析上，还需要依托我国的理论基础和工程实践做进一步细化。

（撰文：马伊硕）

参考文献

[1] Passive House Planning Package（PHPP），Passive House Institute，2012
[2] 河北省工程建设标准，被动式低能耗居住建筑节能设计标准，DB13（J）/T177—2015

六　被动式低能耗建筑实践案例

1　居住建筑

1.1　中国寒冷地区第一个被动式超低能耗居住建筑
——秦皇岛“在水一方”C15号楼

1．项目概况

2009年，在住房和城乡建设部建筑节能与科技司和德国交通、建设和城市发展部的支持下，住房和城乡建设部科技发展促进中心与德国能源署合作开展了“中国被动式低能耗建筑研究与示范项目”，目标是在引进欧洲被动房和超低能耗建筑技术和工程经验的基础上，建造一批符合我国国情的被动式超低能耗建筑示范项目，探索我国不同气候区超低能耗建筑的技术路线，大幅度降低建筑能耗，显著提高和改善居住环境与舒适性，使建筑采暖逐步摆脱对化石能源的依赖，推动建筑节能产业的升级换代。秦皇岛“在水一方”是2011年确定的第一批示范项目之一，2012年3月开工，2013年9月竣工验收。

图1_秦皇岛“在水一方”项目规划

“在水一方”居住区位于河北省秦皇岛市海港区大汤河畔，北临和平大街，东临西港路，南临滨河路，西临大汤河，与入海口相连，规划总建筑面积150万m^2，分A～F六个区。中德被动式低能耗示范项目位于C区，共有9栋示范楼，总建筑面积80344m^2。图1显示了该项目的规划情况，其中红色和蓝色建筑是被动式低能耗示范楼。

图2_秦皇岛“在水一方”C15号楼

“在水一方”C15号楼（图2）是基于德国被动房标准并结合我国居住建筑的结构特点、人们居住习惯及当地气候条件件建造的第一栋被动式超低能耗居住建筑。该楼高18层，建筑面积6467m^2，钢筋混凝土剪力墙结构，体形系数0.31。

本项目的主要供应商如表1所示：

表1　秦皇岛“在水一方”C15号楼主要供应商

项目参与方	供应商名称
设计单位	北京中建建筑设计院有限公司
施工单位	河北省第三建筑工程有限公司
监理单位	河北顺诚工程建设项目管理有限公司
鼓风门测试单位	秦皇岛市朗明建筑检测有限公司
保温材料供应商	哈尔滨鸿盛建筑材料制造股份有限公司
固定锚栓供应商	北京绿烽盛烨节能技术有限公司
被动房门窗连接线条供应商	北京绿烽盛烨节能技术有限公司
外窗系统供应商	维卡塑料（上海）有限公司
外门型材及加工供应商	江阴绿胜节能门窗有限公司和北京绿烽盛烨节能技术有限公司
玻璃供应商	上海耀华皮尔金顿玻璃股份有限公司
密封材料（密封胶带）供应商	德国博士格
多功能新风系统供应商	同方人工环境有限公司

2．主要技术措施及能耗指标

该项目的技术特点是以被动为主，主动优化。被动式技术主要有：优化建筑朝向，最大限度提高建筑自身的保温隔热性，提高建筑气密性，采用导光照明，充分利用太阳能得热、集热和蓄热等。主动技术优化指不采用传统的采暖系统，将新风系统和空气源热泵系统集成解决建筑的通风、辅助采暖和制冷，从而既减少化石一次能源的使用，又符合当地的气候条件、居住建筑特点及人们的生活习惯。主要节能措施如下：

1）优化建筑朝向，增加冬季太阳得热收益

该地区冬季太阳角低，阳光容易照射进室内，可提高室内太阳辐射得热量，降低采暖需求。夏季，太阳入射角低，阳光不易进入室内，可降低制冷负荷。由于被动式建筑的围护结构保温隔热性能极佳，冬季太阳辐射得热可以保存在室内且不散失，降低了建筑采暖需求。

2）提高非透明围护结构的保温隔热性能

（1）外墙保温

外墙采用250mm厚模塑聚苯保温模块（EPS模块）带燕尾槽保温板（图3），导热系数λ=0.033W/（m^2·K），尺寸为500mm×600mm，厚度为100mm和150mm，分两层错缝铺设，避免出现通缝、裂缝或板材之间缝隙过大等质量问题。建筑每层设置了同厚度环绕性岩棉防火隔离带（图4）。门窗洞转角处应采用斜向增强网，呈45°，避免应力集中部位开裂。

外墙保温系统配备各种配件，如窗口连接线条、滴水线条、护角线条、伸缩缝线条、断热桥锚栓、止水密封带，从而提高了外保温系统保温、防水

图3_石墨聚苯板模块

图4_外墙保温及防火隔离带

和柔性联结的能力，保证了系统的耐久性、安全性和可靠性。外墙导热系数K＝0.13W/（m^2·K）。

（2）地下室外墙保温和散水处理

冻土层以下0.5m自室外地坪以上300mm处的地下室外墙，粘接连续的沥青防水层，防水层上面铺设耐水防潮、耐腐蚀且具有高抗压性的泡沫玻璃（图5）。墙基处泡沫玻璃可以抵抗冲击，增强对墙基的保护。地坪以上300mm以上的建筑外墙粘接B1级的石墨聚苯板，泡沫玻璃和EPS板交接处设置金属的雨水导流板，以避免对墙基处保温系统的侵蚀。散水采用渗水的鹅卵石，从而将雨水导入土壤，同时防止雨水溅射到外墙上，增强散水美观（图6）。

图5_地下室外墙防水保温

（3）屋面和女儿墙保温防水

屋面采用了300mm厚石墨聚苯板，导热系数λ＝0.033W/（m^2·K）。保温层下方，靠近室内一侧设置防水隔气层，保温层上方设置防水层（图7）。屋面传热系数K＝0.10W/（m^2·K）。

屋面防水保温层一直延伸到女儿墙的内侧和上部。女儿墙上部安装2mm厚金属盖板抵御外力撞击（图8）。金属板向内倾斜，两侧向下延伸至少150mm，并有滴水鹰嘴导流，防止雨水侵蚀保温层，延长系统的寿命。

图6_散水

图7_屋顶保温防水

图8_屋顶女儿墙盖板

（4）首层地面与非采暖地下室顶板、标准层楼板

首层地面采用了150mm厚挤塑聚苯板，B2级，导热系数λ=0.029W/（m^2·K），非采暖地下室顶板采用了150mm厚石墨聚苯板，B1级。首层地面传热系数K=0.12W/（m^2·K）。

标准层楼板采用60mm厚EPS板，B2级，导热系数λ=0.041W/（m^2·K），楼板传热系数为K=0.38W/（m^2·K）。楼板铺设5mm厚隔声垫，并上返到踢脚线高度。隔音垫的设置显著改善了楼板角部的隔音效果，杜绝了楼板传音。

（5）分户墙、不采暖楼梯间与室内隔墙

分户墙两侧各采用了30mm厚酚醛板，导热系数为0.018W/（m^2·K），分户墙的传热系数K=0.12W/（m^2·K）。

室内与楼梯间墙体分别采用90mm厚改性酚醛板，分两层粘贴，传热系数K=0.12W/（m^2·K）。电梯井道内粘贴60mm厚岩棉板（图9、图10）。

（6）厨房、卫生间排风道保温

为了防止房间热量通过排风道散失到室外，进入房间的排风道，采用了70mm厚EPS板保温（图11）。

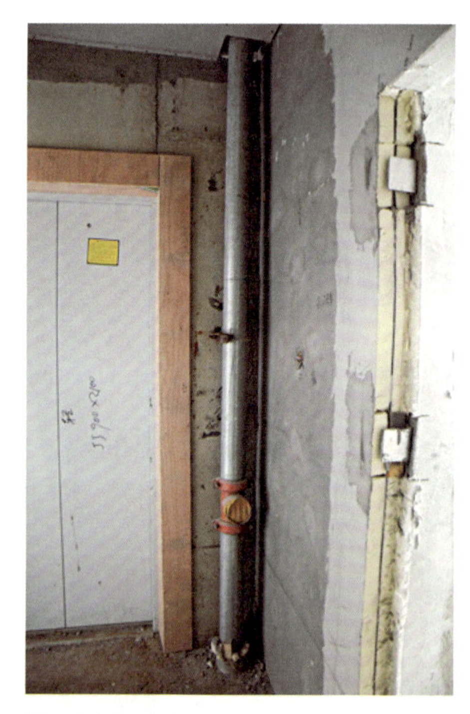

图9_电梯间内墙

图10_走廊内墙

3）采用高效的被动房门窗系统

外门窗系统是围护结构保温、防水和气密性最薄弱的环节，通过外门窗损失的能耗通常占建筑总能耗的30%～40%。因此采用高效节能门窗产品至关重要，门窗的构造设计决定了门窗性能的发挥。

外窗和阳台门采用德国维卡塑料（上海）有限公司生产的82系列平开PVC塑料窗。传热系数K=0.9W/（m^2·K）。玻璃采用上海耀皮生产的双LOW-E内充氩气，三玻两中空玻璃K=0.63 /（m^2·K）。

被动房窗户是安装在主体外墙外侧，窗框外侧落在木质支架上以实现更好的隔热效果。外窗借助于角钢固定，整个窗户的2/3被包裹在保温层里，形成无热桥的构造。

窗框与外墙连接处采用防水隔汽膜和防水透汽膜组成的密封系统。室内一侧采用防水隔汽密封带，室外一侧应使用防水透气密封带，从而从构造上完全强化了窗洞口的密封与防水性能（图12）。与传统泡沫胶相比，此类密封带布具有不变形、抗氧化、延展性好、不透水、寿命长等特点。窗台保温层上覆盖金属窗台板，窗台板为滴水线造型，从而既保护保温层不受紫外线照射老化，也导流雨水，避免雨水对保温层的侵蚀破坏。

入户门采用江阴市绿胜节能门窗有限公司（丹麦合资）生产的温格润铝合金聚氨酯节能门，K≤0.8W/（m^2·K），其安装方式和气密性的处理和窗户基本一致。

图11_保温后的水泥预制风道

图12_窗户防水密封带

图13_阳台断热桥处理

4）减少围护结构的热桥

（1）外挑阳台与连廊

阳台和连廊是外挑构件，是建筑最薄弱的热桥环节，处理方式是将阳台（连廊）与主体墙结构断开，阳台板靠挑梁支撑，保温材料将挑梁整体包裹（图13）。断开面填充与外墙保温层同厚度的保温材料。

（2）穿墙管

穿墙管不直接穿过结构墙，外包PVC套管，套管与墙洞之间填充岩棉或发泡聚氨酯，降低热桥（图14）。

（3）外墙金属支架

外墙上的各种支架如空调支架、太阳能热水器支架和雨水管支架都是容易产生热桥的部位，应作合理的隔热处理（图15~图17）。金属支架不宜直接埋入外墙，应在基墙上预留支架的安装位置，金属支架与墙体之间安装20mm厚、导热系数低且有一定强度的隔热垫层，以减少金属支架的传热面积。

5）提高建筑气密性

墙面、顶棚、地面用水泥腻子刮一遍，封堵缝隙，地面刮水泥浆一遍。穿墙套管发泡后内外用网格布抗裂砂浆封堵或者采用专用气密性套管密封抹抗裂砂浆，套管与外保温系统接口处采用止水密封带。

严格做好集线盒及电线套管的气密安装。先用石膏填充预留孔洞，再将

图14_穿墙管线无热桥构造

图15_太阳能热水器支架无热桥构造

图16_雨水管支架无热桥构造1

图17_雨水管支架无热桥构造2

集线盒挤压入石膏填充的孔洞。电线套管穿完电线后采用密封胶封堵。

6）采用导光照明

地下车库采用导光照明装置。室外采用抛物面集光器收集光源，再由导光设备引入地下，为地下车库照明，利用自然采光节约用电。

7）采用太阳能制备生活热水

该项目采用了分户式太阳能集热热水系统，每户都能独立制备热水。真空管集热板直接安装在阳台护栏上，配备容积为80L的热水储罐。日照不足的时间段，需要用电对储水罐中的水进行补充加热。该装置每年可为每户节电约1100kWh。此外，集热器还起到为其下方窗户遮阳的效果。

8）采用独立可控的分户式多功能新风系统

当项目的建筑围护结构性能提高到极致时，建筑采暖制冷需求降到最低，通过优化主动系统可以较好地解决建筑的通风、辅助采暖和制冷。

该项目为每户配备了独立可控的分户式多功能新风系统，该系统具有供新风、热回收、辅助供暖和制冷的功能。室内主机为板式热回收装置和空气源热泵（图18），吊装在厨房厨柜内，有隔音处理；室外机为高效的空气换热器，新风进风过滤器效率等级为G4级。新风（绿

图18_新风、热回收和空气源热泵一体机

色箭头）经过预热和过滤后通过新风管道进入起居室和卧室（室内送风：红色箭头），使用过的室内污浊空气被输送到厨房附近顶部汇流点（排风：黄色箭头），经新风系统热交换后排出室外（图19）。浴室和卫生间设置有独立的排风管道，新风口和出风口均位于北立面，间距至少3m。新风系统综合热回收率（显热）在75%以上。

新风系统由位于客厅的温控器进行调控，设置3个等级的新风流量，调节室内的采暖、制冷和通风。客厅和主卧各设一组CO_2探头，当室内CO_2浓度上升到限值，新风系统自动启动。

考虑到中国人的烹饪习惯，厨房油烟大，不宜进入新风系统进行排风，厨房单独设置排油烟系统和补风装置（图20）。厨房采用的专用油烟机能实现油气分离，将无害废气排放到室外，废气中的余热可以进行回收。同时增加补风装置，与排风系统形成智能联动，保证了厨房的气密性，降低了通风热损失。

我国居住建筑应用新风系统的情况少，经验不多，新风系统设计是被动式低能耗居住建筑面临的主要挑战之一。秦皇岛项目的新风系统方案充分结合了当地气候、居住建筑特点和人们的生活习惯。秦皇岛属于典型北方气

图19_“在水一方”项目新风系统布局

候，极端天气不多，带热回收的新风系统和空气源热泵的复合系统较好地解决了新风预热和辅助采暖/制冷，实现了系统整合和紧凑型的布局，降低了造价。而分户式的设计既能激励用户行为节能，也便于物业后期管理维护。厨房、卫生间和浴室单独设立排风系统也是充分考虑中国人的生活习惯的一种本土化设计。

图20_厨房排油烟系统和补风装置

表2　秦皇岛“在水一方”超低能耗建筑示范项目技术措施一览表

项目	节能技术和措施	性能指标
围护结构		
外墙	石墨聚苯板，B1级，导热系数为0.033W/（m·K），250mm厚；每层设置环绕性岩棉防火隔离带	K=0.13W/（m²·K）
屋面	石墨聚苯板，导热系数为0.033W/（m·K），300mm厚	K=0.10W/（m²·K）
地下室顶板/首层地面	石墨聚苯板，B1级，导热系数为0.033W/（m·K），150mm厚 挤塑聚苯板，B2级，导热系数为0.029W/（m·K），150mm厚	K=0.12W/（m²·K）
楼板	挤塑聚苯板，B2级，导热系数为0.029W/（m²·K），150mm厚	
地面	EPS板，B2级，导热系数为0.041W/（m·K），一层地面100mm厚，标准层地面60mm厚	K= 0.38W/（m²·K）
外窗	外窗玻璃为双Low-E中空充氩气的三层玻璃，传热系数为0.65~0.88W/（m²·K）；g=0.5；外窗框采用多腔塑料型材，传热系数1.5W/（m²·K）	整窗传热系数K=1.00W/（m²·K）
外门	保温、隔音、防火	K=1.00W/（m²·K）
分户墙保温	两侧各30mm厚酚醛板，导热系数为0.018W/（m²·K）	K=0.27W/（m²·K）
不采暖楼梯间与室内隔墙	外为 120mm厚酚醛板，内为30mm厚酚醛板，导热系数为0.018W/（m²·K）	K=0.12W/（m²·K）
电梯井侧壁	60mm岩棉	

续表

项目	节能技术和措施	性能指标
无热桥构造、气密性和隔音措施		
门窗洞口，填充墙	全面抹灰，采用专用密封胶带封堵	
穿墙各种管线	绝热套管，止水密封胶带和密封胶封堵	
楼板隔音	5mm 隔音板	
户内下水管道隔音	排水管外包隔音毡	
外挑阳台	与主体结构断开，中间填充保温材料	
外墙附着的金属支架	支架与主体结构之间安装隔热垫层	
采暖、制冷及新风		
带新风、热回收的空气源热泵一体机	室内温度控制供暖和制冷，二氧化碳浓度控制新风输送	新风系统热回收率达75%以上，新风温度≥16℃，过滤器效率等级G4级，能效比2.8
厨房排风	独立排风和补风系统	
生活热水		
分户式太阳能生活热水		
其他绿色技术		
中水利用、雨水收集、地下车库导光照明		

该项目计算采暖需求13kWh/（m^2·a），制冷需求为7kWh/（m^2·a），总一次能源需求（采暖、制冷、新风、生活热水、家用电器）为110kWh/（m^2·a）。建筑气密性是对住宅进行抽样测试，结果n_{50}在0.2~0.53^{-1}之间，满足被动式超低能耗建筑的要求。

3. 项目运行监测结果与质量标识

“在水一方”C15号楼自2013年初竣工后，对两个样板房间进行了两个采暖期和制冷期的连续运行和测试，分别是2013年2月17日～2013年4月5日，2013年7月24日～2013年8月24日，2013年11月5日～2014年4月5日，2014年7月3日～2014年8月31日，测试的项目包括建筑能耗、室内温湿度、CO_2浓度、室内噪声、室内新风风速等（表3、表4①）。

表3　“在水一方”C15号楼抽样房间气密性和室内环境监测

测试项目	中德被动式低能耗建筑标准	实测结果	
测试样本		二层东室，建筑面积132m^2	二层西室，建筑面积134m^2
室内温度	20～26℃	第1采暖期平均温度：18.9℃	第1采暖期平均温度：20.6℃
		第2采暖期平均温度：19.9℃	第2采暖期平均温度：21.0℃
		第1制冷期平均温度：27.6℃	第1制冷期平均温度：26.3℃
		第2制冷期平均温度：24.8℃	第2制冷期平均温度：—
室内相对湿度	40%～65%	第1采暖期平均湿度：68.4%	第1采暖期平均湿度：58.9%
		第2采暖期平均湿度：57.4%	第2采暖期平均湿度：52.2%
		第1制冷期平均湿度：75.1%	第1制冷期平均湿度：70.9%
		第2制冷期平均湿度：67.0%	第2制冷期平均湿度：—
气密性	n_{50}≤0.6	0.34	0.68
CO_2浓度	≤1000ppm	≤1000ppm，比例达99.4%	≤1000ppm，比例达99.6%
室内噪声	≤30dB	≤30dB	≤30dB
室内风速	≤0.3m/s	≤0.3m/s	≤0.3m/s

注：（1）室内温度：东室居住两人，冬季室内空调设定温度为18℃；西室居住3人，冬季室内设定温度为20℃。（2）“—”是指没有进行测试。

① 表3、表4数据来源：《秦皇岛“在水一方”C15号楼被动式超低能耗建筑示范工程——室内环境与能耗监测分析报告》，张小玲、马伊硕等。

表4 “在水一方”C15号楼抽样房间能耗实测

项目	全年终端用电量kWh/a				全年一次能源消耗kWh/(m^2·a)			
	第1年		第2年		第1年		第2年	
	东室	西室	东室	西室	东室	西室	东室	西室
采暖（含新风）	1480.7	2025.3	1936.0	2179.9	33.7	45.3	44.0	48.8
制冷（含新风）	156.6	287.9	363.0	—	3.6	6.4	8.3	—
照明	503.7	202.1	420.4	118.6	11.4	4.5	9.6	2.7
家电、炊事、热水	1743.8	2111.5	1893.0	980.9	39.6	47.3	43.0	22.0
总计	3884.8	4626.8	4612.4	—	88.3	103.6	104.8	—

注：全年终端用电量为通过采暖期和制冷期的能耗反推全年能耗。

“在水一方”C15号楼2013年第1个采暖期的测试是全楼未进行封闭的情况下进行的，存在着电梯井、管道井、楼梯间散热状况，在这种情况下，抽样的房间仍能满足中德被动式低能耗建筑设计标准。第2年的测试是在整栋楼封闭但入住率低的情况下测试的，仍取得了较好的效果。随着2014年10月以后入住率的上升，房屋蓄热能力的进一步提高，室内环境指标和能耗指标还会进一步提升。运行测试表明，夏季的制冷时间缩短，用户大部分时间靠开窗自然通风取得较好的室内舒适度。此外，“在水一方”C15号楼进行了PM2.5指标测试，仅为旁边节能65%建筑含量的1/6～1/7，良好的建筑气密性和新风系统过滤装置带来较显著的防霾效果。

2013年10月23日，住房和城乡建设部科技与产业化发展中心与德国能源署共同为秦皇岛“在水一方”C15号楼颁发了中德合作高能效建筑—被动式低能耗建筑质量标识。

4．项目成本效益

该项目与节能65%的建筑相比，每平方米采暖制冷耗煤量节约10.45kgce/（m^2·a)，折合CO_2节约量为27.79kg/（m^2·a）（表5）。该项目的增量成本为627.8元/m^2，增量成本主要用于门窗系统、新风系统、保温系统等。扣除掉节约的热计量费、空调费、管道井费用和高层供热运行费用、室外管网及热交换站占地费用，净增量成本约为400元/m^2，则减排的边际成本为14.4元/kgCO_2。

中德被动式低能耗建筑质量标识

颁发日期: Erstellt am:	2013年10月23日 23.10.2013	证书编号: Zertifikat ID:	CN-DE-PP-01-2013	证书

建筑信息
Gebäude

主要使用功能 Hauptnutzung	居住建筑
地址 Adresse	秦皇岛市海港区大汤河畔
建设单位 Developer	秦皇岛五兴房地产有限公司
建造年份 Baujahr des Gebäudes	2013年
建筑面积 Nettogebäudefläche	6718 m^2
供暖面积 Temperierte Fläche	6378 m^2
体型系数 A/V Verhältnis	0.3

综合评价：能效等级
Gesamtbewertung: Energieeffizienzklassen

能效等级 Energieeffizienzklasse	A
终端能源需求量 Endenergiebedarf	38 kWh/(m^2a)（电能）
一次能源需求总量 Primärenergiebedarf	110 kWh/(m^2a)
二氧化碳排放量 CO_2 Emissionen	37 kg/(m^2a)

- A 河北省被动式低能耗居住建筑节能设计标准 Hebei Standard
- B 居住建筑节能75%设计标准 75% Standard
- C 居住建筑节能65%设计标准 65% Standard
- D 居住建筑节能50%设计标准 50% Standard
- E 低于居住建筑节能50%设计标准 schlechter als 50% Standard

日期 Datum	负责人签名 Unterschrift	负责人签名 Unterschrift
23.10.2013	中国住房与城乡建设部 科技与产业化发展中心	德国能源署 (dena)

图21_秦皇岛在水一方C15号楼中德合作高能效建筑—被动式低能耗建筑质量标识（一）

中德被动式低能耗建筑质量标识

颁发日期： Erstellt am:	2013年10月23日 23.10.2013	证书编号： Zertifikat ID:	CN-DE-PP-01-2013

综合评价：总体能效性能
Gesamtbewertung: Energieeffizienz

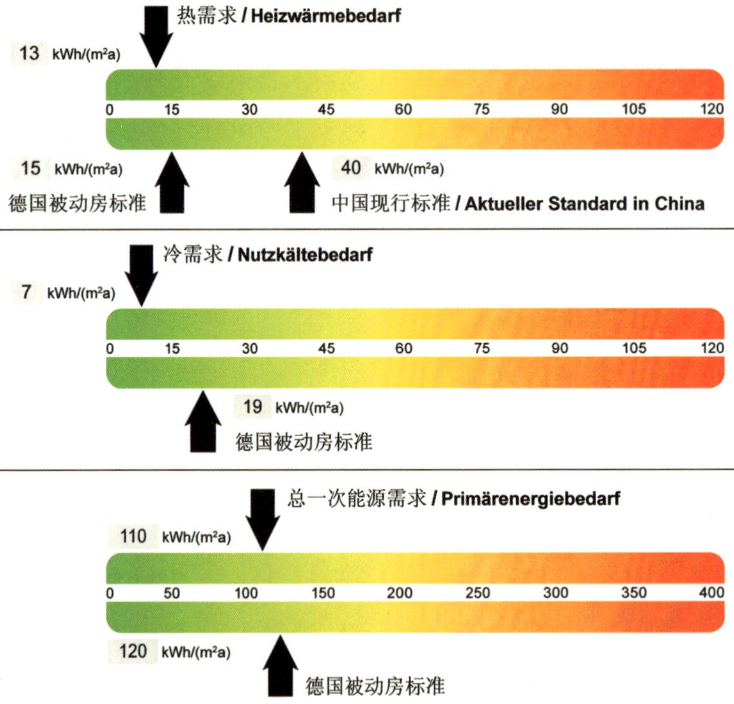

热需求 / Heizwärmebedarf

13 kWh/(m²a)

0 15 30 45 60 75 90 105 120

15 kWh/(m²a) 德国被动房标准

40 kWh/(m²a) 中国现行标准 / Aktueller Standard in China

冷需求 / Nutzkältebedarf

7 kWh/(m²a)

0 15 30 45 60 75 90 105 120

19 kWh/(m²a) 德国被动房标准

总一次能源需求 / Primärenergiebedarf

110 kWh/(m²a)

0 50 100 150 200 250 300 350 400

120 kWh/(m²a) 德国被动房标准

围护结构
Gebäudehülle

传热系数 / U-Wert [W/(m²K)]	
屋面 Dach/oberste Geschossdecke	0.10
外墙 Außenwand	0.13
门窗 Fenster	1.00
地下室顶板/首层地面 Kellerdecke	0.12
气密性 / Luftdichtheit [1/h]	
n_{50}	0.2-0.53

一次能源需求
Primärenergiebedarf

主要能效数据 / Aufteilung [kWh/(m²a)]	
供暖需求 Heizwärmebedarf	19
制冷需求 Nutzkältebedarf	10
照明需求 Beleuchtung	15
通风与除湿需求 Belüftung/Entfeuchtung	15
生活热水制备需求 Warmwasser	1
生活用电需求 Haushaltsstrom	50

图21_秦皇岛在水一方C15号楼中德合作高能效建筑—被动式低能耗建筑质量标识（二）

中德被动式低能耗建筑质量标识

颁发日期: Erstellt am:	2013年10月23日 23.10.2013	证书编号: Zertifikat ID:	CN-DE-PP-01-2013	2

围护结构 Gebäudehülle	面积 Fläche [m²]	传热系数 U-Wert [W/(m²K)]	保温层厚度 Dicke der Wärmedämmung [cm]	材料 Material
屋面 Dach/oberste Geschossdecke	374	0.1	30	石墨聚苯板 λ: 0.033[W/(mK)]
外墙 Außenwand	4826	0.13	25	石墨聚苯板 λ: 0.033[W/(mK)]
门窗 Fenster/Türen	1371	1.0	–	三玻双LOW-E填充氩气
地下室顶板/首层地面 Kellerdecke	391	0.12	15 10	石墨聚苯板 λ: 0.033[W/(mK)] 挤塑聚苯板 λ: 0.029[W/(mK)]

设备 Anlagentechnik	功率 Leistung [kW]	能源类型 Energieträger	负荷 Last [W/m²]
供暖设备 Heizung	空气源热泵（制热工况） 1P 726W 1.5P 1010W	电能 空气源	9.38
制冷设备 Kühlung	空气源热泵（制冷工况） 1P 798W 1.5P 1070W	电能 空气源	18.70
生活热水制备 Warmwasser	太阳能热水设备 （含电辅加热设备）	电能 太阳能	
新风系统 Lüftungsanlage	☒ 已安装新风系统/通风电力需求: 0.45 Wh/m³ Vorhanden/Elektroeffizienz der Lüftungsanlage: 0.45 Wh/m³ ☒ 有热回收装置/热回收率: 75% Mit Wärmerückgewinnung/WRG: 75%		
太阳能设备 Solaranlage	☒ 用于制备生活热水 Zur Warmwasserunterstützung ☐ 用于辅助供暖 Zur Heizungsunterstützung	100L 阳台壁挂太阳能热水设备 Solarkollektor mit 100 L Speicher 轮廓采光面积/Kollektorfläche: 1.62 m² 日有用得热量/Wärmegewinn: 8.3 MJ/m²	

图21_秦皇岛在水一方C15号楼中德合作高能效建筑—被动式低能耗建筑质量标识（三）

表5　项目设计采暖制冷耗煤量和CO_2减排量

	节能65%建筑（基准线）	C15号楼	节约量
冬季采暖耗煤量[kgce/（m^2·a）]	10.97	1.6	9.37
夏季制冷耗煤量[kgce/（m^2·a）]	1.94	0.86	1.08
耗煤量总计[kgce/（m^2·a）]	12.91	2.46	10.45
排放CO_2（kg/m^2）	34.34	6.54	27.79

该项目经过两个采暖期的测试，节约采暖费用可观。2012~2013年，项目还未竣工，只有样板间进行了封闭，采暖期为48天，但与节能65%的普通建筑比，节约采暖费高达80%以上。2013~2014年，建筑完全竣工封闭，整个采暖期采暖费用为1084元，而同一个小区节能65%建筑当年采用市政集中供热费为3471元，被动式建筑节约采暖费用约2500元，节约比例约70%。

5. 专家点评

秦皇岛“在水一方”项目是我国第一个在高层住宅上实现的被动式低能耗示范项目，代表了国内量大面广的主流建筑类型，是国外被动房几乎涉及不到的领域。它既借鉴了欧洲被动房的理念和技术，又做了符合国情的创新，因此具有较强的借鉴性和推广意义。

（1）以极低的能耗来显著提升建筑的舒适度，赋予舒适度全新的理念。被动式超低能耗建筑既不以牺牲舒适度来节能，也不是靠主动技术的大量堆砌来达到完全不可调节的、缺乏适应性的舒适性。其本质是以提高建筑自身的保温隔热性能为前提，然后最大程度地利用太阳得热、自然采光、自然通风来满足室内舒适性的要求，在极端天气下通过高效的紧凑的辅助采暖制冷设施来满足能源需求。被动式建筑提倡主动技术越少越好，系统要进行优化集成。该项目实测的结果和居住体验显示，建筑没有发霉结露现象，在不需开窗的季节里，室内源源不断的新风保证了高品质的空气质量，其均衡的室内内表面温度使人体在20℃下的体感舒适性大于传统采暖设施供暖房间25℃的舒适性。夏季制冷时间显著缩短，当室外33℃左右，自然通风状态下，室内28℃让人体依旧处于较舒适的状态，无须空调。由于建筑良好的气密性，冬季室内的生活散湿被保留在室内，使房间不需任何加湿就能保持50%～55%左右的湿度。建筑的隔音效果极佳，与传统建筑区别明显。在室外施工时，测试房间几乎不受强噪声的干扰。

（2）第一次应用和探索了我国高密度高层居住建筑中的被动式关键技术和构造，并做了适于国情的调整。包括高厚度带防火隔热带的外墙外保温技术、降低和隔断热桥的技术、提高建筑气密性的技术和产品，带高效热回收的分户式新风技术、厨房新风补风技术等。很多关键技术是国内首次应用，远高于规范要求。

（3）为建筑产业升级换代提供了契机，为整个节能产业的创新发展提供了动力。秦皇岛项目实施过程中，最大的挑战之一是寻求高性能的关键技术和产品，而这类技术不是高不可攀的前沿技术，而是原材料好、加工工艺水平高、耐久性好的适应性技术，这些技术在国外已经是非常成熟的技术，在国内的应用才刚刚起步。一方面因国内研发落后，许多关键材料在国内是空白，需要从国外进口或委托外资企业在国内的供应商进行专门加工定制。自主研发的技术与国外同等产品相比性能尚有差距；另一方面，我国具有知识产权的好技术因建筑节能标准要求较低、市场需求量小，缺乏应用的途径，导致供应量小、规模化效应低、造价高。因此，被动式超低能耗建筑的发展必然带动高质量高性能技术的应用，如质量好、寿命长的外墙保温系统，高效的被动房门窗系统，降低热桥的构件和材料，带高效热回收的新风系统及热湿交换的膜材料等。同时生产门窗密封材料、防水透汽膜和防水隔汽膜所需要的化工原料行业，生产窗台披水板和女儿墙扣板所用的防锈金属、塑料、橡胶等原材料行业也将会得到快速发展，从而促进整个产业的技术创新，提高技术的精细化和专业化水准。

（4）促进住宅精（简）装修和物业管理水平的提高。被动式超低能耗建筑为了保证较好的建筑气密性，必须进行精装修才能交付使用，不允许住户自行装修或更换建筑构件而破坏气密层，而精装修可以避免资源的浪费，减少建筑垃圾，是未来住宅产业化的发展方向。此外，由于被动式超低能耗建筑的特殊性，物业公司必须进行维护管理培训，同时提供给住户使用手册，对于不能破坏的部位、建筑设备使用维护的要点要进行详细说明，确保用户正确使用建筑，并激励他们行为节能，以保证建筑的长寿命。这种做法极大地提高了物业公司的专业化管理水平，更强调了能源管理和恰当运行维护在降低建筑运行能耗中发挥的重要作用。

（撰文：彭梦月）

参考资料：《秦皇岛“在水一方”中德科技合作项目中国被动式低能耗建筑验收报告》

1.2 中国严寒地区第一个被动式超低能耗居住建筑
——哈尔滨辰能·溪树庭院 B4 号楼

1. 项目概况

2011年4月，辰能·溪树庭院项目被确定为第一批中德合作“中国被动式超低能耗建筑示范项目”。哈尔滨辰能·溪树庭院位于哈尔滨市南岗区哈西地区，是由黑龙江辰能盛源房地产开发有限公司开发实施，总占地面积22.87万m^2，总建筑面积54万m^2（图1），分三期开发。被动式超低能耗居住建筑B4号楼（图2）属于第三期新建项目，总面积7800m^2，11层，上有一层阁楼作为生活使用空间，地下室为新风机房层，地下一层与车库相连通，剪力墙结构，体形系数为0.25。该楼三个单元，每单元共11户，均为二室二厅和三室二厅户型，南北通透，使用面积约为82m^2。该项目2012年开工，2014年竣工。

该项目的主要供应商如表1所示：

表1 辰能·溪树庭院B4号楼主要供应商

项目参与方	供应商名称
设计单位	哈尔滨工业大学建筑设计研究院
施工单位	黑龙江省建工集团
监理单位	黑龙江鸿庆监理有限公司
鼓风门测试单位	唐山市思远工程材料检测有限公司
技术支撑单位	哈尔滨工业大学
保温材料供应商	哈尔滨鸿盛建筑材料制造股份有限公司
固定锚栓供应商	蓝马塑料（大连）有限公司
门窗连接线条供应商	湖北汇尔杰新材料科技股份有限公司
外窗系统供应商	哈尔滨森鹰窗业股份有限公司
玻璃供应商	圣戈班玻璃有限公司
一层门厅密封门	江阴绿胜节能门窗有限公司提供的温格润铝合金聚氨酯节能门窗型材，双强门窗厂加工
密封材料（密封胶带）供应商	德国博士格
新风系统供应商	上海达思空调设备有限公司
地源热泵系统供应商	上海富田空调冷冻设备有限公司
生物质锅炉辅助采暖设备供应商	哈尔滨森克再生能源技术开发有限公司

图1_辰能·溪树庭院规划鸟瞰图

图2_辰能·溪树庭院B4号楼

2．主要技术措施及能耗指标

采取的节能措施包括：高效复合外墙保温系统、高效的被动房门窗系统、无热桥的构造、提高建筑气密性的构造、集中式全置换新风系统、用于辅助供热和生活热水的生物质锅炉。

1）提高非透明围护结构的保温隔热性能

（1）外墙保温

该项目基础形式为桩基础，主体为短肢剪力墙结构。钢筋混凝土墙厚度为200mm，外保温采用HS-EPS模块（石墨聚苯板），厚度为300mm，分两层施工，第一层采用EPS模块整浇夹心保温（图3），第二层采用现场粘贴（图4），墙体主体断面传热系数为0.11W/（K·m^2）。现浇体系中，模块在工厂生产，材料密度30kg/m^3，导热系数为0.033W/（m^2·K）。模块内外表面设置均匀分布的燕尾槽，整体大、小转角，各种插接企口和连接桥的固定插口。EPS模块内外表面均匀分布的燕尾槽与混凝土和水泥砂浆厚抹面层的有机咬合，构成了牢固的防护面层，极大地提高了复合墙体的保温隔热性、抗冲击性、耐久性和防火性能，做到了EPS模块保温层施工方便，可提高房屋的建造速度。

为解决高厚度外墙外保温防火问题，每层外墙楼板处及屋面均设置防火隔离带，材料防火性能为A级，宽300mm，厚300mm，采用上海樱花岩棉厂生产的隔离带专用产品，各项指标均优于国家标准。

（2）屋面保温

屋面是在200mm钢筋混凝土结构层上采用了300mm厚HS-EPS模块（图5），模块密度及导热系数与墙体相同。保温层上下分别安装SBS防水卷材。屋面主体断面传热系数为0.11W/（K·m^2）。

图3_EPS模块现浇

图4_EPS模块现场粘贴

（3）首层地面和地下室顶板保温

首层地面满铺150mm厚HS-EPS模块，地下室顶板为150mm厚HS-EPS模块，地面传热系数为0.11W/（K·m^2）。

2）采用高效的被动房门窗系统

本项目采用5+12Ar+5Low-E的铝包木窗。窗户气密性等级为第8级，q1≤0.5m^3/（m·h）；水密性为第6级，△P≥700Pa；抗风压等级为第8级，P3≥4500Pa；隔声性能为第三级，降噪效果达到37分贝以上。整窗K值为0.73W/（m^2·K）。

为进一步降低窗口部位热桥损失，窗户安装方式为外悬式，即将窗户设置在主体结构外墙的外表面，整窗采用L型锌铁件外悬于结构主体之外，上窗口保温层向下包裹窗框30mm，侧面保温层包裹窗框30mm。外墙窗口上部设置滴水槽，下部设置铝合金窗台板，防止雨水渗入保温层（图6、图7）。

窗框与外墙连接处采用防水隔汽膜和防水透汽膜组成的密封系统。室内一侧采用防水隔汽密封带，室外一侧采用防水透汽密封带，从而从构造上完全强化了窗洞口的密封与防水性能（图8）。

一层单元门采用高性能聚氨酯断热桥铝合金节能门，整门K值为1.0W/（m^2·K）。

3）提高建筑气密性

对开关插座盒后方与墙体接触的部位用密封胶封严，所有穿墙和穿楼板的管道均用聚氨脂发泡填实并用密封带进行密封处理（图9）。EPS板与墙体连接现浇时采用螺栓连接，模板穿墙螺孔间做聚氨脂发泡处理（图10）。

图5_屋面保温

图6_外窗安装

图7_窗台板构造

图8_窗户密封布的粘接

图9_穿楼板管道保温和气密性处理

图10_模板穿墙螺孔间的气密性处理

4）采用高效热回收的全置换新风系统

B4号楼采用集中式新风系统（图11、图12），新风换热效率可达80%以上。集中处理后的新风（过滤、夏季除湿、冬季加湿），经过管道系统送入各个用户。户内采用置换式新风系统。用户的新风量大小，通过电动调节阀（三速开关）控制。新风机组风量通过风机台数和变频控制，可达到25%～100%调节，风量调节范围既可满足低入住率的要求，也可满足最大风量的要求。

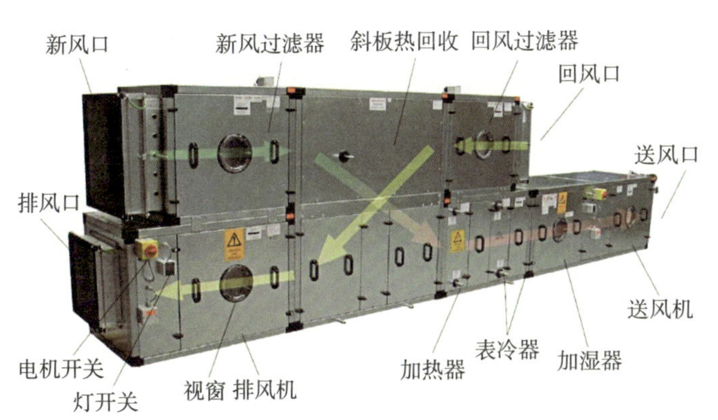

图11_集中式新风系统1

图12_集中式新风系统2

5）采用可再生能源辅助供热制冷

B4号楼采用生物质（木屑）锅炉（图13、图14），为新风预热和冬季室内采暖的补充热源。锅炉热效率为90%，燃料木屑颗粒热值为4500千卡/公斤，燃料消耗量6～60公斤/小时。

图13_生物质锅炉

同时，采用地源热泵系统辅助供冷并为地下车库供热。在车库混凝土底板以下埋设地源井，井深120米，井间间距6米。末端是天棚柔和式微辐射系统，通过埋设在楼板中的PB管，利用冷热水为介质调节室内温度，常年保持在20～26℃之间。冬季供回水温度为30/28℃，夏季制冷供回水温度为18/20℃左右。地源热泵夏季为房间供冷，冬季为车库供热，从而保持地源热泵的冷热平衡。

图14_生物质燃料

6）设置能源管理控制系统

能源控制管理系统由现场设备、通信设备和管理平台组成。对全楼和每户的能源使用情况进行监控和统计、分析、展示。系统通过数据分析对整体能源的使用和管理提出优化方案，帮助物业管理人员更好地管理维护系统。

表2　哈尔滨辰能·溪树庭院节能措施

项目	节能技术和措施	性能指标
围护结构		**传热系数**
外墙	HS-EPS模块，B1级，导热系数为0.033W/（m·K），300mm厚；	K=0.11W/（m^2·K）
屋面	HS- EPS模块，导热系数为0.033W/（m·K），300mm厚	K=0.11W/（m^2·K）
地下室顶板＋首层地面	HS- EPS模块，300mm厚，导热系数0.033W/（m·K）	K=0.11W/（m^2·K）
外窗	外窗玻璃为单框三玻双Low-E中空充氩气的玻璃，窗玻璃的传热系数为0.7W/（m^2·K）	K=0.73W/（m^2·K）
外门	保温、隔声、防火	K=1.00W/（m^2·K）
	气密性和隔音措施	
门窗洞口，填充墙	全面抹灰，采用专用密封胶带封堵	
穿墙各种管线	绝热套管，止水密封胶带和密封胶封堵	
关插座盒后方与墙体接触部位	用密封胶封严	
EPS现浇墙体模板穿墙螺孔	聚氨酯发泡填实	
	新风	
全置换新风系统	集中式新风系统，设置热回收。新风口设置在卧室及客厅靠近窗或墙下地板下，排风口设置在卫生间	新风系统热回收率达80%以上
	辅助采暖、制冷系统	
热源	生物质（木屑）锅炉，提供冬季新风预热和室内采暖的补充热源	锅炉热效率为80%，燃料颗粒热值为4500千卡/公斤
末端	天棚柔和式微辐射系统：将水管埋设在混凝土楼板中。冬季供回水温度为30/28℃，夏季制冷水温度为18/20℃左右	

续表

项目	节能技术和措施	性能指标
冷源	地源热泵	制冷6.5，制热5.05
	生活热水	
生物质锅炉	提供生活热水	锅炉热效率为90%
	能源管理	
设置数据传感器	对各种能耗数据进行采集分析，以便优化管理	

该项目计算采暖需求为17kWh/（m^2·a），采暖负荷为12.5W/m^2；制冷需求为13kWh/（m^2·a），制冷负荷为20.1W/m^2。总一次能源需求（采暖、制冷、新风、生活热水、家用电器）为113kWh/（m^2·a）。建筑气密性n_{50}经测试在0.34～0.59^{-1}之间。

3. 项目运行监测结果与质量标识

哈尔滨工业大学在溪树庭院B4号楼被动房的建造及使用中，对建筑围护结构的传热系数、窗户传热系数、建筑物耗热量指标和耗冷量指标、换气次数、室内空气质量、新风机组效率以及吊顶辐射供冷系统舒适性进行了测定，测定结果如下：

（1）主墙面传热系数为0.113W/（m^2·K）；窗户本体传热系数为0.73W/（m^2·K）。

（2）无人居住时，实测建筑物耗热量指标为9.65W/m^2。考虑回收排风热量，预计全年（采暖期天数取167天）采暖能耗为15.69kWh/（m^2·a）。

（3）使用条件下，单位面积供冷量4.71W/m^2；实际年供冷量8.78kwh/（m^2·a）；折算到节能标准规定条件下，年耗冷量 3.07kWh/（m^2·a）。

（4）房间的换气次数为0.36～0.55次/h，平均为0.44次/h。考虑楼梯间后，建筑物换气次数为0.46次/h左右。

（5）室内热环境好，冬季室内空气温度为25.2～26.2℃，相对湿度为35.5%～35.9%。风速0.05m/s。外墙内表面温度比室温低1.23～1.7℃。外窗内表面平均温度为23.3℃，新风量满足室内人员的健康要求。

（6）室内CO_2平均浓度为732ppm，低于我国标准的限值1000ppm。

（7）新风机组效率为70.77%～91.56%，实际运行风量在2300m^3以下，新风机组运行时的效率≥75%。

（8）吊顶辐射供冷系统能保证夏季人的热舒适要求；房间吊顶在冷冻水供水温度为20℃和22℃时不会结露。

2014年9月16日住房和城乡建设部科技与产业化发展中心与德国能源署共同为哈尔滨辰能·溪树庭院B4号楼颁发了中德合作高能效建筑—被动式低能耗建筑质量标识。

4．经济效益分析

B4号楼被动房与目前实施的节能65%建筑相比，单位面积增量成本为1565元/m^2（表3），主要集中在外窗、新风系统、外墙保温和人工费用。目前哈尔滨高层建筑平均造价为6500元/m^2，该项目增量成本占哈尔滨市目前建筑总成本的24%。

表3　辰能·溪树庭院B4号楼增量成本

项目	节能65%建筑成本(元/m^2)	B4号楼被动房(元/m^2)	增量成本(元/m^2)
外窗	230	450	220
外门	200	250	50
外墙保温	50	350	300
新风系统	0	185	185
采暖系统	40	70	30
制冷系统	0	50	50
气密性措施	0	30	30
结构调整	200	300	100
人工费	600	900	300
财务费用	500	800	300
合计	1820	3385	1565

数据来源：黑龙江辰能盛源房地产开发有限公司

5．专家点评

该项目是我国严寒地区的第一个被动式超低能耗建筑示范项目，探索了严寒地区被动式超低能耗建筑的能耗指标体系及实现超低能耗建筑的技术路

中德合作高能效建筑—被动式低能耗建筑质量标识
Sino-German Energy-Efficient Buildings: Certificate

颁发日期：2014年09月16日 Issued at: 16.09.2014
建筑名称：溪树庭院B4#楼 Project name: Xi Shu Ting Yuan B4# Building

证书

建筑信息 Building

主要使用功能 Type of building	居住建筑 Residential building
地址 Address	黑龙江省哈尔滨市南岗区复旦路 Fudan Street, Nangang District, Harbin, Heilongjiang Province
开发单位 Developer	黑龙江辰能盛源房地产开发有限公司 Chenneng Real Estate Management Co. Ltd.
建造年份 Year of construction	2014年
建筑面积 Total GFA (gross floor area)	8580 m²
供暖面积 Total heated area	8200 m²
体形系数 Surface/volume ratio	0.27

能效数据 Energy performance

能效等级 Energy level	
终端能源需求量 Final energy demand	71 kWh/(m²a)
一次能源需求总量 Primary energy demand	113 kWh/(m²a)
二氧化碳排放量 CO_2 emissions	90 kg/(m²a)

A 中德高能效建筑设计标准 Sino-German Energy Efficiency Standard
B 居住建筑节能75%设计标准 75% Standard
C 居住建筑节能65%设计标准 65% Standard
D 居住建筑节能50%设计标准 50% Standard
E 低于居住建筑节能50%设计标准 worse than 50% Standard

日期 Date: 16.09.2014

证书编号 Certificat ID: CN-DE-PP-02-2014

负责人签名 Signature

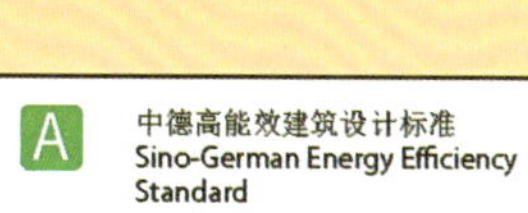

中国住房和城乡建设部科技与产业化发展中心 (CSTC)

负责人签名 Signature

德国能源署 (dena)

图15_哈尔滨辰能·溪树庭院B4号楼中德合作高能效建筑—被动式低能耗建筑质量标识（一）

中德合作高能效建筑—被动式低能耗建筑质量标识

Sino-German Energy-Efficient Buildings: Certificate

dena 德国能源署

颁发日期： Issued at:	2014年09月16日 16.09.2014	建筑名称： Project name:	溪树庭院B4#楼 Xi Shu Ting Yuan B4# Building	1

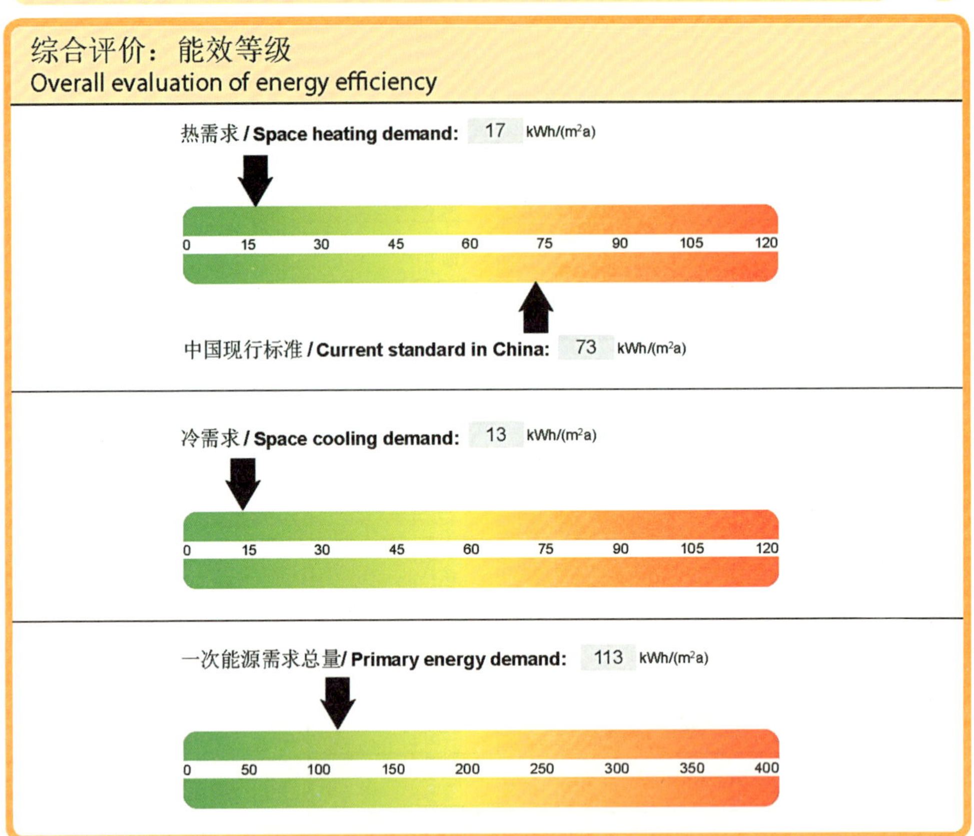

围护结构 Building envelope	
传热系数 / U-Value [W/(m²K)]	
屋顶/顶层楼板 Upper ceiling/roof	0.10
外墙 External wall	0.10
外窗/外门 Window/door	0.80 / 1.00
地下室顶板/首层地面 Basement ceiling/groundplate	0.10
气密性 / Airtightness (h^{-1})	
25.12.2013: n_{50}=0.16-0.49	03.09.2014: n_{50}=0.34-0.59

一次能源需求数据 Primary energy demand [kWh/(m²a)]	
供暖需求 Space heating	17
制冷需求 Space cooling	6
照明需求 Lighting	15
通风与除湿需求 Ventilation/dehumidification	20
生活热水制备需求 Domestic hot water	5
生活用电需求 Household electricity	50
总计 Total	113

图15_哈尔滨辰能·溪树庭院B4号楼中德合作高能效建筑—被动式低能耗建筑质量标识（二）

中德合作高能效建筑—被动式低能耗建筑质量标识

Sino-German Energy-Efficient Buildings: Certificate

颁发日期：2014年09月16日 Issued at: 16.09.2014

建筑名称：溪树庭院B4#楼 Project name: Xi Shu Ting Yuan B4# Building

2

围护结构 Building enevelope	面积 Area [m²]	传热系数 U-Value [W/(m²K)]	保温层厚度 Thickness [cm]	材料 Material
屋顶/顶层楼板 Roof/upper ceiling	892	0.10	30	石墨聚苯板/EPS λ = 0.030 W/(mK)
外墙 External wall	4468	0.10	30	石墨聚苯板/EPS λ = 0.030 W/(mK)
外窗 Window	1405	0.80	-	铝包木框 暖边间隔条 三玻双LOW-E填充氩气 5+18Ar+5L+18Ar+5L/ Aluminium-wood-windows
外门 Door	9	1.00	-	wingreen型材保温玻璃门/Wingreen-glass door
楼板/地下室顶板 Basement ceiling	752	0.10	30	石墨聚苯板/EPS λ = 0.030 W/(mK)

设备工程 Building services	设备 Equipment	能源类型 Energy carrier	负荷 Load [W/m²]
供暖设备 Heating	2套 木屑颗粒锅炉（集中供热系统） 2x wood pellets boiler (central system) 地下室供暖：地源热泵 Basement only:ground source heatpump	木屑颗粒（当地工业废料） Wood pellets (industrial waste) 电能（辅助能源） Electricity (auxiliary power) 周围环境冷、热能/ 电能 Environmental energy/electricity	12.5
制冷设备 Cooling	地埋管换热 + 循环水泵：为混凝土辐射制冷及新风制冷提供冷水 Geothermal energy + circulation pump for ventilation system and concrete core activation	周围环境冷、热能/ 电能 Environmental energy/electricity	20.1
生活热水制备 Domestic hot water	木屑颗粒锅炉（与供热相同） Wood pellets boiler (same as for heating)	木屑颗粒（当地工业废料） Wood pellets (industrial waste) 电能（辅助能源） Electricity (auxiliary power)	
新风系统 Ventilation	☒ 已安装新风系统/with ventilation system/通风电力需求/power demand:0.45 Wh/m³ ☒ 有热回收装置/with heat recovery/热回收率/efficiency:75% ☒ 中央新风系统/central system		
太阳能设备 Solar thermal system	☐ 太阳能设备集热面积/solar collectors area ☐ 用于制备生活热水/for domestic hot water production ☐ 用于辅助供暖/for auxiliary heating		

图15_哈尔滨辰能·溪树庭院B4号楼中德合作高能效建筑—被动式低能耗建筑质量标识（三）

线。与德国气候相比，我国严寒地区采暖时间长，冬季室外温度更低，采暖需求更大，因此不能照搬德国被动房的指标体系，而是要根据当地的实际气候状况进行适应性调整。严寒地区，采暖需求最大，因此通过高厚度的外墙保温系统、提高门窗保温气密性、提高建筑围护结构整体气密性是最核心的技术路线。其次，在严寒地区安装新风系统，必须解决新风预热问题，既要避免新风管道内结露，同时还要寻找适宜的新风预热方式，降低新风预热的能耗。相比寒冷地区，严寒地区实现被动式超低能耗建筑能耗目标对技术要求更高，在墙体、门窗、辅助供热、新风方面投资也相应增加。

（撰文：彭梦月）

参考资料：《严寒地区被动式低能耗建筑研究课题综合报告》，哈尔滨辰能黑龙江辰能盛源房地产开发有限公司，哈尔滨工业大学

1.3　大连金维度被动式建筑低密度住区示范项目

大连金维度被动式建筑低密度住区是中国第一个33栋全系列认证的被动式建筑住区。每栋别墅都是欧式风格，建筑立面复杂，节点繁多，施工难度大。屋面系统、保温系统和门窗系统均由系统供应商供应，这意味着系统供应商必须提供其系统所涉及的所有产品材料和技术支持。该项目所用材料和设备均为国内外一流厂商生产。施工质量获得中外专家的赞誉。1号楼接受了气密性检测，正负压50Pa下整栋楼的换气次数为0.16次/小时和0.29次/小时，其正压下的测试结果创下了中德合作被动式房屋气密性测试的最好纪录。

1．项目概况

“金维度被动式建筑示范项目”坐落在国家5A级旅游度假景区——大连金石滩十里黄金海岸边，占地面积40049.46m^2，总建筑面积23082.57m^2，其中地上面积15607.82m^2，地下面积8057.01m^2，由33栋住宅单体组成（图1）。户型分为A、B、C、D、E（图2～图5），所有单体均为地上二层、三层，地下一层，钢筋混凝土框架填充墙体系。

开发周期：一期：2015.4～2016.10，投资1.8亿，由9栋建筑、景观及配套组成。二期预计：2017.10～2019.10，投资2.1亿，由24栋建筑、景观及配套组成。

建设单位：大连博朗房地产开发有限公司

图1_大连金维度被动式建筑低密度住区鸟瞰图

图2_A户型效果图

图3_B户型

图4_C户型

图5_D、E户型

施工单位：江苏南通三建集团有限公司

设计单位：大连六环景观建筑设计院有限公司、金维度研究院

技术支持单位：德国能源署、住房和城乡建设部科技与产业化发展中心、金维度科技发展（大连）有限公司

主要材料供应商：

外墙外保温系统：奥地利堡密特建筑材料公司、德国巴斯夫公司

门窗系统：奥地利Josko（外门）、哈尔滨森鹰窗业股份有限公司（外窗）

屋面防水保温系统：德国威达防水公司

新风系统：中山市万德福电子热控科技有限公司

能耗设计指标：见表1。

表1　大连金维度被动式超低能耗建筑示范项目各户型能耗设计指标

户型	年供暖需求［kWh/（m^2·a）］	热负荷（W/m^2）	年供冷需求［kWh/（m^2·a）］	冷负荷（W/m^2）
A	14.05	13.89	11.84	18.51
B	12.69	11.10	6.93	12.42
C	14.27	12.08	6.79	10.67
D	13.88	14.30	10.43	15.24
E	14.69	14.96	11.32	19.64

A户型能耗指标结果分析（图6～图10）：

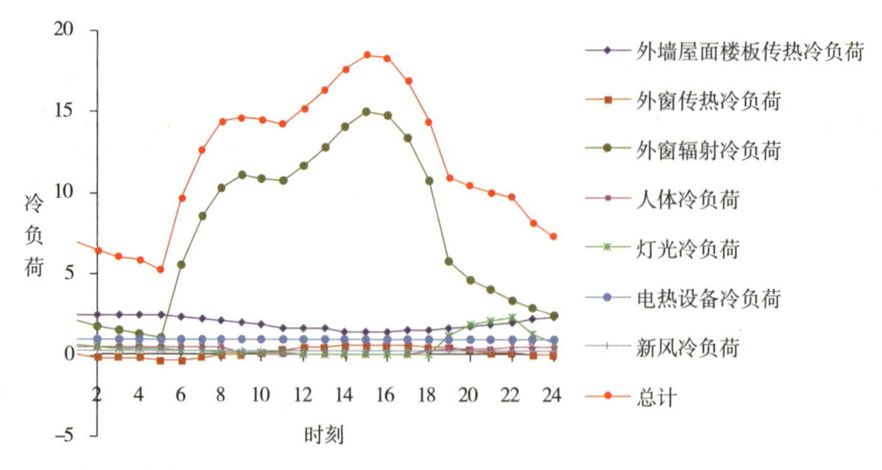

图6_全天冷负荷随时间变化图

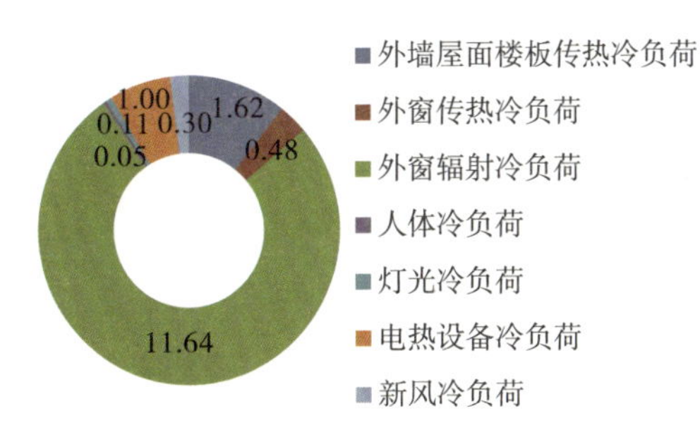

图7_最大冷负荷构成分析图

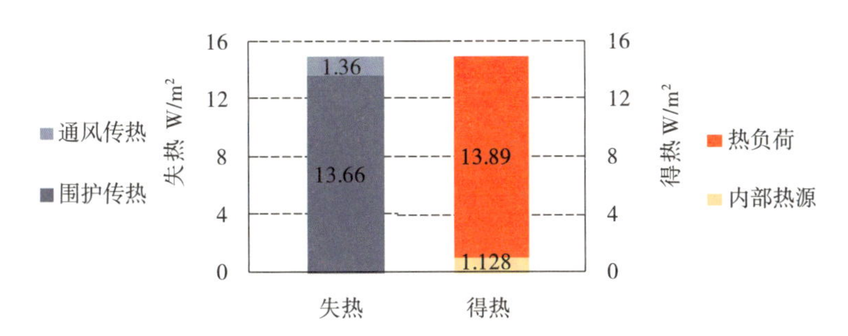

图8_热负荷构成分析图

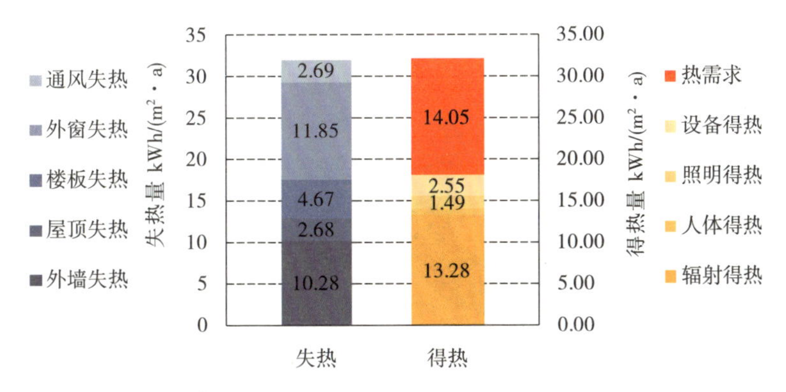

图9_采暖期热需求分析图

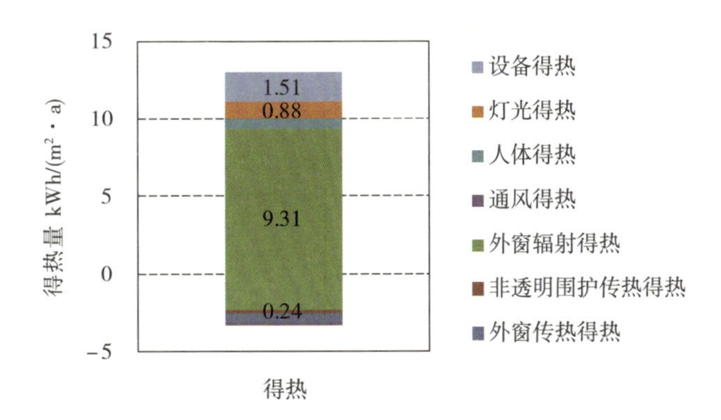

图10_制冷期能耗构成分析图

B户型能耗指标结果分析（图11～图15）：

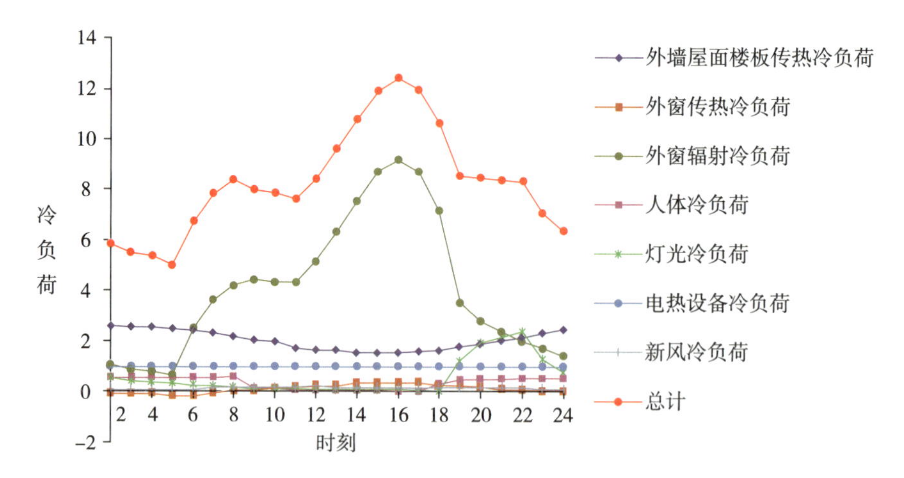

图11_全天冷负荷随时间变化图

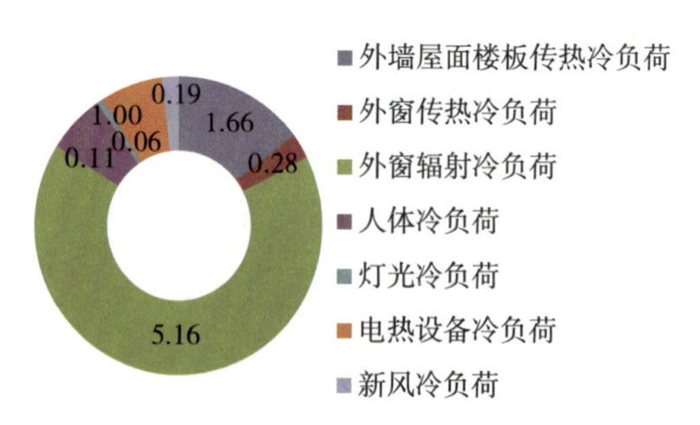

图12_最大冷负荷构成分析图

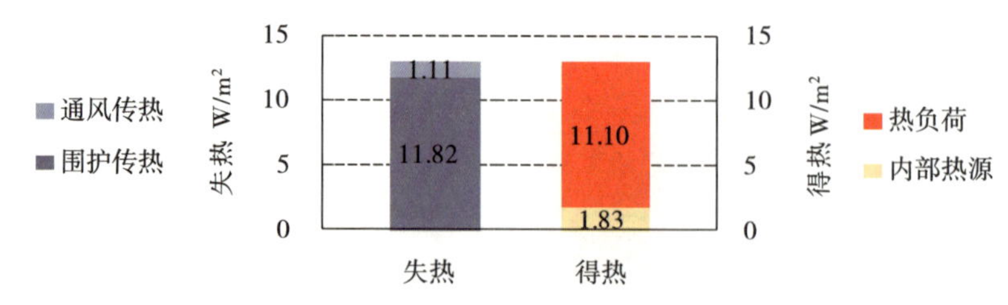

图13_热负荷构成分析图

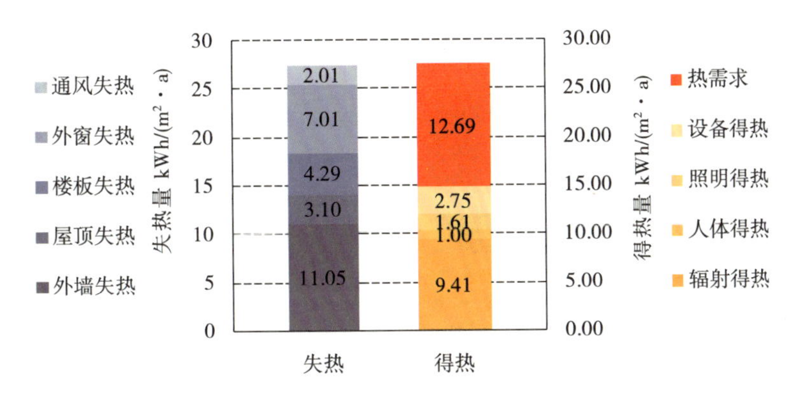

图14_采暖期热需求分析图

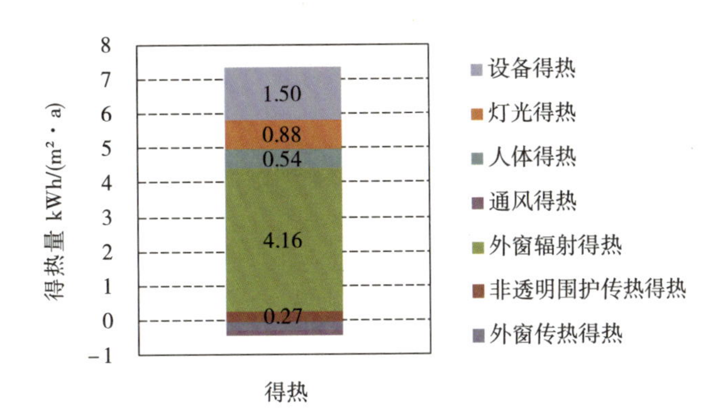

图15_制冷期能耗构成分析图

C户型能耗指标结果分析（图16～图20）：

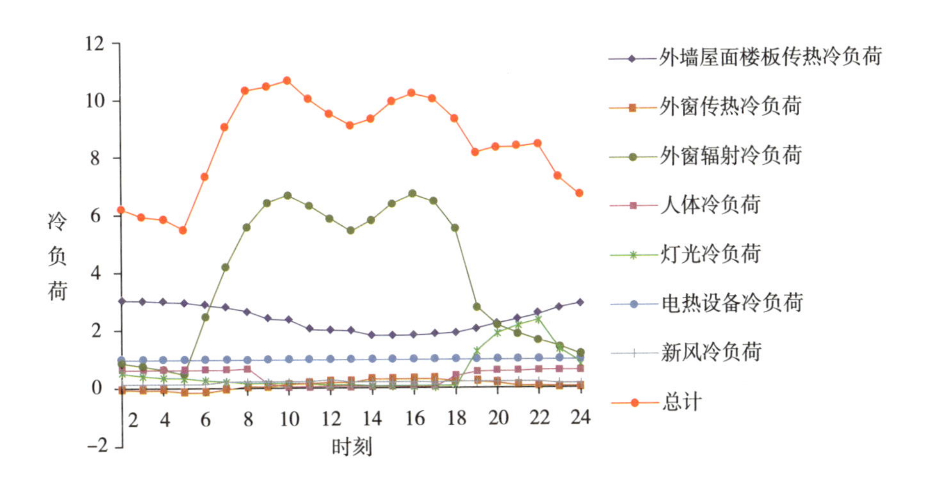

图16_全天冷负荷随时间变化图

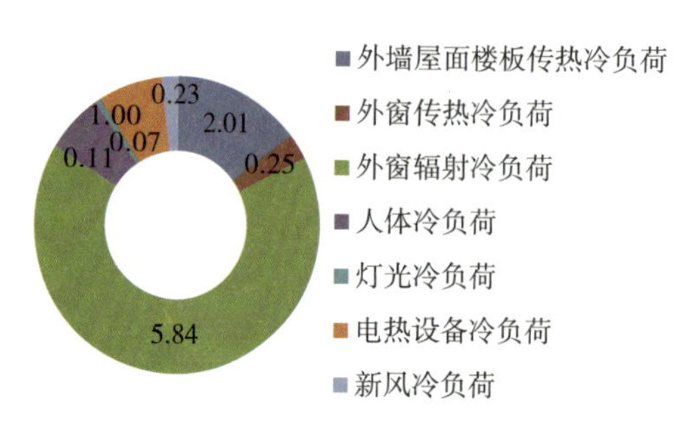

图17_最大冷负荷构成分析图

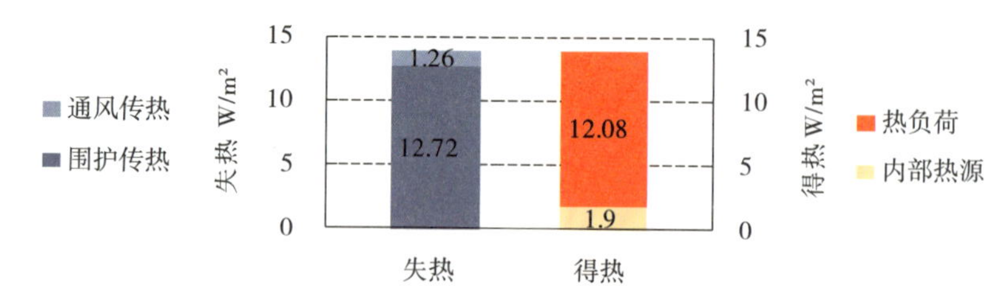

图18_热负荷构成分析图

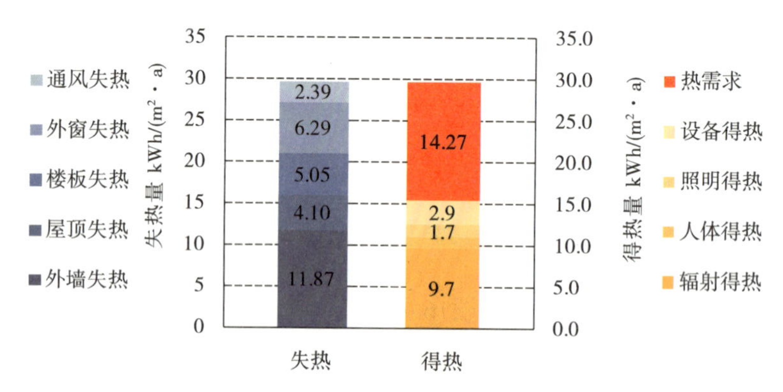

图19_采暖期热需求分析图

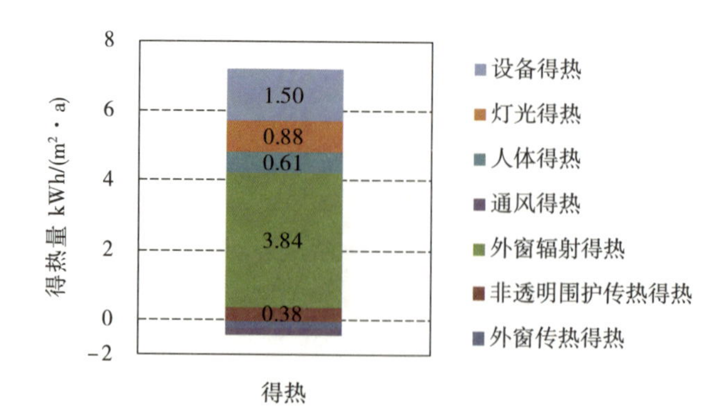

图20_制冷期能耗构成分析图

D户型能耗指标结果分析（图21～图25）：

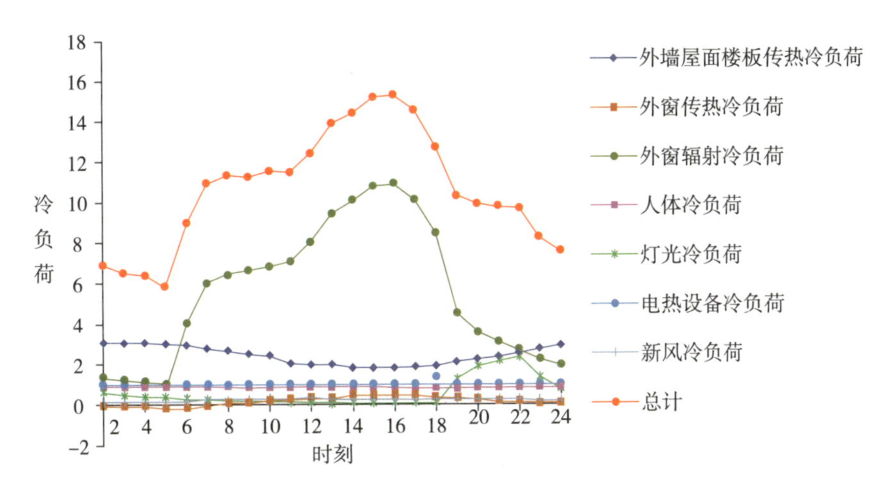

图21_全天冷负荷随时间变化图

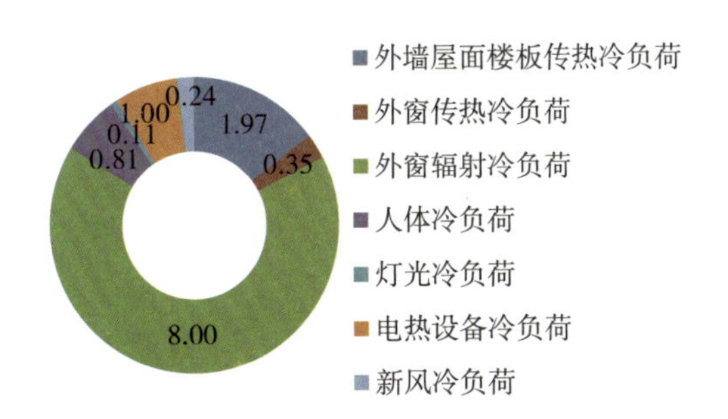

图22_最大冷负荷构成分析图

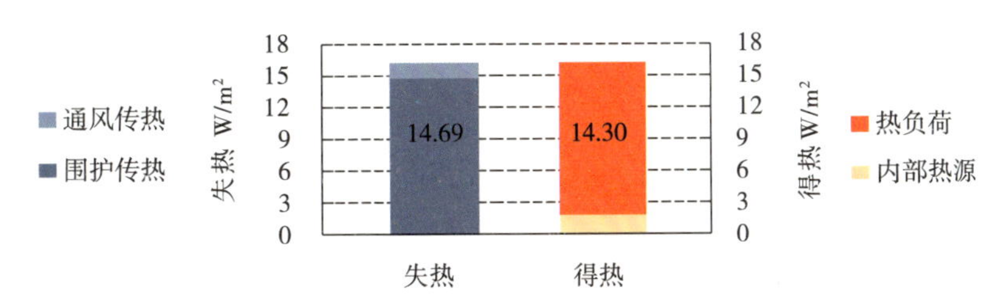

图23_热负荷构成分析图

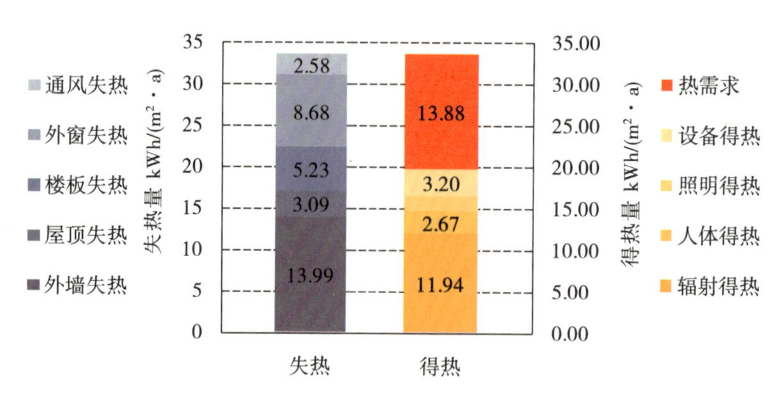

图24_采暖期热需求分析图

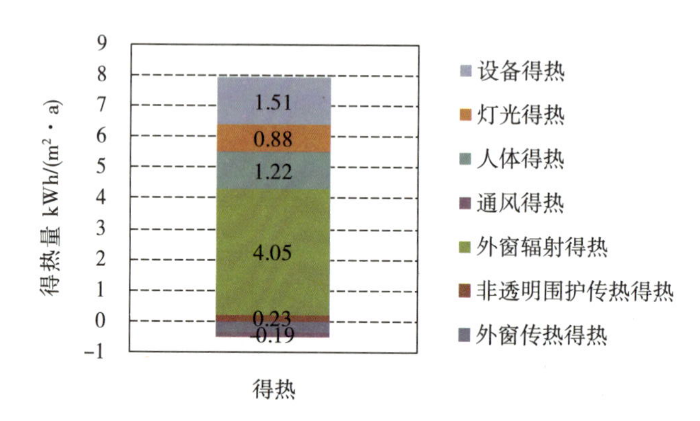

图25_制冷期能耗构成分析图

E户型能耗指标结果分析（图26～图30）：

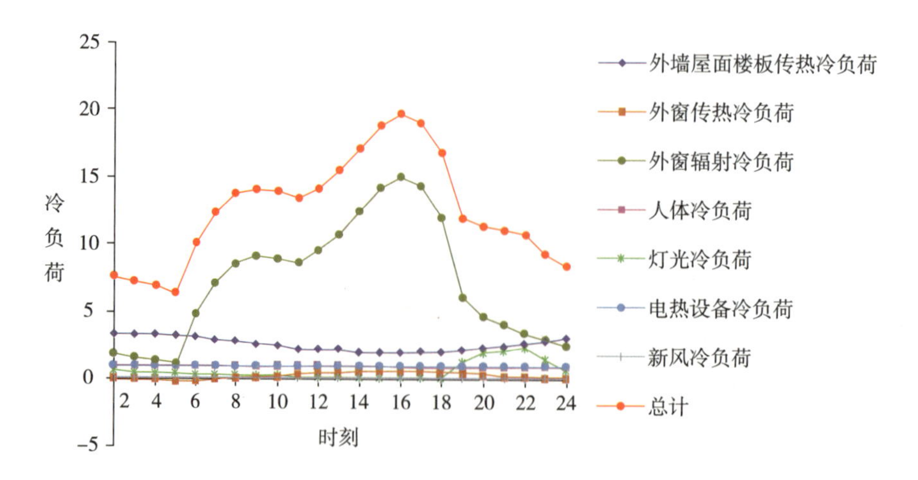

图26_全天冷负荷随时间变化图

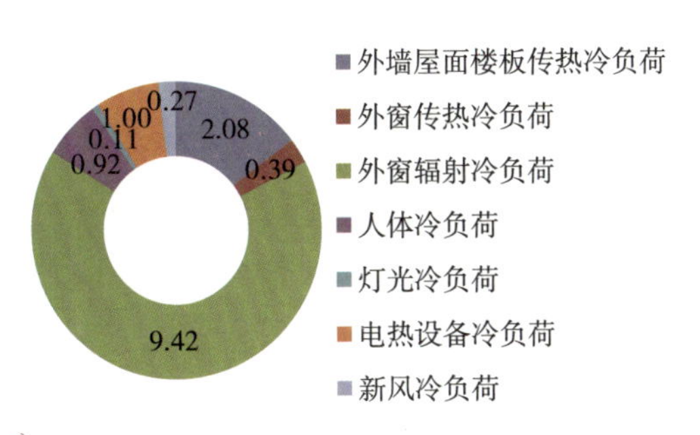

图27_最大冷负荷构成分析图

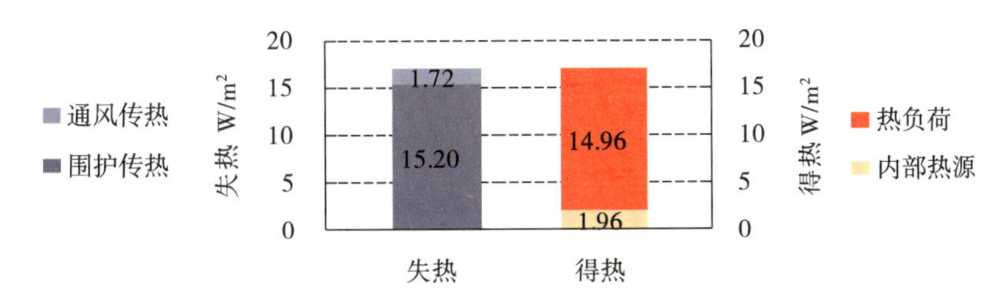

图28_热负荷构成分析图

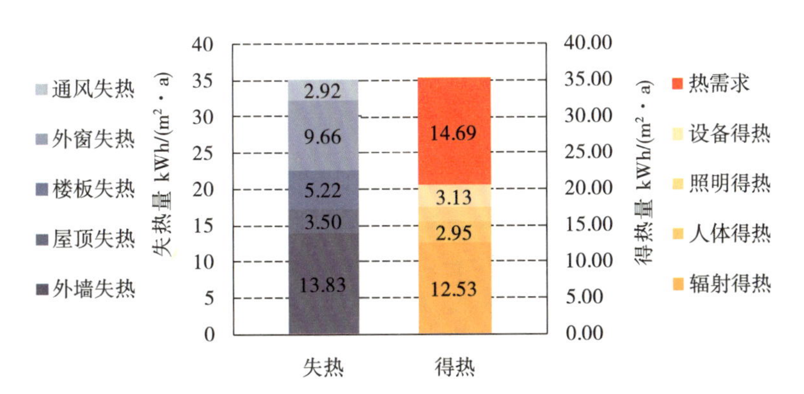

图29_采暖期热需求分析图

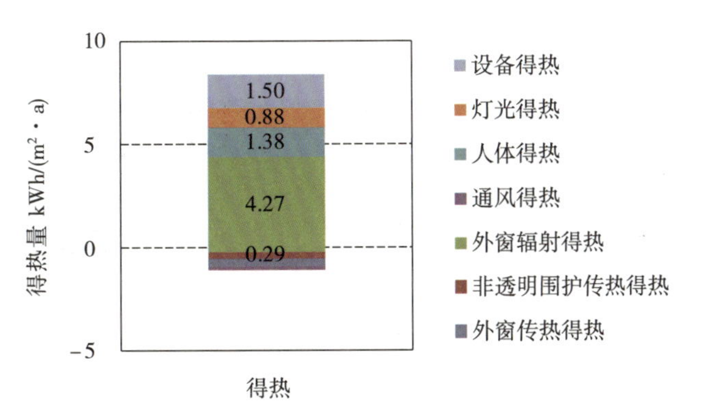

图30_制冷期能耗构成分析图

2. 项目创新点和特色优势

该项目原本按照现行国家节能标准已经设计完成。当该项目的开发单位董事长刘哲了解到“被动式超低能耗房屋”在节能环保、保护生态的作用时，她认为在这片土地建造被动式房屋是对土地最高的礼遇和尊重。出于对这片土地的敬畏与珍视，她果断地决定把被动式建筑技术应用到金维度项目。在她不懈的努力和坚持下，在保持原外观设计方案的前提下，按照被动式超低能耗建筑进行调整设计。目前在该项目的一期9栋建筑已顺利完成。

1）施工质量上乘

该项目建筑为复杂的欧式复古建筑风格，这给被动式建筑围护结构提出了新的研发课题，金维度项目经反复论证与实践，创造性地完成了被动式建筑与复古建筑的完美结合，被誉为“被动式建筑的教科书”。项目整体材料性能优越、施工质量上乘。其新风、保温、防水、门窗的各个节点均处理到位。

（1）非透明围护结构工程施工质量良好

该项目混凝土结构施工质量良好。现浇混凝土梁、柱、楼板和水泥砂浆抹灰后的加气混凝土填充墙平整光洁（图31）。非透明外围护结构工程良好的施工质量，可以保证在未来使用过程中室内空气通过墙体缝隙渗漏的可能性很小。

虽然该项目有很复杂的仿欧建筑的造型，施工起来有很大的难度。但由于该项目在细节上追求极致，外墙系统各节点部位的连接处理工法到位，获得了中德专家质量检查组的高度赞扬。外窗与外墙保温交接处理（图32）、仿欧建筑的造型线条与基墙的连接（图33）、外墙中的管线与开关插座的气密性构造等等均严格按被动房要求施工。在项目完工后红外线成像（图34）的例行检查中，外墙外保温系统锚栓几乎看不见，墙体整体呈一片蓝的效果。这种效果说明，外墙锚栓已经不是热量流失的热桥，这种近“0漏点”的被动式建

图31_现浇混凝土结构和加气混凝土填充墙

图32_外墙与外窗的连接构造

筑技术高标准实现，标志着我国被动式建筑质量跻身世界一流水平。

（2）门窗工程施工质量优异

门窗工程施工质量需要两方面的保证。一方面是门窗本身的质量要好，另一方面是施工安装到位。该项目在施工过程中对外窗做了较好的保护（图35），尽可能降低了施工中的外窗受损坏概率。

（3）防水工程质量优异

该工程使用了优异的德国材料（图36）和体系，并严格按照德国工艺要求施工（图37、图38）。其设计的使用寿命将超过50年。

图33_德国专家在检查挑出线条施工质量

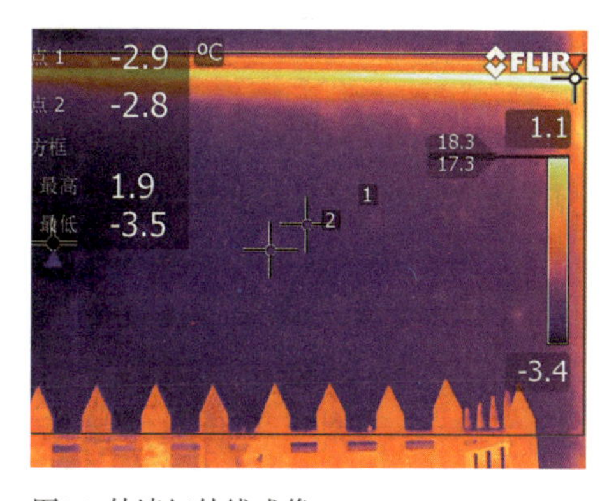

图34_外墙红外线成像

图35_外窗的保护

图36_防水隔汽卷材

图37_防水隔汽膜与穿过铁件的处理

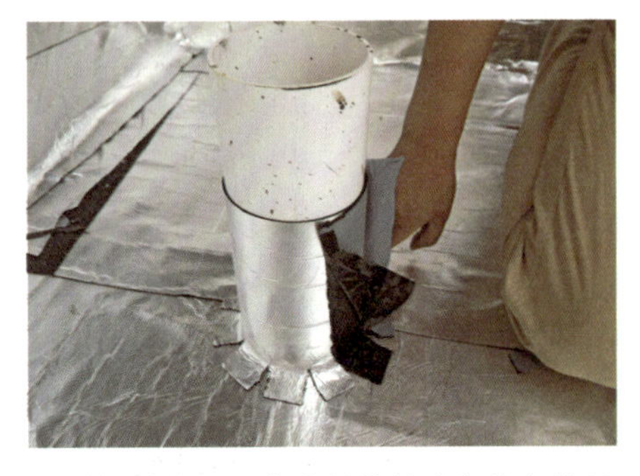
图38_防水隔汽层与穿越管的防水节点处理

2）屋面、外墙外保温和门窗工程按系统采购实施

（1）屋面系统

金维度项目屋面为钢筋混凝土的整体浇筑，坡度达到60～70度，加之海洋性寒冷地区的气候特征，给被动式建筑的设计提出了防水、隔汽、断热等新的难题，金维度项目很好地解决了大坡度被动式建筑的工艺问题，为我国被动式建筑行业提供了示范性的解决方案。项目屋顶采用了德国的防水系统。整个防水系统由隔汽层、保温层、双层改性沥青防水层组成，这个系统遵循相容、相邻、连续铺设的原则，节点部位采用构造防水的理念来处理（图39～图42）。

图39_屋顶防水隔汽层铺装

图40_屋顶保温层的铺装

图41_屋顶外层防水卷材的铺装

图42_屋面瓦的铺装

图43_外墙外保温与穿墙管道节点处理

（2）外墙外保温系统

外墙外保温系统用粘接砂浆、抹面胶浆、彩色饰面涂料、网格布、滴水线条、护角、滴水线条、预压膨胀密封带等配件均由一家系统供应商供应。该项目的曲面、菱角面等复杂装饰线条均为预制。外墙外保温系统供应商必须提供系统性的解决方案（图43、图44），包括所有的连接节点的热桥处理、窗口连接、窗台板、分隔线、施工遗留洞、空调口、排水管、滴水线。

（3）门窗系统

该项目的门窗系统是完全遵守系统窗的要求完成的。供应商提供了门窗、门窗专用防水隔汽膜、防水透汽

图44_外墙外保温系统完成面

膜和专用密封胶、连接配件等全套材料，并提供从场内到场外的全过程指导（图45、图46）。

（4）智能空气环境控制系统

智能空气环境控制系统新风空调系统对房间做了分区控温，并根据探测到的监控温度、湿度、PM2.5和CO_2含量运行（图47）。特别指出的是该系统的全热交换率达81%，每个房间可以控制不同的温度，以满足家人的个性化需求；当房间没有人，温度又符合要求的时候这个房间就关闭部分设备，不送风了，以实现高舒适度的情况下，高度节能。

（撰文：张小玲）

图45_外窗与外保温系统的连接构造

图46_奥地利Josco公司进行技术交底

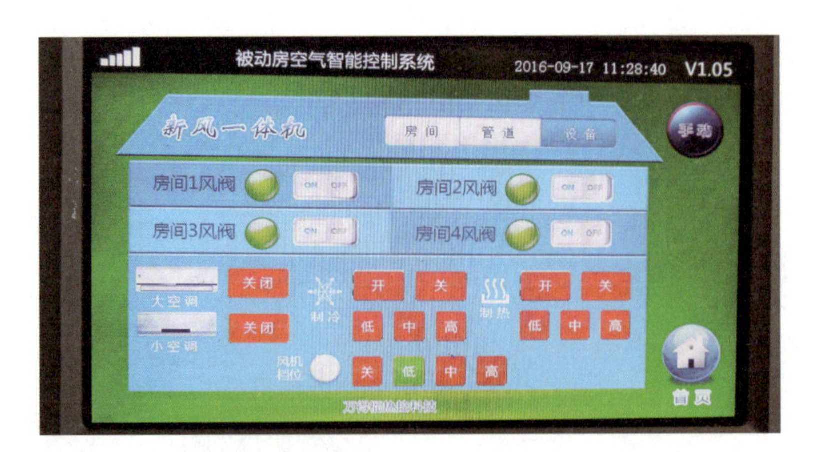

图47_新风一体机智能控制面板

注1. 本文中图1～图5、图39～图43、图46由大连博朗房地产公司提供。

注2. 表1中数据由住房和城乡建设部科技与产业化发展中心牛犇提供。

中德合作高能效建筑—被动式低能耗建筑质量标识
Sino-German Energy-Efficient Buildings: Certificate

dena
德国能源署

颁发日期：2016年10月12日 Issued at: 12.10.2016
建筑名称：大连博朗地产金纬度项目 1#楼 Project name: Gold Dimensions Dalian BRANT Real Estate 1#
能源需求技术指标 Energy demand

建筑信息 Building

主要使用功能 Type of building	住宅 Residential Building
地址 Address	大连金石滩中心大街33号 Jinshitan Central Street 33, Dalian city
开发单位 Developer	大连博朗房地产开发有限公司 Dalian BRANT Real Estate Development Co., Ltd
建造年份 Year of construction	2014/09 - 2016/09
建筑面积/供暖面积 Gross floor area / Total heated area	1012 m² / 968 m²
体形系数 Surface/volume ratio	0.38

能效数据 Energy performance (all energy values are calculated with gross floor area)

能效等级 Energy level	A
终端能源需求量 Final energy demand	36.91 kWh/(m²a)
一次能源需求总量 Primary energy demand	110.74 kWh/(m²a)
二氧化碳排放量 CO_2 emissions	36.81 kg/(m²a)

- A 中德高能效建筑设计标准 Sino-German Energy Efficiency Standard
- B 居住建筑节能75%设计标准 75% Standard
- C 居住建筑节能65%设计标准 65% Standard
- D 居住建筑节能50%设计标准 50% Standard
- E 低于居住建筑节能50%设计标准 worse than 50% Standard

日期 Date: 12.10.2016

证书编号 Certificat ID: CN-DE-PP-07-A1#-2016

负责人签名 Signature: 冯忠华
中国住房和城乡建设部
科技与产业化发展中心（CSTC）

负责人签名 Signature
德国能源署（dena）

图48_大连金维度被动式超低能耗建筑质量标识（一）

中德合作高能效建筑—被动式低能耗建筑质量标识

Sino-German Energy-Efficient Buildings: Certificate

颁发日期：2016年10月12日 Issued at: 12.10.2016　建筑名称：大连博朗地产金纬度项目 1#楼 Project name: Gold Dimensions Dalian BRANT Real Estate 1#

综合能效评价
Overall evaluation of energy efficiency

热需求 / **Space heating demand:** 14.05 kWh/(m²a)

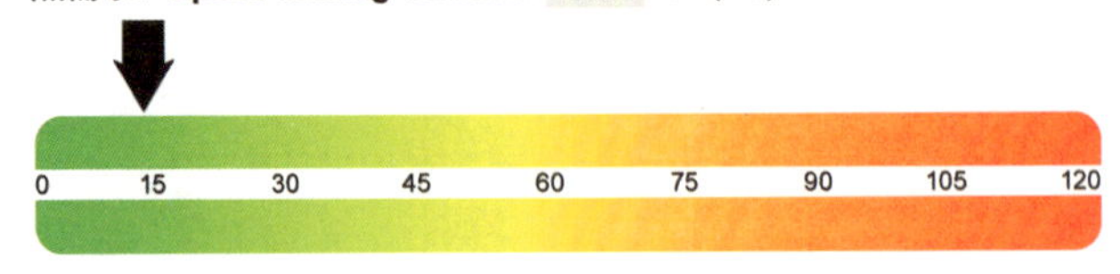

热负荷 / **Space heating load:** 13.89 W/m²　中国现行标准 / **Current standard in China:** 60.59 kWh/(m²a)

冷需求 / **Space cooling demand:** 11.84 kWh/(m²a)

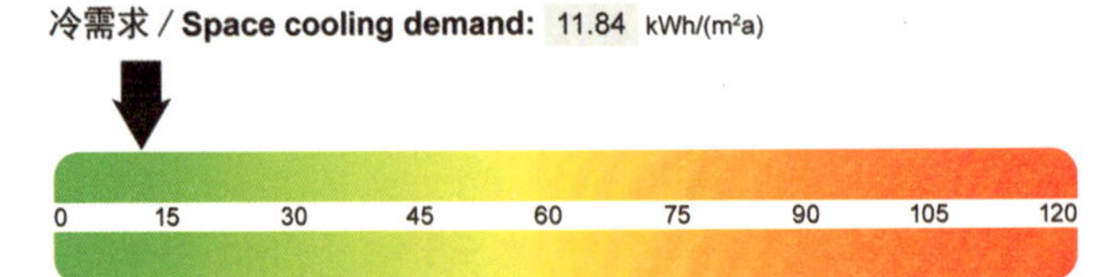

冷负荷 / **Space cooling load:** 18.51 W/m²

一次能源需求总量 / **Primary energy demand:** 110.74 kWh/(m²a)

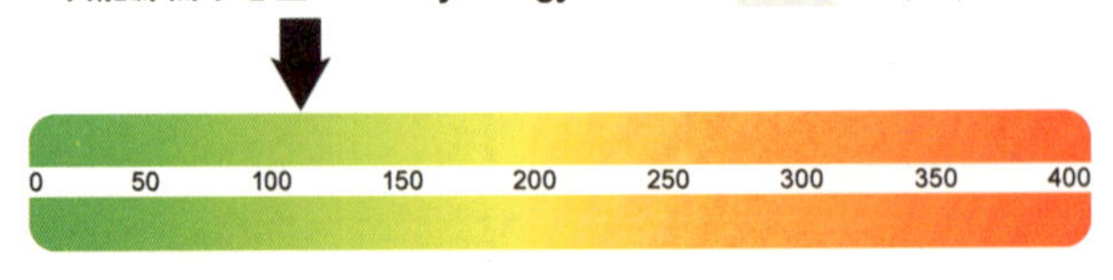

围护结构
Building envelope

传热系数 / K-Value [W/(m²K)]	
屋顶/顶层楼板 Upper ceiling/roof	0.1
外墙 External wall	0.12
外窗/外门 Window/door (standard)	0.9 / 0.8
地下室顶板/首层地面 Basement ceiling/groundplate	0.1
气密性/Airtightness (h⁻¹)	
n_{50}	0.23

一次能源需求数据
Primary energy demand [kWh/(m²a)]

供暖需求 Space heating	15.06
制冷需求 Space cooling	12.69
照明需求 Lighting	20
通风与除湿需求 Ventilation/dehumidification	9
办公设备 Office equipment	42
生活热水制备 Domestic hot water	12
总计 Total	110.74

图48_大连金维度被动式超低能耗建筑质量标识（二）

中德合作高能效建筑—被动式低能耗建筑质量标识

Sino-German Energy-Efficient Buildings: Certificate

颁发日期：2016年10月12日　建筑名称：大连博朗地产金纬度项目 1#楼

Issued at: 12.10.2016　Project name: Gold Dimensions Dalian BRANT Real Estate 1#

2

围护结构 Building enevelope	面积 Area [m²]	传热系数 K-Value [W/(m²K)]	保温层厚度 Thickness [cm]	材料 Material
屋顶/顶层楼板 Roof/upper ceiling	310.40	0.1	30	挤塑聚苯板/XPS λ=0.029W/(mK)
外墙 External wall	784.34	0.12	25	石墨聚苯板/EPS λ=0.031 W/(mK)
外窗 Window	164.98	0.9		铝包木框，三玻两中空玻璃，暖边间隔条 Aluminum-clad wood frame, Triple insulated glazing, Thermally isolated edge seals 5Low-E+18Ar+5Low-E+18Ar+5 HP-5
遮阳 Shading				无 None
外门 Door	17.31	0.8		木门 Wood door
楼板/地下室顶板 Basement ceiling	333.24	0.1	30	挤塑聚苯板/XPS λ=0.029W/(mK)

设备工程 Building services	设备 Equipment	能源类型 Energy carrier
供暖设备 Heating	空气源热泵室外机 Air source heat pump outdoor unit	周围环境冷、热能/电能 Environmental energy / Electricity
制冷设备 Cooling	空气源热泵室外机 Air source heat pump outdoor unit	周围环境冷、热能/电能 Environmental energy / Electricity
生活热水制备 Domestic hot water	空气源热泵室外机 Air source heat pump outdoor unit	周围环境冷、热能/电能 Environmental energy / Electricity
新风系统 Ventilation	☒ 已安装新风系统/with ventilation system/通风电力需求/power demand: **0.45 Wh/m³** ☒ 有热回收装置/with heat recovery/热回收率/efficiency: **75%** ☒ 中央新风系统/central system	
太阳能设备 Solar thermal system	☐ 太阳能设备集热面积/solar collectors area ☐ 用于制备生活热水/for domestic hot water production ☐ 用于辅助供暖/for auxiliary heating ☐ 光伏发电面积/PV-panel area	

图48_大连金维度被动式超低能耗建筑质量标识（三）

1.4 潍坊“未来之家”

潍坊“未来之家”由潍坊市建设工程施工图审查中心负责建设，项目位于滨海区衡山镇内，建筑面积2287m^2，建筑结构为剪力墙结构，分地下1层、地上3层及阁楼层，是山东省首批11个省级被动式超低能耗绿色建筑试点示范项目之一。该项目于2013年10月份开工建设，2014年成为中德合作被动式低能耗建筑示范项目，2014年6月15日设计方案通过专家组论证评审，2015年2月基本完工。2015年3月15日，该项目通过住房和城乡建设部科技与产业化发展中心（CSTC）及德国能源署（dena）的质量验收。2015年3月25日，在第十一届国际绿色建筑与建筑节能大会暨新技术与产品博览会上，获得中德合作高能效建筑—被动式低能耗建筑质量标识。

1. 项目概况

潍坊“未来之家”位于潍坊市滨海经济技术开发区海河路与银海大街交叉口东北角衡山镇内，总建筑面积2287m^2，其中地上1718m^2，地下569m^2。建筑总高度13.2m，地上3层，地下1层。建筑体型系数0.26。

该项目为剪力墙结构体系，按7度烈度设防，耐火等级二级，设计使用年限50年。工程投资1190万元，建设周期12个月。

项目由潍坊市建设工程施工图审查中心建设开发，主要用于高能效建筑和智能化家居展览、示范。表1列出了潍坊“未来之家”的主要参建单位。

表1 潍坊“未来之家”主要参建单位

项目名称	潍坊未来之家
项目地址	山东省潍坊市健康东街7811号
建设单位	潍坊市建设工程施工图审查中心
设计单位	潍坊市建筑设计研究院有限公司
施工单位	潍坊昌大建设集团有限公司
咨询单位	住房和城乡建设部科技与产业化发展中心（CSTC）、德国能源署（dena）

该项目初始设计方案并非为被动式低能耗建筑。因此在立项之初，在建筑的主体结构已基本完成的情况下，项目组的工作重点落在自普通建筑向被

动式低能耗建筑转变的技术方案变更讨论上，一是要保证在已建成的主体结构上实现气密层和保温层的完整性和连续性，二是要在建筑的各个节点上严格实现无热桥设计。在中德双方专家、项目建设单位、设计单位以及施工单位等多方的共同努力下，经过反复讨论和现场磨合，该项目现已顺利按照被动式低能耗建筑标准建成（图1）。

2. 建筑技术方案

1）外围护结构做法

建筑的地下1层、地上3层和阁楼层均处于被动式保温范围内，实施被动式技术处理的建筑面积为2234m^2。外墙、屋面、地下室底板、地下室外墙的保温材料分别为200mm厚石墨聚苯板、250mm厚石墨聚苯板、150mm厚挤塑聚苯板、150mm厚泡沫玻璃复合50mm厚挤塑聚苯板，传热系数分别达到了0.15W/（m^2·K）、0.12W/（m^2·K）、0.18W/（m^2·K）和0.20W/（m^2·K）。

外门窗采用塑钢框体，透明部分采用中空复合真空玻璃方案（5钢化Low-E＋28Ar＋5半钢化＋0.15V＋5半钢化），整窗的传热系数达到0.8W/（m^2·K），透明部分的太阳能得热系数g值为0.47。

表2给出了潍坊“未来之家”外围护结构的主要技术参数。

图1_潍坊“未来之家”

表2　潍坊“未来之家”外围护结构的主要技术参数

项目	朝向	面积，m^2	K，W/(m^2·K)	玻璃/洞口面积比	g	围护材料	有否内遮阳	有否外遮阳
北墙	北	385.25	0.15			200mm厚EPS，λ=0.032W/（m·K）		
东墙	东	242.10	0.15			200mm厚EPS，λ=0.032W/（m·K）		
南墙	南	379.03	0.15			200mm厚EPS，λ=0.032W/（m·K）		
西墙	西	242.10	0.15			200mm厚EPS，λ=0.032W/（m·K）		
外墙（接触土壤）	零	289.90	0.20			150mm厚泡沫玻璃，λ=0.052W/（m·K）；50mm厚XPS，λ=0.028W/（m·K）		
坡屋面	水平	485.04	0.12			250mm厚EPS，λ=0.032W/（m·K）		
平屋面	水平	96.52	0.12			250mm厚EPS，λ=0.032W/（m·K）		
底板（接触空气）	零	12.24	0.15			200mm厚EPS，λ=0.032W/（m·K）		
底板（接触土壤）	零	530.98	0.18			150mm厚XPS，λ=0.028W/（m·K）		
北外门	北	14.04	0.8	0.61	0.47	5钢化Low-E+28Ar+5半钢化+0.15V+5半钢化，塑料框		
南外门	南	12.06	0.8	—	0.47	5钢化Low-E+28Ar+5半钢化+0.15V+5半钢化，塑料框		
北不带外遮阳窗	北	112.16	0.8	0.71	0.47	5钢化Low-E+28Ar+5半钢化+0.15V+5半钢化，塑料框	是	否
东不带外遮阳窗	东	4.44	0.8	0.63	0.47	5钢化Low-E+28Ar+5半钢化+0.15V+5半钢化，塑料框	是	否
东带外遮阳窗	东	9.60	0.8	0.65	0.47	5钢化Low-E+28Ar+5半钢化+0.15V+5半钢化，塑料框	是	是
南不带外遮阳窗	南	103.80	0.8	0.75	0.47	5钢化Low-E+28Ar+5半钢化+0.15V+5半钢化，塑料框	是	否
南带外遮阳窗	南	8.64	0.8	0.63	0.47	5钢化Low-E+28Ar+5半钢化+0.15V+5半钢化，塑料框	是	是
西不带外遮阳窗	西	4.44	0.8	0.63	0.47	5钢化Low-E+28Ar+5半钢化+0.15V+5半钢化，塑料框	是	否
西带外遮阳窗	西	9.60	0.8	0.65	0.47	5钢化Low-E+28Ar+5半钢化+0.15V+5半钢化，塑料框	是	是
地下室外窗	零	40.98	0.8	—	0.47	5钢化Low-E+28Ar+5半钢化+0.15V+5半钢化，塑料框	是	是

2）断热桥处理

（1）锚栓处理。本项目外墙外保温系统未能采用系统供应商产品，自行采购锚栓无法达到断热桥的效果。采用下述方式解决普通锚栓的热桥影响：在外层石墨聚苯板上用开孔器开直径与锚栓托盘直径相同、深度为50mm的圆柱形空洞，在圆孔中用冲击钻钻孔至基层混凝土50mm处，吹出灰尘后用B1级聚氨酯发泡剂由内侧到外侧发泡填充锚栓孔洞（图2），将锚栓打入已用聚氨酯充分发泡的锚钉孔内，再用圆形石墨聚苯板盖板将锚栓托盘处封堵密实（图3），以降低锚栓产生的热桥效应。

（2）项目北侧的疏散楼梯外门原设计两道门：防盗门在外侧、被动门在内侧，两层门之间存在热桥难以解决。经多次论证，确定使用两层20mm厚的真空绝热板错层粘贴，覆盖裸露的外墙且覆盖被动门的门框，解决了两道门之间的热桥问题。

（3）雨水管、露台护栏、太阳能支架等部分采用常规的断热桥处理。

3）气密性处理

为保证达到被动式低能耗建筑的气密性要求，外墙及屋面内表面全部抹灰，外挂式安装门窗均内侧粘接防水隔汽膜、外侧粘接防水透汽膜。所有出外墙、屋面的设备管道、卫生间排气道、厨房烟道均做内侧粘接防水隔汽膜、外侧粘接防水透汽膜的气密性处理。

4）隔声处理

楼地面采用6mm厚减振隔声垫，用于建筑楼面的减振隔声。给水排水管用橡塑海绵进行隔声处理。

图2_电钻钻孔后用B1级聚氨酯发泡剂由内侧到外发泡填充锚栓孔洞

图3_用圆形保温盖板将锚栓托盘处封堵密实

3．关键产品和材料

该项目的保温材料选用哈尔滨宏盛集团生产的石墨聚苯板，该产品四周有矩形插接企口，内外表面按一定模数有均匀分布的燕尾槽，增加粘接砂浆与基层的粘接力，表观密度为30kg/m^3，传热系数0.032W/（m·K），燃烧性能等级为B1级。

该项目门窗型材采用德国瑞好86系列型材，有较好的抗温度变形能力。玻璃采用青岛亨达玻璃科技有限公司生产的（5钢化Low-E＋28Ar＋5半钢化＋0.15V＋5半钢化）真空复合中空玻璃。五金件采用德国格屋产品。

楼地面采用北京浩瑞诚业新型建材有限公司生产的减振隔声垫，用于建筑楼面的减振隔声。

项目太阳能系统采用潍坊滨海科创公司的建筑太阳能一体化系统，充分利用太阳能，为潍坊"未来之家"提供生活热水，有效地降低了一次能源消耗，达到节能减排的目的。

智能家居方案采用浪潮集团以德国施勒公司智能系统优化升级而成的智能家居方案，集中展示了中央处理化平台、门禁、智能安防、智能照明、家电智能控等系统的集成运行，为家居生活提供智能化的服务。

表3给出了潍坊"未来之家"项目所涉及的关键产品和材料的供应商。

表3　潍坊"未来之家"关键产品和材料供应商

保温材料供应商	哈尔滨鸿盛建筑材料制造股份有限公司
外窗型材供应商	瑞好聚合物（苏州）有限公司
外窗玻璃供应商	青岛亨达玻璃科技有限公司
外窗五金件供应商	德国格屋五金集团
减振隔声垫供应商	北京浩瑞诚业新型建材有限公司
多功能新风系统供应商	中山市创思泰新材料科技股份有限公司、中山市万得福电子热控科技有限公司
太阳能系统供应商	潍坊滨海科创公司
智能家居供应商	浪潮集团

4．设备技术方案

该建筑的主要使用功能为家居展示，因此具有人员流动性大、冷热负荷不稳定的特点。项目采用分区域变风量控制的全热交换新风空调一体机，室外新鲜空气在新风机内与室内回风进行热交换，实现第一阶段的温度处理，然后通过空调机进行第二阶段的精确调温后进入室内。

建筑分东、西两户，每户采用两套一拖二的多联方式，每户每层设置一台天花板内置式全热交换新风空调一体机室内机组；在建筑东、西两边三层露台处各设置一台8匹（制冷量为25.2kW）和一台10匹（制冷量为28kW）的全热交换新风空调一体机室外机组；每个房间或区域单独控制，具有能量输出无级调节功能，实现按需输出。

新风通过送风支管送至各房间，过道或公共区域集中回风，回风经全热交换设备进行能量回收后，通过排风管道将废气排至室外。所有热回收新风机组均采用卧式暗装，安装于吊顶空间内。根据空间布局对冷量的需求，由一台10匹的外机联接负一层和一层的室内机；一台8匹的外机联接二层和三层的室内机。新风系统布置、设备机组分布如图4、图5所示，设备选型如表4所示。

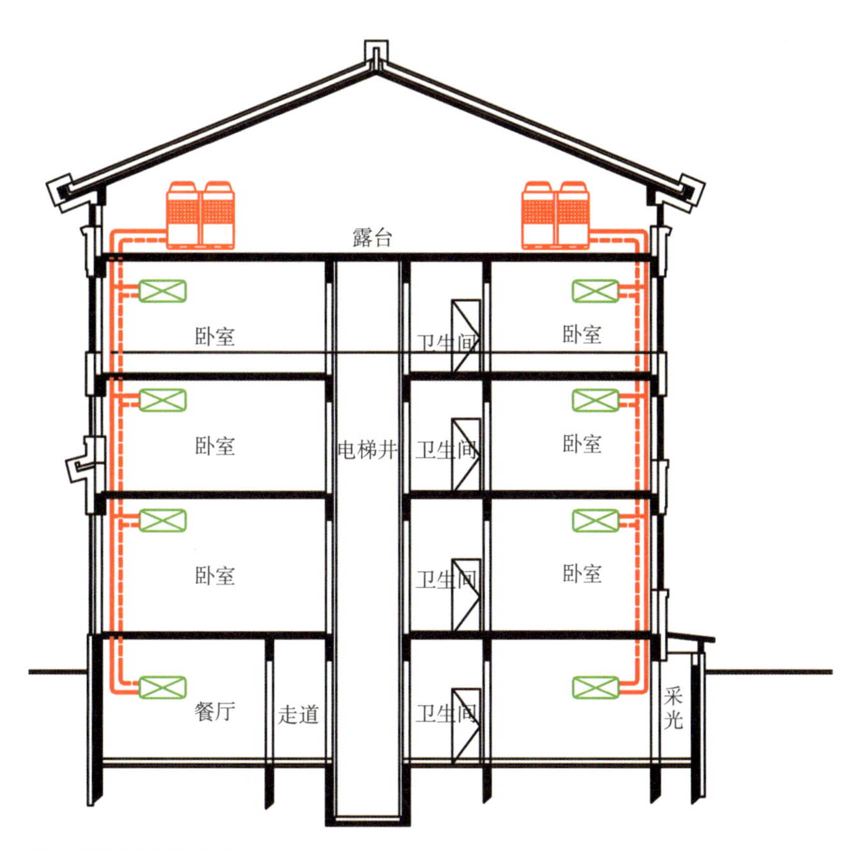

图4_新风系统布置图

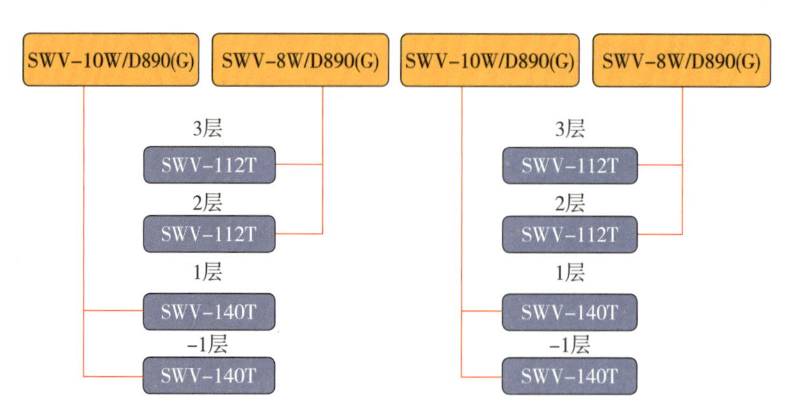

图5_设备机组分布图

表4 设备选型表

序号	设备名称或型号	设备主要技术参数	数量
1	天花板内置式全热交换新风一体机室外机	SWV-10W/D890(G) 制冷/热量：28.0/31.5kW，功率：7.2/7.6kW IPLV(c)：5.2，变频范围：60~180， 风量：12000m³/h 噪声：45~62dB(A)，尺寸：960×1615×765	2
2	天花板内置式全热交换新风一体机室外机	SWV-8W/D890(G) 制冷/热量：25.2/27.0kW，功率：5.88/6.15kW IPLV(c)：5.3，变频范围：60~180， 风量：12000m³/h 噪声：45~62dB(A)，尺寸：960×1615×765	2
3	天花板内置式全热交换新风一体机室内机	SWV-140T 风量：1200m³/h，制冷/热量：14.0/9.0kW，功率：275W，静压：196Pa，噪声：45/41/39dB(A)，尺寸：1200×660×380，控制：遥控、线控、集控	4
4	天花板内置式全热交换新风一体机室内机	SWV-112T 风量：900m³/h，制冷/热量：11.2/6.9kW，功率：195W，静压：196Pa，噪声：45/41/39dB(A)，尺寸：1200×660×380，控制：遥控、线控、集控	4
5	智能控制管理系统	根据室内外各种传感器的数据自动控制一体机内不同设备的运行状态	1
6	配件	送风口、回风口、风管、铜管、电线、风量调节阀等	

一体机采用SoEX-ERV全热交换器，制热工况显热交换效率75%，全热交换效率67%；制冷工况显热交换效率68%，全热交换效率60%；额定功率200W。该全热交换器机芯由采用了纳米技术、具有无孔结构、属于亲水聚合物的膜材料制成。水分子由电荷到电荷的传递模式通过膜的两侧，并以蒸汽形式传递水分子，以调节室内湿度；气流间隔层的独特设计使空气中的颗粒物从芯块中“翻滚”而出，从而防止阻塞，并使芯块内部无颗粒物聚集，机芯寿命长达15年以上；膜材料表面的酸性基团防止生物滋生并淤积于膜表面，减少环境霉变，大幅提升室内空气品质。

新风空调系统配有智能控制设备，根据室内温度、湿度、CO_2浓度，采用分时分区的方式控制室内的新风量和排风量，并可实现监测数据远程实时读取。

5. 建筑能源需求技术指标

考虑到该建筑作为家居展示馆的实际用途，认为每日8：00～18：00为正常运营时间。采暖期运营时间室内设定温度为20℃，非运营时间室内设定温度为15℃；制冷期运营时间室内设定温度为26℃，非运营时间不人为控制室内温度。

采用逐时的热平衡计算方法进行能耗分析，以11月1日至次年4月6日作为采暖计算期（共计157天），该项目的采暖需求为9.91kWh/（m^2·a）；以6月1日至8月31日作为制冷计算期（共计92天），该项目的制冷需求为10.94kWh/（m^2·a）。

将采暖、制冷、通风和除湿、照明、生活热水、家用电器六部分能耗全部考虑在内，该项目的终端能源需求、总一次能源需求、CO_2排放量分别为33.98kWh/（m^2·a）、101.95kWh/（m^2·a）和33.89kg/（m^2·a），符合被动式低能耗建筑节能设计标准。

表5　建筑能源需求计算条件

类别	项目	冬季	夏季
环境参数	室内设计温度，℃	工作时间：20； 非工作时间：15	工作时间：26； 非工作时间：不控制
	空气调节室外计算温度，℃	-9.3	34.2
	最高/最低室外计算温度，℃	-9.3	32.6
	极端温度，℃	-17.9	40.7
	室外空气密度，kg/m^3	1.3077	1.1589
	最大冻土深度，cm	50	—

续表

类别	项目	冬季	夏季
采暖/制冷期参数	计算日期，月/日	11/1～4/6	6/1～8/31
	采暖/制冷计算天数，d	157	92
	计算方式	采暖期内连续计算热需求	制冷期内连续计算冷需求
设备参数	设备工作时间	8：00～18：00	8：00～18：00
	通风系统热回收率，%	75	68
换气参数	通风系统换气次数，h^{-1}	0.3（8：00～18：00）	0.3（8：00～18：00）
	换气体积，m^3	5456.8	5456.8
	小时人流量，h^{-1}	10（8：00～18：00）	10（8：00～18：00）
	开启一次外门进入空气，m^3	4.75	4.75
室内散热参数	总人数，人	16（8：00～18：00）	16（8：00～18：00）
	人体显热散热量，W	男：90；女：75.60	男：61；女：51.24
	人体潜热散热量，W	男：46；女：38.64	男：73；女：61.32
	灯光照明密度，W/m^2	7（8：00～10：00，16：00～18：00）	7（8：00～10：00，16：00～18：00）
	照明同时使用系数	0.5	0.5
	设备散热密度，W/m^2	1（8：00～18：00）	1（8：00～18：00）
	设备同时使用系数	1	1

表6　建筑能源需求技术指标

项目	计算值
热负荷，W/m^2	14.01
冷负荷，W/m^2	12.91
热需求，kWh/（m^2·a）	9.91
冷需求，kWh/（m^2·a）	10.94

表7　采暖期能量得失平衡

失热，kWh/（m²·a）		得热，kWh/（m²·a）	
外墙传热	6.89	外窗辐射	9.95
屋顶传热	2.14	人体	1.46
楼板传热	1.61	照明	2.23
外窗传热	6.49	设备	1.57
通风	1.95	得热利用率	60.3%
失热总计	**19.08**	**得热总计**	**9.17**
热需求			9.91

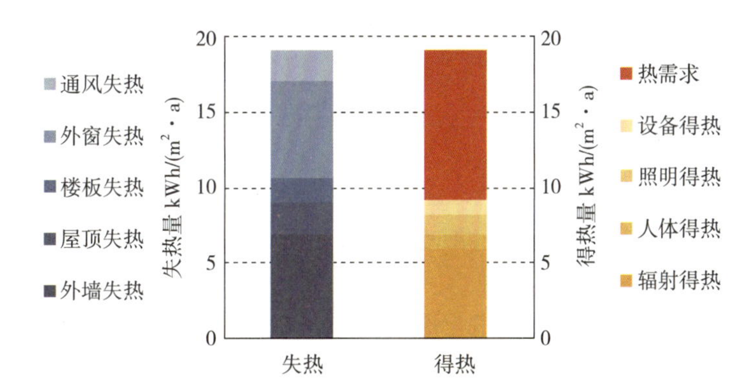

图6_采暖需求构成分析图

表8　制冷期能量得失平衡

热量得失，kWh/（m²·a）	
非透明传热	1.02
外窗传热	0.21
外窗辐射	6.76
通风	0.45
人体	0.78
灯光	0.90
设备	0.84

续表

热量得失，kWh/（m^2·a）	
总得热	10.94
总散热	0.00
散热利用率	*non*
冷需求	10.94

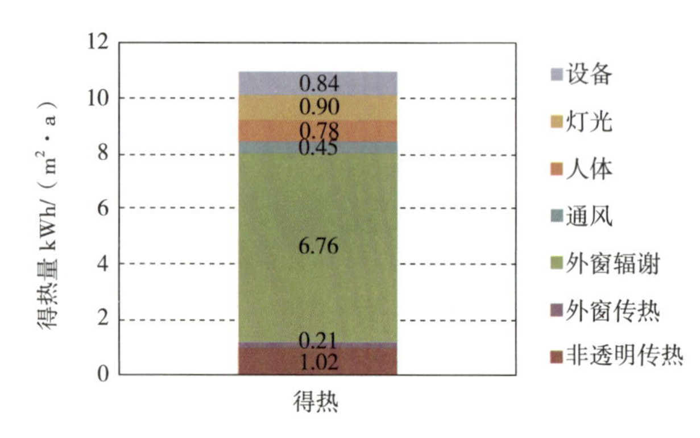

图7_制冷需求构成分析图

表9　潍坊“未来之家”一次能源需求指标及CO_2排放分析结果

分项指标	终端能耗，kWh/（m^2·a）	一次能源需求，kWh/（m^2·a）	CO_2排放量，kg/（m^2·a）
采暖	2.57	7.72	2.57
制冷	2.74	8.23	2.74
通风	6.67	20	6.65
照明	5.00	15	4.99
热水	0.33	1	0.33
电器	16.67	50	16.62
总计	33.98	101.95	33.89

6．气密性及红外热像检测

2014年11月26、27日，12月2日、3日、9日，2015年1月26日，山东省建筑科学研究院在项目现场对单个房间及建筑物整体的气密性进行了检测。在室内外压差50Pa的检测条件下，正压、负压条件下建筑物整体换气次数的检测结果均为$0.19h^{-1}$，符合被动式低能耗建筑室内外压差50Pa的条件下，每小时换气次数不超过0.6次的规定要求。

2015年3月15日，德国能源署、住房和城乡建设部科技与产业化发展中心专家在凌晨4点、室内外温差适宜的条件下，对项目进行了红外热成像检测，检验了项目的保温隔热性能及断热桥效果。

7. 项目质量标识

2015年3月25日，在“第十一届国际绿色建筑与建筑节能大会暨新技术与产品博览会”上，在住房和城乡建设部建筑节能与科技司韩爱兴副司长、山东省住房和城乡建设厅建筑节能与科技处张春雷副调研员和潍坊市住房和城乡建设局卢波总工程师的见证下，住建部科技与产业化发展中心文林峰副主任与德国能源署执行主任Ulrich Benter Busch先生共同为潍坊市建设工程施工图审查中心颁发了潍坊“未来之家”的中德合作高能效建筑—被动式低能耗建筑质量标识。该标识从“未来之家”的总体能效性能、一次能源需求、围护结构设计、用能设备参数四个方面对项目进行了全面细致的评价，展示了其能效水平与我国现行节能建筑标准的对比情况，并给出该项目能效等级为A级的综合评价。

8. 专家点评

本项目的建造时间为2013年8月至2015年3月。2014年9月，在本项目结构主体完工时，建设单位决定将其作为中德合作高能效建筑的示范项目，按照被动式低能耗建筑标准建造。因此在立项之初，在建筑的主体结构已基本完成、难以从结构上进行大幅度改动的情况下，项目组的工作重点落在自普通建筑向被动式低能耗建筑转变的技术方案变更讨论上，这意味着，一是要保证在已建成的主体结构上实现气密层和保温层的完整性和连续性；二是要在建筑的各个节点上严格实现无热桥设计。一方面，这给被动式技术的实施带来了一定的难度；但是另一方面，也给项目组带来了一个类似于对既有建筑进行被动式低能耗建筑改造的实践机会。在中德双方专家、项目开发单位、设计单位以及施工单位等多方的共同努力下，经过反复讨论和现场磨合，该项目顺利按照被动式低能耗建筑标准建成。

（撰文：马伊硕）

中德合作高能效建筑—被动式低能耗建筑质量标识

Sino-German Energy-Efficient Buildings: Certificate

dena 德国能源署

颁发日期：2015年3月25日 Issued at: 25.03.2015

建筑名称：潍坊“未来之家” Project name: Weifang Future House

证书

建筑信息 Building

主要使用功能 Type of building	家居展示 Showroom for Real Estate
地址 Address	山东省潍坊市健康东街7811号 Jiankang East Street, Weifang, Shandong Province
开发单位 Developer	潍坊市建设工程施工图审查中心 Weifang Construction Engineering Drawing Review Center
建造年份 Year of construction	2014/02 - 2015/03
建筑面积 Total GFA (gross floor area)	2287 m^2
供暖面积 Total heated area	2234 m^2
体形系数 Surface/volume ratio	0.26

能效数据 Energy performance

能效等级 Energy level	
终端能源需求量 Final energy demand	33.98 kWh/(m^2 a)
一次能源需求总量 Primary energy demand	101.95 kWh/(m^2 a)
二氧化碳排放量 CO_2 emissions	33.89 kg/(m^2 a)

A 中德高能效建筑设计标准 Sino-German Energy Efficiency Standard

B 居住建筑节能75%设计标准 75% Standard

C 居住建筑节能65%设计标准 65% Standard

D 居住建筑节能50%设计标准 50% Standard

E 低于居住建筑节能50%设计标准 worse than 50% Standard

日期 Date

25.03.2015

证书编号 Certificat ID

CN-DE-PP-03-2015

负责人签名 Signature

中国住房与城乡建设部
科技与产业化发展中心（CSTC）

负责人签名 Signature

德国能源署（dena）

图8_潍坊“未来之家”被动式低能耗建筑质量标识（一）

中德合作高能效建筑—被动式低能耗建筑质量标识

Sino-German Energy-Efficient Buildings: Certificate

颁发日期： 2015年3月25日 建筑名称： 潍坊“未来之家”
Issued at: 25.03.2015 Project name: Weifang Future House

1

综合能效评价
Overall evaluation of energy efficiency

热需求 / **Space heating demand:** 9.91 kWh/(m²a)

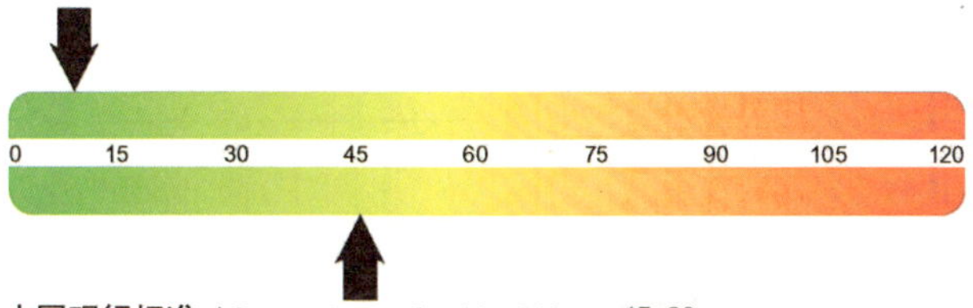

0 15 30 45 60 75 90 105 120

中国现行标准 / **Current standard in China:** 45.20 kWh/(m²a)

冷需求 / **Space cooling demand:** 10.94 kWh/(m²a)

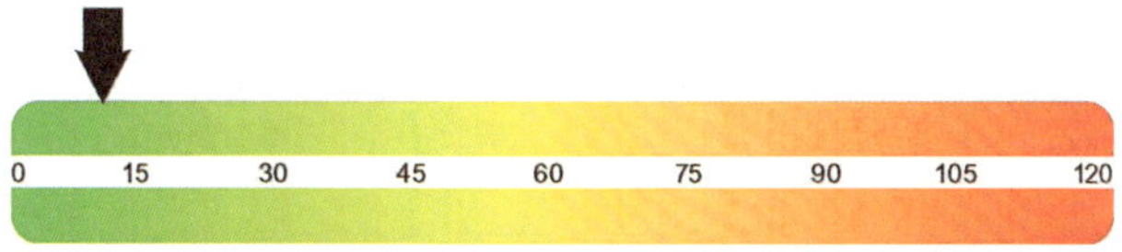

0 15 30 45 60 75 90 105 120

一次能源需求总量/ **Primary energy demand:** 101.95kWh/(m²a)

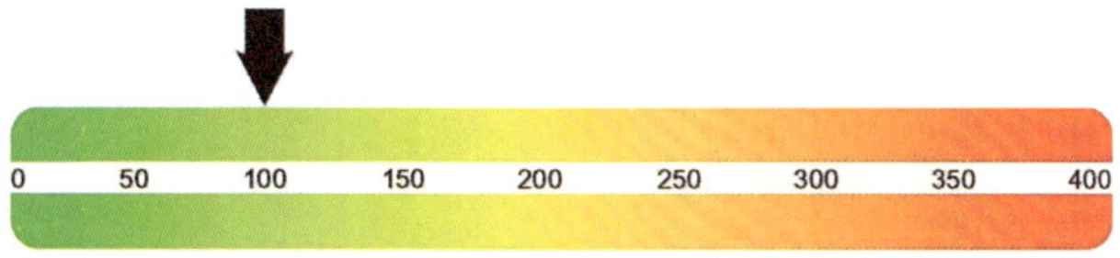

0 50 100 150 200 250 300 350 400

围护结构
Building envelope

传热系数/U-Value [W/(m²K)]	
屋顶/顶层楼板 Upper ceiling/roof	0.12
外墙 External wall	0.15 / 0.20
外窗/外门 Window/door	0.80
地下室顶板/首层地面 Basement ceiling/groundplate	0.18
气密性/Airtightness (h⁻¹)	
n_{50}	0.19

一次能源需求数据
Primary energy demand [kWh/(m²a)]

供暖需求 Space heating	7.72
制冷需求 Space cooling	8.23
照明需求 Lighting	15.00
通风与除湿需求 Ventilation/dehumidification	20.00
生活热水制备需求 Domestic hot water	1.00
生活用电需求 Household electricity	50.00
总计 Total	101.95

图8_潍坊“未来之家”被动式低能耗建筑质量标识（二）

中德合作高能效建筑—被动式低能耗建筑质量标识

Sino-German Energy-Efficient Buildings: Certificate

颁发日期：2015年3月25日 Issued at: 25.03.2015　　建筑名称：潍坊“未来之家” Project name: Weifang Future House　　2

围护结构 Building enevelope	面积 Area [m²]	传热系数 U-Value [W/(m²K)]	保温层厚度 Thickness [cm]	材料 Material
屋顶/顶层楼板 Roof/upper ceiling	581.56	0.12	25	石墨聚苯板/EPS λ=0.032W/(mK)
外墙 External wall	1248.46	0.15	20	石墨聚苯板/EPS λ=0.032W/(mK)
	289.90	0.20	15 5	泡沫玻璃/Foamglass λ=0.052W/(mK) 挤塑聚苯板/XPS λ=0.028W/(mK)
外窗 Window	293.66	0.80		5钢化Low-E+28Ar+5半钢化+0.15V+5半钢化，塑料框 3-pane VG, 5Low-E+28Ar+5+0.15V+5, plastic frame
外门 Door	26.10	0.80		
地下室地面/底板 Basement floor	530.98 12.24	0.15 0.18	15 20	挤塑聚苯板/XPS λ=0.028W/(mK) 石墨聚苯板/EPS λ=0.032W/(mK)

设备工程 Building services	设备 Equipment	能源类型 Energy carrier	负荷 Load [W/m²]
供暖设备 Heating	空气源热泵室外机 Air source heat pump outdoor unit: SWV-10W/D890(G)	周围环境冷、热能/电能 Environmental energy/ Electricity	14.01
制冷设备 Cooling	空气源热泵室外机 Air source heat pump outdoor unit: SWV-10W/D890(G)	周围环境冷、热能/电能 Environmental energy/ Electricity	12.91
生活热水制备 Domestic hot water	带电辅热的太阳能真空管集热器/ Evacuated collector with electric auxiliary heat: JPS-30QHR18/58-00/01	太阳能/电能 Solar energy/Electricity	
新风系统 Ventilation	☑ 已安装新风系统/with ventilation system/通风电力需求/power demand: 0.28 kWh/m³ ☑ 有热回收装置/with heat recovery/热回收率/efficiency: 81% ☐ 中央新风系统/central system: 每层两台/Each Floor two Ventilation Systems		
太阳能设备 Solar thermal system	☑ 太阳能设备集热面积/solar collectors area 8m² ☑ 用于制备生活热水/for domestic hot water production ☐ 用于辅助供暖/for auxiliary heating		

图8_潍坊“未来之家”被动式低能耗建筑质量标识（三）

1.5 山东日照新型建材住宅示范区27号楼

日照新型建材住宅示范区27号住宅楼是山东省首例采用被动式低能耗建筑标准设计的住宅建筑。该项目是山东省首批11个省级被动式超低能耗绿色建筑试点示范项目之一，同时，该项目于2014年成为中德合作被动式低能耗建筑示范项目，也被列入住房和城乡建设部2014年科学技术计划项目。整个项目的建造时间是2014年3月至2015年9月。

2015年9月8日，德国能源署和住房和城乡建设部科技与产业化发展中心专家对该项目施工质量进行了全面的验收检查。2015年9月10日，在第十四届中国国际住宅产业暨建筑工业化产品与设备博览会上，获得中德合作高能效建筑—被动式低能耗建筑质量标识。

1. 项目概况

日照新型建材住宅示范区位于山东省日照市山海二路以北，北京北路以西，距市中心约7公里，规划总用地面积19.413万m^2，总建筑面积24.99万m^2，总户数898户；绿化覆盖率35.6%，建筑密度23.9%，容积率1.5。日照新型建材住宅示范区中，被动式低能耗建筑示范区包括22号至30号住宅楼，总建筑面积为56675m^2，其中27号住宅楼为中德合作被动式低能耗建筑示范项目，项目全程由中德双方专家团队提供技术咨询和质量保证。

日照新型建材住宅示范区27号住宅楼地上5层，地下2层，建筑总高度17.2m。总建筑面积5407m^2，占地面积953m^2。该住宅楼包括两个单元，共20户，户型面积为218m^2。建筑体型系数（A/V）为0.27。各朝向窗墙比为：南向0.36，北向0.25，东向0.08，西向0.08。

该项目采用钢筋混凝土剪力墙结构，基础形式为墙下条基。设计使用年限分类为三类。抗震设防烈度7度，耐火等级地下一级，地上二级。

表1列出了日照新型建材住宅示范区27号住宅楼的主要参建单位。

表1 日照新型建材住宅示范区27号住宅楼主要参建单位

项目名称	日照新型建材住宅示范区27号住宅楼
项目地址	日照市潮石路与山海二路交界处
建设单位	日照山海天城建开发有限公司

续表

设计单位	山东瑞象建筑设计院有限公司
施工单位	日照山海天建筑安装工程有限公司
咨询单位	住房和城乡建设部科技与产业化发展中心（CSTC）、德国能源署（dena）

图1_日照新型建材住宅示范区小区内景1

图2_日照新型建材住宅示范区小区内景2

图3_日照新型建材住宅示范区27号住宅楼

2. 建筑技术方案

该项目地上五层及闷顶部分为被动式低能耗建筑技术处理范围，总示范建筑面积为4884m^2。该项目外墙保温材料采用200mm厚B1级石墨聚苯板，外墙每层设置300mm宽岩棉防火隔离带；屋面保温材料采用250mm厚B1级石墨聚苯板；不采暖地下室顶板采用100mm厚挤塑聚苯板复合100mm厚改性酚醛板。外墙、屋面、不采暖地下室顶板各部位的传热系数分别达到了0.15W/（m^2·K）、0.12W/（m^2·K）、0.12W/（m^2·K）。

建筑内部分户墙两侧均采用30mm厚改性酚醛板，楼电梯间隔墙采用80mm厚改性酚醛板，楼板采用5mm厚隔声垫及60mm厚挤塑聚苯板，室外地坪±0.000以下部分的外墙保温选用200mm厚泡沫玻璃。

外门窗采用铝包木框体，外门窗透明部分采用三玻两腔填充氩气玻璃（CLR-PLE85A-HP-5＋18Ar＋CLR-5＋18Ar＋CLR-PLE85A-HP-5）、暖边间隔条。玻璃的太阳能得热系数g值为0.46，可见光透过率T_{VL}为66%。外窗整窗的传热系数达到0.95W/（m^2·K），外门的传热系数达到0.97W/（m^2·K）。

表2给出了日照新型建材住宅示范区27号住宅楼项目外围护结构的主要技术参数。

表2　日照新型建材住宅示范区27号住宅楼外围护结构的主要技术参数

项目	朝向	面积，m^2	K，W/($m^2 \cdot K$)	g	围护材料	有否内遮阳	有否外遮阳
北墙	北	1019.18	0.15		200mm厚石墨聚苯板，λ=0.031W/（m·K）		
东墙	东	415.87	0.15		200mm厚石墨聚苯板，λ=0.031W/（m·K）		
南墙	南	738.70	0.15		200mm厚石墨聚苯板，λ=0.031W/（m·K）		
西墙	西	415.87	0.15		200mm厚石墨聚苯板，λ=0.031W/（m·K）		
屋顶	水平	1075.03	0.12		250mm厚石墨聚苯板，λ=0.031W/（m·K）		
不采暖地下室顶板	零	937.36	0.12		100mm厚挤塑聚苯板，λ=0.029W/（m·K）100mm厚改性酚醛板，λ=0.022W/（m·K）		
北外门	北	9.36	0.97				
南外门	南	10.40	0.97				
北不带外遮阳窗	北	267.40	0.95	0.46	铝包木框，CLR-PLE85A-HP-5+18Ar+CLR-5+18Ar+CLR-PLE85A-HP-5	√	×
东不带外遮阳窗	东	21.84	0.95	0.46	铝包木框，CLR-PLE85A-HP-5+18Ar+CLR-5+18Ar+CLR-PLE85A-HP-5	√	×
南不带外遮阳窗	南	424.80	0.95	0.46	铝包木框，CLR-PLE85A-HP-5+18Ar+CLR-5+18Ar+CLR-PLE85A-HP-5	√	×
西不带外遮阳窗	西	21.84	0.95	0.46	铝包木框，CLR-PLE85A-HP-5+18Ar+CLR-5+18Ar+CLR-PLE85A-HP-5	√	×

3．关键产品和材料

该项目的外墙外保温系统由江苏卧牛山保温防水技术有限公司提供，供应产品包括石墨改性膨胀聚苯板、外墙外保温系统通用型胶粘剂、外墙外保温系统通用型抹面胶浆等产品。其中石墨改性膨胀聚苯板抽检测试检测结果为：表观密度21kg/m^3，压缩强度109kPa，导热系数0.031W/（m·K），尺寸稳定性0.2%，水蒸气透过系数4.4ng/（Pa·m·s），吸水率（体积分数）1%，熔结性（断裂弯曲负荷）30N，垂直于板面方向的抗拉强度0.2MPa，氧指数35%。

挤塑聚苯乙烯泡沫保温板由日照子宇保温建材有限公司供应，省认定抽检检测结果为：压缩强度281kPa，导热系数（平均温度25℃时）0.029W/（m·K），透湿系数1.7ng/（Pa·m·s），吸水率（浸水96h）1.4%，尺寸稳定性0.2%。

改性酚醛泡沫板由山东圣泉化工股份有限公司供应，抽样检验检测结果为：体积密度38kg/m^3，压缩强度152kPa，弯曲断裂力26N，导热系数（平均温度25℃时）0.022W/（m·K），透湿系数6.8ng/（Pa·m·s），吸水率（体积分数）4.6%，垂直于板面方向的抗拉强度114kPa。

该项目外窗为由哈尔滨森鹰窗业股份有限公司供应的平开下悬铝包木窗，整窗传热系数检测值为0.95W/（m^2·K）。检测样窗玻璃结构为（5Low-E＋14Ar＋ 5Low-E＋14Ar＋5）mm，中空玻璃配置暖边间隔条，窗框面积与窗面积之比为40.7%。项目的单元门及户门为哈尔滨森鹰窗业股份有限公司供应的平开铝包木低坎门，所检样品传热系数检测值为0.97W/（m^2·K）。气密性能为：10Pa下，单位缝长每小时渗透量0.49m^3/（m·h），单位面积每小时渗透量1.31m^3/（m^2·h）；-10Pa下，单位缝长每小时渗透量0.44m^3/（m·h），单位面积每小时渗透量1.18m^3/（m^2·h）。

外门窗透明材料由台玻天津玻璃有限公司供应，玻璃配置为CLR-PLE85A -HP-5＋18Ar＋CLR-5＋18Ar＋CLR-PLE85A-HP-5。

门窗洞口密封材料采用Bosig GmbH德国博仕格有限公司（上海）供应的Winflex A可抹灰浆型防水雨布，包括室内一侧防水隔汽膜、室外一侧防水透汽膜。

该项目的暖通空调设备采用清华同方人工环境有限公司研发的被动房专用能源环境机。

表3给出了日照新型建材住宅示范区27号住宅楼项目所涉及的关键产品和材料的供应商。

表3　日照新型建材住宅示范区27号住宅楼关键产品和材料供应商

外墙外保温系统	江苏卧牛山保温防水技术有限公司
挤塑聚苯乙烯泡沫保温板	日照子宇保温建材有限公司
改性酚醛泡沫板	山东圣泉化工股份有限公司
门窗	哈尔滨森鹰窗业股份有限公司
外窗玻璃	台玻天津玻璃有限公司
门窗洞口密封材料	Bosig GmbH德国博仕格有限公司（上海）
暖通空调设备	清华同方人工环境有限公司

4. 设备技术方案

每户设一台专用能源环境机，集通风、制冷、制热功能于一体。采用交叉逆流全热回收芯体ConsERV™ C75Core，热回收率达75%以上。设备根据室内CO_2浓度控制新风量；多重过滤设计，有效过滤室外新风和室内空气中的有害物质，净化室内空气。

夏季名义制冷工况，设备制冷量为5053W，额定功率1870W；冬季名义制热工况，设备制热量5148W，额定功率1726W；除湿能力为3.8kg/h。

室外机采用轴流式风机，室内机采用旋转式压缩机，制冷剂为R410A，风机型式为离心式风机，新风量90m^3/h，循环风量750m^3/h，新风电加热300W，循环风电加热1000W。

5. 建筑能源需求技术指标

该项目设备全天24小时正常运行。采暖期室内设定温度为20℃；制冷期室内设定温度为26℃。

采用逐时的热平衡计算方法进行能耗分析，以11月9日至次年4月16日作为采暖计算期（共计159天），该项目的采暖需求为6.81kWh/（m^2·a）；以7月21日至8月19日作为制冷计算期（共计30天），该项目的制冷需求为5.06kWh/（m^2·a）。

将采暖、制冷、通风、照明、生活热水、家用电器六部分能耗全部考虑在内，该项目的终端能源需求、总一次能源需求、CO_2排放量分别为32.97kWh/（m^2·a）、98.92kWh/（m^2·a）和32.88kg/（m^2·a）。

表4　建筑能源需求计算条件

类别	项目	冬季	夏季
环境参数	室内设计温度，℃	20	26
	空气调节室外计算温度，℃	-6.5	30
	最高/最低室外计算温度，℃	-4.3	30.2
	极端温度，℃	-13.8	38.3
	室外空气密度，kg/m³	1.3001	1.1659
	最大冻土深度，cm	25	—
采暖/制冷期参数	计算日期，月/日	11月9日～4月16日	7月21日～8月19日
	采暖/制冷计算天数，d	159	30
	计算方式	采暖期连续计算热需求	制冷期连续计算冷需求
设备参数	设备工作时间，h	24	24
	通风系数回收率，%	75	0
换气参数	通风系统换气次数，h^{-1}	0.18	0.18
	换气体积，m³	9841	9841
	小时人流量，次/h	50	50
	开启外门进入空气，m³/次	3	3
内部热源参数	套内人数，人/套	3	3
	总人数，人	60（18：00～8：00）	60（18：00～8：00）
	人体显热散热量，W	男：90；女：75.60	男：61；女：51.24
	人体潜热散热量，W	男：46；女：38.64	男：73；女：61.32
	灯光照明时间	18：00～22：00	18：00～22：00
	灯光照明密度，W/m²	7	7
	照明同时使用系数	0.5	0.5
	设备散热时间	0：00～24：00	0：00～24：00
	设备散热密度，W/m²	1	1
	设备同时使用系数	1	1

表5　建筑能源需求技术指标

项目	计算值
热负荷，W/m^2	7.84
冷负荷，W/m^2	12.37
热需求，kWh/（m^2·a）	6.81
冷需求，kWh/（m^2·a）	5.06

表6　采暖期能量得失平衡

失热，kWh/（m^2·a）		得热，kWh/（m^2·a）	
外墙传热	5.60	外窗辐射	12.75
屋顶传热	1.67	人体	3.50
楼板传热	1.93	照明	2.23
外窗传热	8.45	设备	3.82
通风	2.40	得热利用率	59.4%
失热总计	20.04	**得热总计**	13.23
热需求			6.81

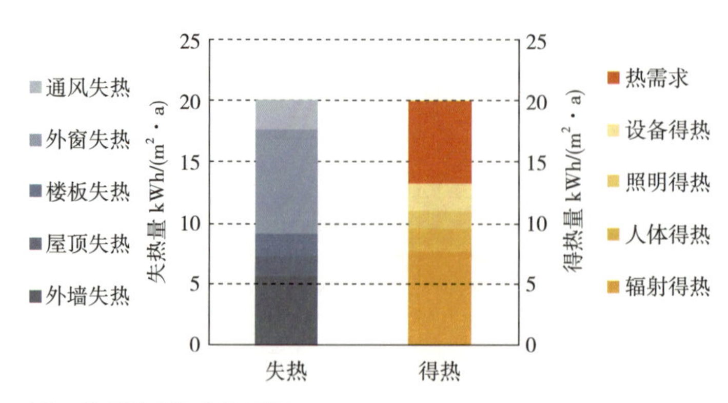

图4_采暖需求构成分析图

表7　制冷期能量得失平衡

热量得失，kWh/（m²·a）	
非透明传热	0.44
外窗传热	0.04
外窗辐射	2.74
通风	0.04
人体	0.66
灯光	0.42
设备	0.72
总得热	**5.06**
总散热	**0.00**
散热利用率	*non*
冷需求	5.06

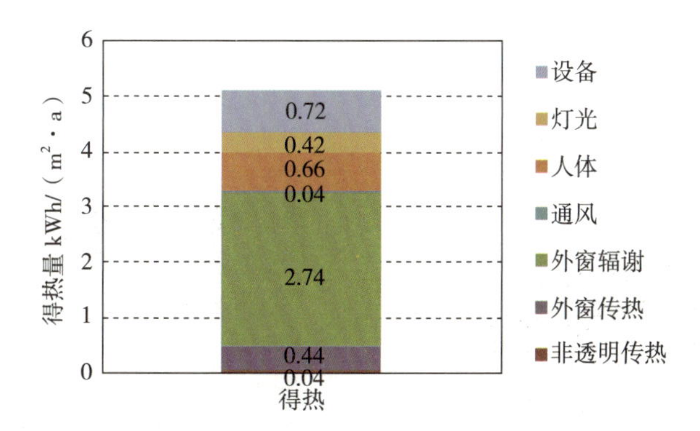

图5_制冷需求构成分析图

表8　日照新型建材住宅示范区27号住宅楼一次能源需求指标及CO_2排放分析结果

分项指标	终端能耗，kWh/（m²·a）	一次能源需求，kWh/（m²·a）	CO_2排放量，kg/（m²·a）
采暖	2.43	7.30	2.43
制冷	1.87	5.62	1.87
通风	6.67	20	6.65
照明	5.00	15	4.99
热水	0.33	1	0.33
电器	16.67	50	16.62
总计	**32.97**	**98.92**	**32.88**

6. 气密性检测

建筑气密性检测由山东省建筑科学研究院实施。2014年12月31日，测试组对27号楼1单元201室进行了建筑外围护结构整体气密性检测，测试时未做外保温工程和室内装修工程。201室室内地面面积183m^2，室内体积512m^3，室内表面积816m^2。经现场检测，该房间在建筑室内外压差50Pa和-50Pa下，换气次数均为0.43h^{-1}。

2015年9月8日，测试组又对4户公寓进行了检测。测试中将入户门（具备被动式低能耗建筑要求的气密与保温品质）门扇取下，保留门框，鼓风门设备固定在户门门框上。采用该种测试方式，可将门对建筑气密性能的影响反映出来（通常门扇不存在气密性问题）。抽样公寓的检测结果如下：

· 东侧楼，五层，西边公寓：$n_{\pm 50}=0.39h^{-1}$；
· 东侧楼，三层，西边公寓：$n_{\pm 50}=0.49h^{-1}$；
· 东侧楼，二层，东边公寓：$n_{\pm 50}=0.40h^{-1}$。

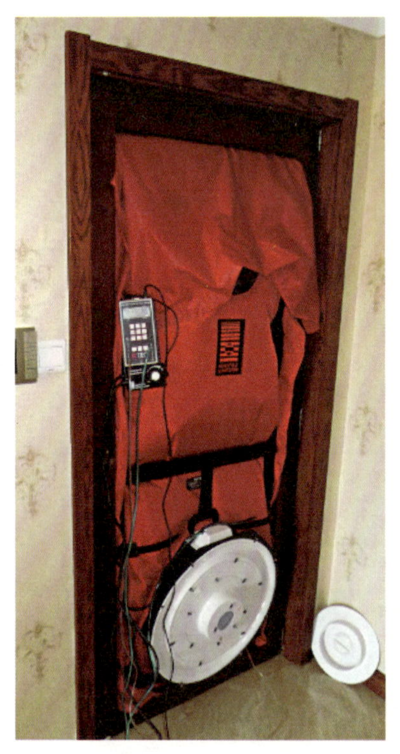

图6_日照新型建材住宅示范区27号住宅楼鼓风门测试

7. 项目质量标识

图7_鼓风门测试门框节点

2015年9月10日，在第十四届中国国际住宅产业暨建筑工业化产品与设备博览会上，日照新型建材住宅示范区27号住宅楼项目获得中德合作高能效建筑—被动式低能耗建筑质量标识。

在住房和城乡建设部建筑节能与科技司的见证下，由住房和城乡建设部科技与产业化发展中心冯忠华主任和德国能源署署长库尔曼（Kuhlmann）先生共同在“第三届中德合作被动式低能耗房屋技术交流研讨会”上向项目建设单位日照山海天城建开发有限公司颁发了证书。

8. 专家点评

依据《严寒和寒冷地区居住建筑节能设计标准》JGJ 26–2010，山东日照地区4～8层建筑物的耗热量指标为10.8W/m^2，采暖期天数为98天，那么建筑物的全年耗热量为25.40kWh/（m^2·a）。

本项目全年采暖需求为6.81kWh/（m^2·a），相比《严寒和寒冷地区居住建筑节能设计标准》JGJ 26–2010，每年可节约18.59kWh/（m^2·a）的热量。假设供暖设备采暖期平均COP值为2.8，并按火电发电标准煤耗0.36kgce/kWh电量计算一次能源，那么本项目可节约的采暖一次能源约为2.39kgce/（m^2·a）。

本项目被动式低能耗建筑部分示范面积为4884m^2，那么仅采暖一次能源一项，一年节能量总计就可达到11.67吨标煤。

此外，从建筑运营阶段的减排效果考虑，按照燃烧每公斤标准煤产生2.77kgCO_2计算，本项目仅在一年的采暖期即可实现总计32.34吨CO_2减排量。

（撰文：马伊硕）

中德合作高能效建筑—被动式低能耗建筑质量标识

Sino-German Energy-Efficient Buildings: Certificate

dena 德国能源署

颁发日期：Issued at:	2015年9月10日 10.09.2015	建筑名称：Project name:	日照市新型建材住宅示范区27号楼 Rizhao New Building Materials Residential Building 27#	证书

建筑信息 Building

主要使用功能 Type of building	住宅 Residential building
地址 Address	日照市潮石路与山海二路交界处 Intersection of Chaoshi Road and 2nd Shanhai Road, Rizhao
开发单位 Developer	日照山海天城建开发有限公司 Rizhao Shanhaitian Urban Construction & Development Co., Ltd.
建造年份 Year of construction	2014/03 - 2015/09
建筑面积 Gross floor area	5407 m^2
供暖面积 Total heated area	4884 m^2
体形系数 Surface/volume ratio	0.27

能效数据 Energy performance

能效等级 Energy level	A
终端能源需求量 Final energy demand	32.97 kWh/(m^2a)
一次能源需求总量 Primary energy demand	98.92 kWh/(m^2a)
二氧化碳排放量 CO_2 emissions	32.88 kg/(m^2a)

- A 中德高能效建筑设计标准 Sino-German Energy Efficiency Standard
- B 居住建筑节能75%设计标准 75% Standard
- C 居住建筑节能65%设计标准 65% Standard
- D 居住建筑节能50%设计标准 50% Standard
- E 低于居住建筑节能50%设计标准 worse than 50% Standard

日期 Date

10.09.2015

证书编号 Certificat ID

CN-DE-PP-05-2015

负责人签名 Signature

中国住房和城乡建设部科技与产业化发展中心（CSTC）

负责人签名 Signature

德国能源署（dena）

图8_中德合作高能效建筑—被动式低能耗建筑质量标识（一）

中德合作高能效建筑—被动式低能耗建筑质量标识

Sino-German Energy-Efficient Buildings: Certificate

dena
德 国 能 源 署

颁发日期：2015年9月10日 Issued at: 10.09.2015　建筑名称：日照市新型建材住宅示范区27号楼 Project name: Rizhao New Building Materials Residential Building 27#

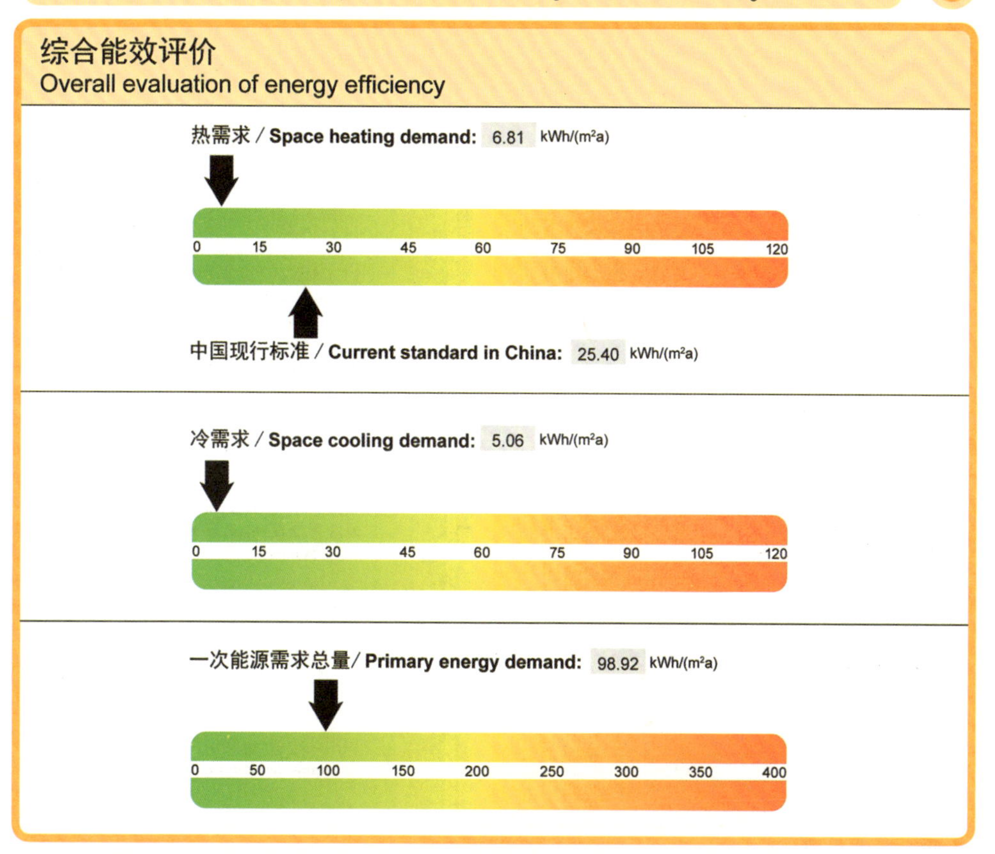

围护结构 Building envelope

传热系数 / U-Value [W/(m²K)]	
屋顶/顶层楼板 Upper ceiling/roof	0.12
外墙 External wall	0.15
外窗/外门 Window/door	0.95 / 0.97
地下室顶板/首层地面 Basement ceiling/groundplate	0.12
气密性/Airtightness (h^{-1})	
31.12.2014 : n_{50}= 0.43	08.09.2015 : n_{50}= 0.39 - 0.49

一次能源需求数据 Primary energy demand [kWh/(m²a)]

供暖需求 Space heating	7.30
制冷需求 Space cooling	5.62
照明需求 Lighting	15
通风与除湿需求 Ventilation/dehumidification	20
生活热水制备需求 Domestic hot water	1
生活用电需求 Household electricity	50
总计 Total	98.92

图8_中德合作高能效建筑—被动式低能耗建筑质量标识（二）

中德合作高能效建筑—被动式低能耗建筑质量标识

Sino-German Energy-Efficient Buildings: Certificate

dena 德国能源署

颁发日期：2015年9月10日 Issued at: 10.09.2015　　建筑名称：日照市新型建材住宅示范区27号楼 Project name: Rizhao New Building Materials Residential Building 27#　　2

围护结构 Building enevelope	面积 Area [m²]	传热系数 U-Value [W/(m²K)]	保温层厚度 Thickness [cm]	材料 Material
屋顶/顶层楼板 Roof/upper ceiling	1075.03	0.12	25	石墨聚苯板/EPS λ=0.031W/(mK)
外墙 External wall	2589.62	0.15	20	石墨聚苯板/EPS λ=0.031W/(mK)
外窗 Window	735.88	0.95		铝包木框，三玻两中空玻璃，暖边间隔条 Aluminum-clad wood frame, Triple insulated glazing, Thermally isolated edge seals CLR-PLE85A-HP-5+18Ar+CLR-5+18Ar+CLR-PLE85A-HP-5
外门 Door	19.76	0.97		铝包木门 Aluminum-clad wood door
楼板/地下室顶板 Basement ceiling	937.36	0.12	10 10	挤塑聚苯板/XPS λ=0.029W/(mK) 酚醛保温板/Phenolic insulation board λ=0.022W/(mK)

设备工程 Building services	设备 Equipment	能源类型 Energy carrier	负荷 Load [W/m²]
供暖设备 Heating	空气源热泵室外机 Air source heat pump outdoor unit	周围环境能/电能 Environmental energy / Electricity	7.84
制冷设备 Cooling	空气源热泵室外机 Air source heat pump outdoor unit	周围环境能/电能 Environmental energy / Electricity	12.37
生活热水制备 Domestic hot water	带电辅热的太阳能平板集热器 Solar panel collector with electric auxiliary heat	太阳能/电能 Solar energy / Electricity	
新风系统 Ventilation	☒ 已安装新风系统/with ventilation system/通风电力需求/power demand: **0.45 Wh/m³** ☒ 有热回收装置/with heat recovery/热回收率/efficiency: **75%** ☐ 中央新风系统/central system:		
太阳能设备 Solar thermal system	☒ 太阳能设备集热面积/solar collectors area: **2.08 m²** ☒ 用于制备生活热水/for domestic hot water production ☐ 用于辅助供暖/for auxiliary heating		

图8_中德合作高能效建筑—被动式低能耗建筑质量标识（三）

2 办公建筑

2.1 河北省建筑科技研发中心“中德被动式低能耗建筑示范工程”

1．工程概况

2011年12月9日，住房和城乡建设部科技发展促进中心及德国能源署与河北省住房和城乡建设厅共同签署了《中德被动式低能耗建筑技术合作（河北）意向书》，决定在河北省建筑科技研发中心院内建设“中德被动式低能耗建筑示范工程”。

“中德被动式低能耗建筑示范工程”位于石家庄市槐安西路395号，该项目总建筑面积14527.17m^2，地下一层建筑面积2164.87m^2，地上六层建筑面积12362.3m^2，建筑高度23.55m，混凝土框架结构。此建筑主要满足建筑节能新技术展示，节能技术研发、试验，普通办公等需要。按照被动式低能耗建筑建设，项目建设起止时间为2012年2月至2015年3月。

本项目的主要供应商如表1所示：

表1 本项目主要供应商

项目参与方	供应商名称
设计单位	河北省建筑科学研究院
施工单位	河北建工集团
监理单位	河北冀科工程项目管理有限公司
保温材料供应商	河北福瑞德高新建材有限公司 北京五洲泡沫塑料有限公司 洛科威防火保温材料（广州）有限公司 中亨新型材料科技有限公司
外窗系统供应商	河北省辛集市德诚有限公司
外门型材及加工供应商	维卡塑料（上海）有限公司 河北奥润顺达窗业有限公司
玻璃供应商	山东金晶科技股份有限公司
多功能新风系统供应商	深圳麦克维尔空调有限公司

图1_河北省建筑科技研发中心“中德被动式低能耗建筑示范工程”

2．建筑能耗

本项目采用逐时热平衡计算方法进行能耗分析，以11月1日至次年4月5日作为采暖计算期（共计156天），采暖负荷为8.59W/m^2，采暖需求为5.40kWh/（m^2·a）；以6月10日至8月20日作为制冷计算期（共计72天），冷负荷为26.51W/m^2，制冷需求为17.90kWh/（m^2·a）；总一次能源需求为116.47kWh/（m^2·a）。

表2　建筑能耗统计表

项目	热负荷W/m^2	热需求kWh/（m^2·a）	总一次能源需求kWh/（m^2·a）
采暖	8.59	5.40	116.47
制冷	26.51	17.90	

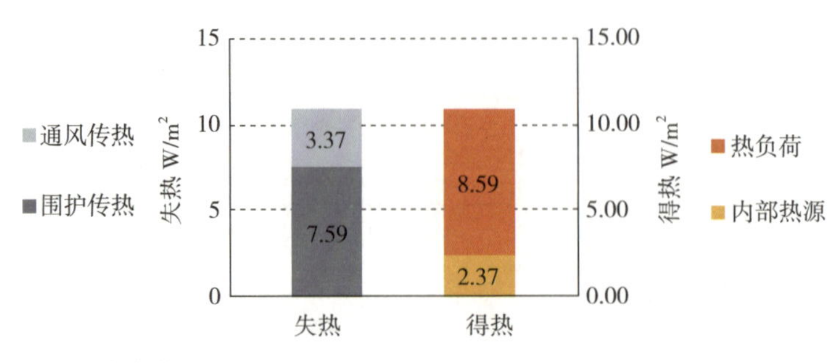

图2_热负荷构成分析图

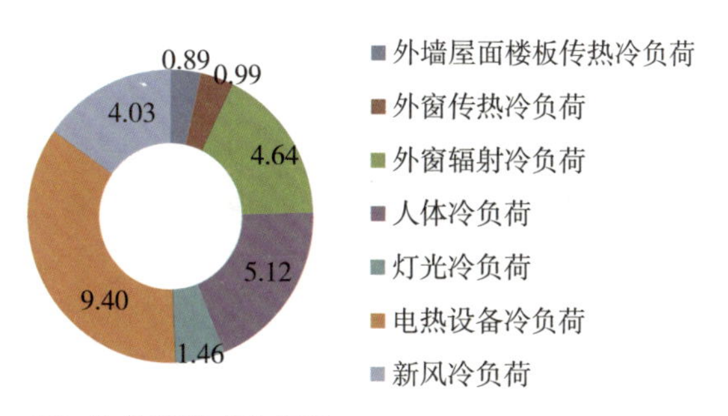

图3_冷负荷构成分析图

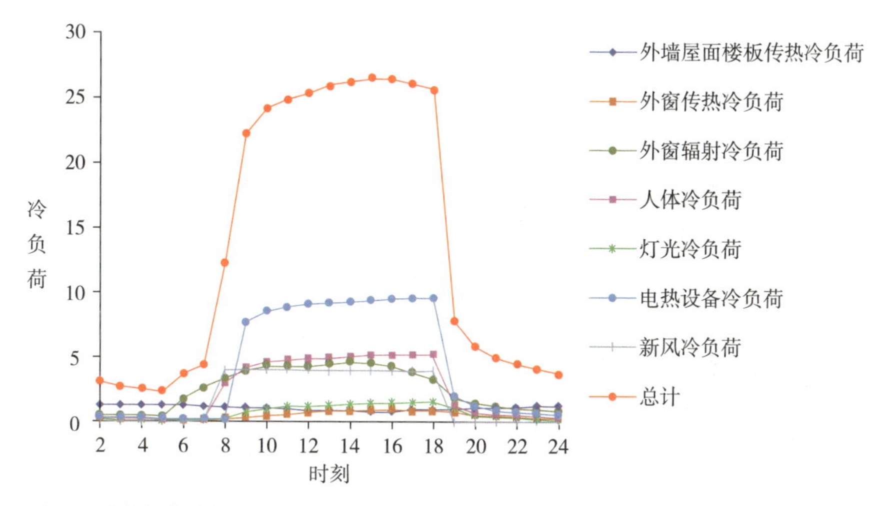

图4_逐时冷负荷分析图

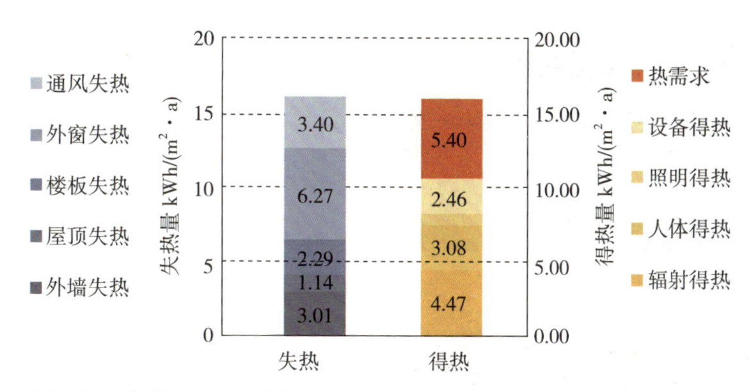

图5_采暖期热平衡分析图

3. 主要技术措施

1）高效外保温系统

被动式低能耗建筑的高效外保温系统主要由外墙、屋顶、地面的保温系

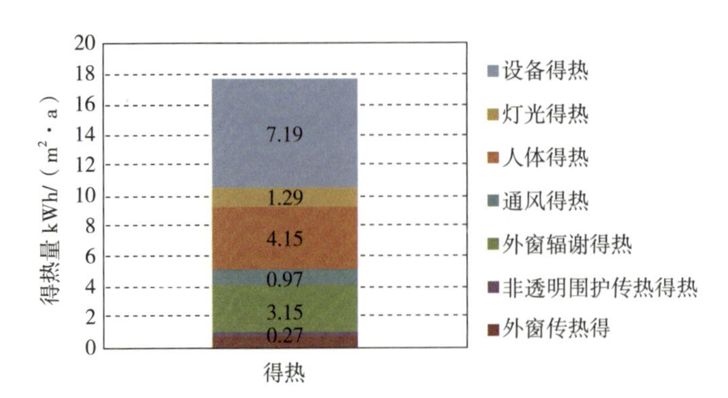

图6_制冷期热平衡分析图

图7_外墙保温做法

图8_地面保温做法

图9_屋面保温做法

统构成，传热系数$K \leq 0.15$W/（m²·K）。本项目中外墙保温采用220厚石墨聚苯板分层错缝粘贴，传热系数$K=0.138$W/（m²·K），地面、屋面采用220厚挤塑聚苯板分层错缝铺装，传热系数K＝0.14W/（m²·K）。

2）采用双Low-e高性能保温隔热外门窗

被动式低能耗建筑要求外门、窗综合传热系数≤1.0W/（m²·K），气密性等级不低于8级，水密性等级不低于6级。本项目外窗采用维卡多腔塑钢型材框，玻璃采用5三银Low-e＋12（暖边充氩气）＋5C＋12Ar（暖边充氩气）＋5单银Low-e和5三银Low-e＋12Ar（暖边充氩气）＋5C（钢化玻璃）＋0.15V＋5单银Low-e（钢化玻璃）两种，其中南向采用中空＋真空的三层玻璃，东、西、北三向采用双中空的三层玻璃。

图10_被动式外窗

图11_水平采光顶

采光顶水平玻璃顶采用铝包木框料，玻璃采用（T8+1.52PVB+T8）+12a+（5+0.2+5）夹胶钢化中空玻璃。外门采用铝包木框料，玻璃采用6三银Low-e+12Ar（暖边充氩气）+6C（钢化玻璃）+12Ar（暖边充氩气）+6单银Low-e（钢化玻璃）。

3）高效热回收新风系统

被动式低能耗建筑要求其新风系统热回收效率≥75%，本项目出于节能考虑，设计两台带预冷、热和再冷、热模式的新风机组，一台布置于地下一层设备间内，为1～3层供给新风，热回收效率77.2%；另一台布置于屋顶设备间内，为4～6层供给新风，热回收效率79%。两个新风系统均具有变频

图12_新风机组

和自控功能，根据室内CO_2浓度进行启停和风量调节。预冷热由土壤源热泵系统中的地埋管换热直接供给，再冷热由土壤源热泵系统提供的冷、热水负担，根据室内运行工况，控制预冷、热和再冷、热的运行模式。

4）土壤源热泵供冷、供热

本项目空调系统采用风机盘管加独立新风系统形式，空调水系统为两管制一次泵变流量系统，冷水立管及各层支管均为异程式系统，采用定压罐定压。空调系统以竖向分区，横向按照防火区和建筑使用功能的原则设置空调系统。

本项目空调系统冷热源采用土壤源热泵系统，土壤源热泵机组制冷量300.6kW，功率52.3kW，COP：5.75。热泵机组冬夏季运行，同时供应新风机组和风机盘管制热用热水。土壤源热泵机组冷冻及冷却侧水泵均为变频水泵，机组运行由智能控制系统根据末端荷载进行实时调节，以保证系统节能

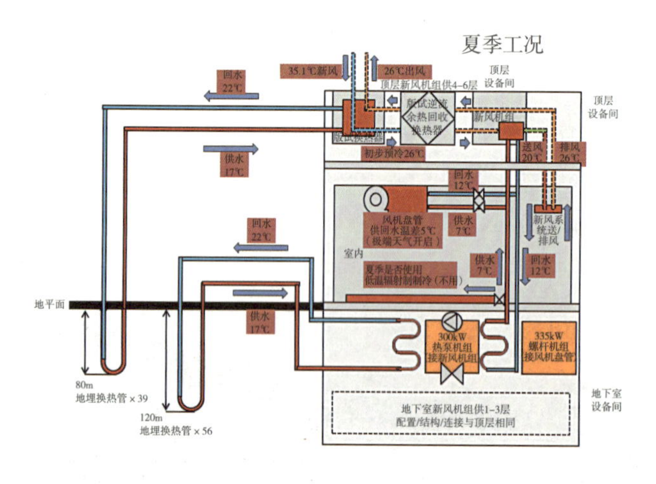

图13_空调新风系统原理图（夏季）

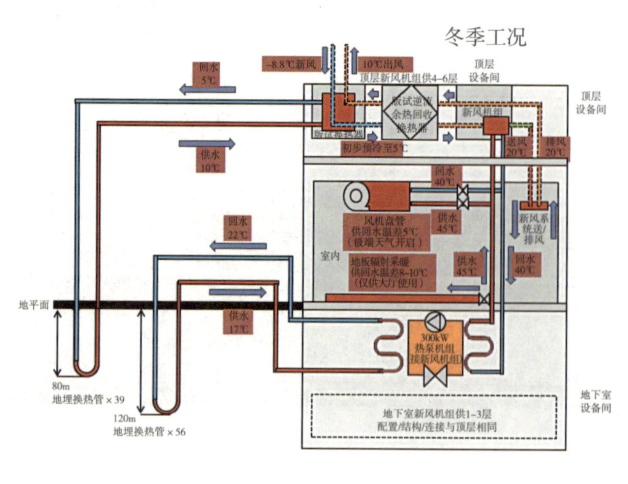

图14_空调新风系统原理图（冬季）

运行。系统运行如图13、图14所示。

5）气密性保障措施

本项目在设计中已将各部位的气密层在施工图中明确标注，对于门、窗及结构墙体的不同材料连接部位采用防水隔汽膜和防水透汽膜加强其气密性。

图15_外窗防水透汽膜

6）无热桥设计施工

本项目在设计阶段对结构性热桥（如女儿墙、挑板、退台等）和系统性热桥（雨水管支架、穿外墙管线、透气管出屋面等）进行防热桥处理设计。对一般结构性热桥采取连续、不间断保温层包裹进行处理；对系统性热桥采取热隔断措施，尽量消除系统性热桥对建筑冷热负荷的影响。

7）自然通风

自然通风：过渡季节和夏季当室外气温低于室内气温时，开启外窗和屋顶通风（采光）井侧墙的电动窗，进行热压、风压自然通风。

当外界环境不利于自然通风时，可开启中庭屋顶的两台排风机，将中庭顶部热空气排出室外。

8）节能光源

地下车库采用光导照明，将室外的自然光导入地库，可取代部分区域白天的电力照明。

9）充分利用太阳能和其他可再生能源

图16_采光天窗室内通风口

图17_采光天窗室外通风口

图18_地下车库导光管

本项目屋顶设置太阳能热水系统，为建筑内小型卫生间提供生活热水；五层平台设置太阳能光伏系统，供给平台的景观照明；本项目的空调系统采用土壤源热泵系统。

10）能耗监测管理系统

设置能耗监测管理系统，建筑的水、电等分类能耗进行监测管理，对用电能耗（照明插座用电、空调用电、动力用电、特殊用电分项能耗）进行监测和管理。分析不同业态、不同设备、不同用户的用能特点，寻找最优的节能运营方案，最终指导未来智能建筑的节能设计。

4. 气密性测试

1）阶段性测试

在主体、外窗施工完成后，对各楼层房间进行气密性抽样测试。

2）验收测试

2015年6月上旬，德国气密性测试专业技术人员对该建筑进行了气密性

图19_气密性抽检情况

验收测试。为了保证气密性的顺利测试，在该被动房的屋面、地下室及每层均设置检查人员，查找漏点，测试点设置在一层北门。测试结果为0.2h^{-1}，即在50Pa压差下，每小时房间内的换气次数为0.2次。

测定结果表明本建筑具有良好的气密性，反映了采取的气密性保证措施

Certificate

about the quality of the cover of the building

The building / object:

Sino-German Passive House

Huai´an West Road
050000 Shijiazhuang, Hebei, China

has passed the test of the air-thightness in accordiance to DIN EN 13829, method B on 2015.06.15 with the following rate of change of air:

$$n_{50} = 0{,}2\ h^{-1} \quad +/- \quad 8\ \%$$

The limited value for the rate of airchange for passivhouses ist:

$$n_{50} \leq 0{,}6\ h^{-1}$$

The test corresponds with this requirements.

The requirements are 65% understeped.

Date 2015.6 15

by FLiB-member-No.: ***400***
Certificate-No: ***014/2002***
Name: ***Ing.-büro Meyer-Olbersleben***
Address: ***An der Schule 41***
D-21335 Lüneburg

ZERTIFIZIERTER PRÜFER
der Gebäude-Luftdichtheit im Sinne der Energieeinsparverordnung
15.04.2002 Nr. 014/2002

Lüneburg
City

Wu Daifu

图20_气密性测试证书

可以较好地保证建筑的气密性，为其他类似工程提供了经验。

5．成本分析

本项目总建筑面积14527.17m^2，被动区域为地上部分，建筑面积12362.3m^2，由于建造被动式低能耗建筑所增加的成本为916.5万元，按照被动区域计算，平均每平方米增加造价约741.4元。本增量仅为因被动式关键技术而增加的建安成本，不含其他示范技术造成的增量。由于建造被动式低能耗建筑而减少的空调机组和室内风机盘管的费用，无法精确计算，故此成本未抵消此部分费用。

6．能耗和室内环境监测

1）室内环境测试结果

自2015年4月8日入驻，截至目前已运行满一年，包含完整的制冷期和采暖期。经过对各楼层室内温度、湿度、外墙内表面温度等进行测量，其效果优异；新风系统由室内CO_2监测装置控制自动运行，完全满足被动式低能耗建筑的室内环境要求。具体室内温、湿度监测见表3。

表3　中德被动式低能耗建筑示范房室内环境监测

		冬季	过渡季	夏季
室内温度（℃）	南向房间	21～24	18～24	25～26
	北向房间	20～22	18～22	24～26
相对湿度（%）	南向房间	40%～50%	35%～60%	45%～55%
	北向房间	40%～50%	35%～60%	45%～55%
围护结构内表面与室内空气温差（℃）	南向房间	0.2～2	—	—
	北向房间	0.8～2.6	—	—

表3中所列温度、湿度均为整个监测季节的最低值和最高值，所列房间均为主要功能房间。从监测数据来看，本项目整年室内环境优异，满足被动式低能耗建筑室内环境要求。

2）能耗监测

本项目设置能耗监测管理系统，对用电能耗（照明插座用电、空调用电、动力用电、特殊用电分项能耗）进行监测和管理。采用BAS楼宇自动化控制系统对建筑物内制冷机房、空调设备、新风机组、送排风、给水排水、电气系统设备及室内空气质量等进行监测控制。

7. 专家点评

河北省建筑科技研发中心“中德被动式低能耗建筑示范工程”项目设计方案先进、节能理念突出，施工质量管控严格，节点处理符合设计要求，达到了被动式低能耗建筑的各项指标。该项目作为国内首个中德合作被动式低能耗大型公共建筑，为被动式低能耗建筑的探索和发展取得了宝贵的经验和成果，为被动式低能耗建筑技术在河北乃至全国的大力推广奠定了理论和实践基础，起到了良好的示范作用。

（撰文：牛犇）

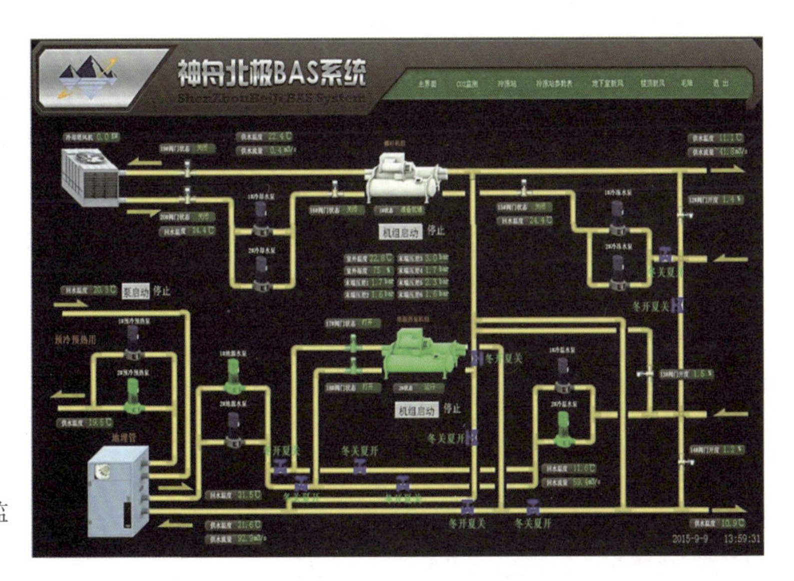

图21_能耗监测管理系统

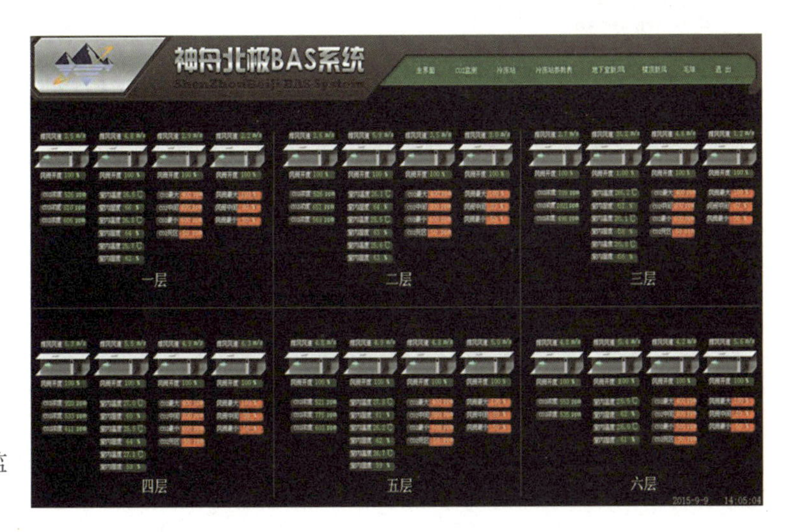

图22_能耗监监测平台

中德合作高能效建筑—被动式低能耗建筑质量标识

Sino-German Energy-Efficient Buildings: Certificate

dena 德国能源署

颁发日期：2015年9月10日 Issued at: 10.09.2015 建筑名称：河北省建筑科技研发中心 Project name: R&D Centre Hebei Academy of Building Research

证书

建筑信息 Building

主要使用功能 Type of building	办公建筑 Office building
地址 Address	河北省石家庄市槐安西路 West Huai´an Road, Shijiazhuang City, Hebei Province
开发单位 Developer	河北省建筑科学研究院 Hebei Academy of Building Research
建造年份 Year of construction	2013/03 - 2014/12
建筑面积 Gross floor area	14527 m^2
供暖面积 Total heated area	11344 m^2
体形系数 Surface/volume ratio	0.16

能效数据 Energy performance

能效等级 Energy level	 A
终端能源需求量 Final energy demand	38.82 kWh/(m^{2}a)
一次能源需求总量 Primary energy demand	116.47 kWh/(m^{2}a)
二氧化碳排放量 CO_2 emissions	38.71 kg/(m^{2}a)

- A 中德高能效建筑设计标准 Sino-German Energy Efficiency Standard
- B 居住建筑节能75%设计标准 75% Standard
- C 居住建筑节能65%设计标准 65% Standard
- D 居住建筑节能50%设计标准 50% Standard
- E 低于居住建筑节能50%设计标准 worse than 50% Standard

日期 Date 10.09.2015

证书编号 Certificat ID CN-DE-PP-04-2015

负责人签名 Signature

冯忠华

中国住房和城乡建设部 科技与产业化发展中心（CSTC）

负责人签名 Signature

德国能源署（dena）

图23_中德合作高能效建筑—被动式低能耗建筑质量标识（一）

中德合作高能效建筑—被动式低能耗建筑质量标识

Sino-German Energy-Efficient Buildings: Certificate

颁发日期：2015年9月10日 建筑名称：河北省建筑科技研发中心
Issued at: 10.09.2015 Project name: R&D Centre Hebei Academy of Building Research

综合能效评价
Overall evaluation of energy efficiency

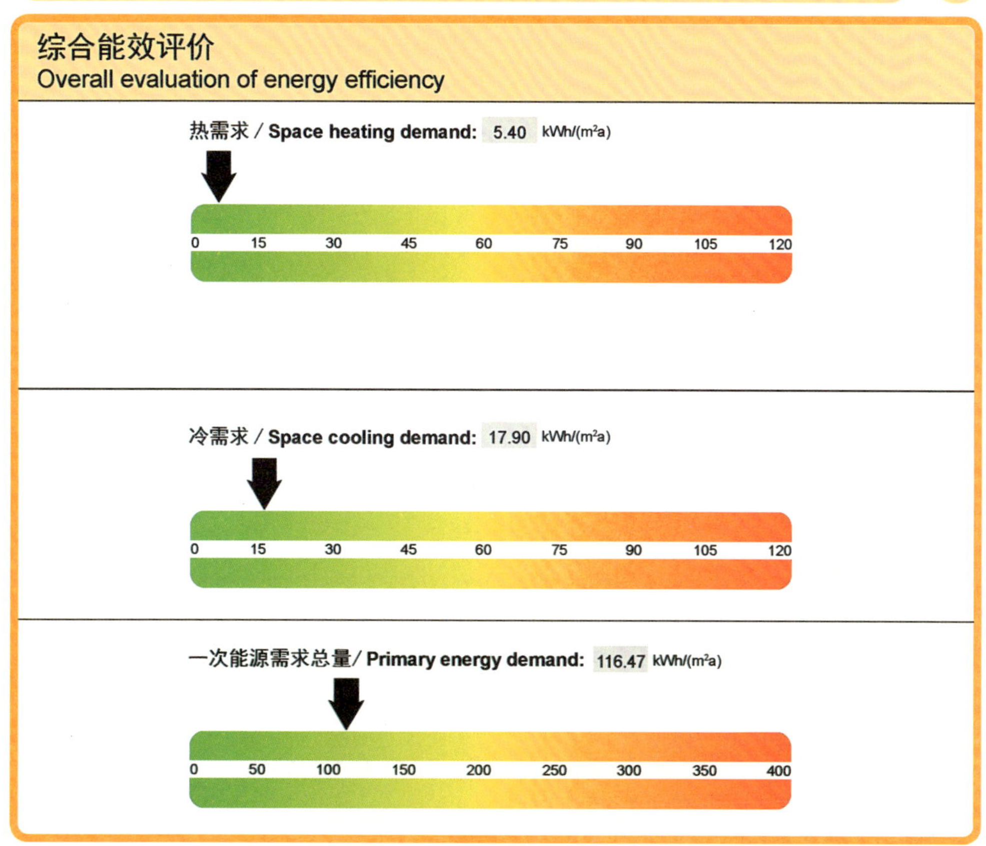

围护结构
Building envelope

传热系数 / U-Value [W/(m²K)]	
屋顶/顶层楼板 Upper ceiling/roof	0.14
外墙 External wall	0.14
外窗/外门 Window/door	1.03
地下室顶板/首层地面 Basement ceiling/groundplate	0.14
气密性/Airtightness (h^{-1})	
n_{50}	0.22

一次能源需求数据
Primary energy demand [kWh/(m²a)]

供暖需求 Space heating	4.88
制冷需求 Space cooling	13.13
照明需求 Lighting	33
通风与除湿需求 Ventilation/dehumidification	5.46
办公设备+生活热水制备 Office equipment & Domestic hot water	60
总计 Total	116.47

图23_中德合作高能效建筑—被动式低能耗建筑质量标识（二）

中德合作高能效建筑—被动式低能耗建筑质量标识
Sino-German Energy-Efficient Buildings: Certificate

颁发日期：2015年9月10日 Issued at: 10.09.2015
建筑名称：河北省建筑科技研发中心 Project name: R&D Centre Hebei Academy of Building Research

2

围护结构 Building enevelope	面积 Area [m²]	传热系数 U-Value [W/(m²K)]	保温层厚度 Thickness [cm]	材料 Material
屋顶/顶层楼板 Roof/upper ceiling	1591.00	0.14	22	挤塑聚苯板/XPS λ=0.028W/(mK)
外墙 External wall	3890.15	0.14	22	石墨聚苯板/EPS λ=0.029W/(mK)
外窗 Window	1357.35	1.03		塑料窗框，三玻两中空玻璃，暖边间隔条 Plastic frame, Triple insulated glazing, Thermally isolated edge seals 6Low-E+15Ar+6+9Ar+6Low-E
外门 Door	10.20	1.0		铝木门，三玻两中空玻璃，暖边间隔条 Alu-wood composite door, Triple insulated glazing, Thermally isolated edge seals 6Low-E+12Ar+6+12Ar+6Low-E
楼板/地下室顶板 Basement ceiling	2691.00	0.14	22	挤塑聚苯板/XPS λ=0.028W/(mK)

设备工程 Building services	设备 Equipment	能源类型 Energy carrier	负荷 Load [W/m²]
供暖设备 Heating	地源热泵机组 Geothermal heat pump	周围环境能/电能 Environmental energy / Electricity	8.59
制冷设备 Cooling	地源热泵机组 Geothermal heat pump 螺杆式冷水机组（峰值负荷） Screw water chiller (peak load)	周围环境能/电能 Environmental energy / Electricity	26.51
生活热水制备 Domestic hot water	集中设置太阳能热水器 Central solar water heating	太阳能/电能 Solar energy / Electricity	
新风系统 Ventilation	☒ 已安装新风系统/with ventilation system/通风电力需求/power demand: **0.55 Wh/m³** ☒ 有热回收装置/with heat recovery/热回收率/efficiency: **79%** ☒ 中央新风系统/central system:		
太阳能设备 Solar thermal system	☒ 太阳能设备集热面积/solar collectors area: **15 m²** ☒ 用于制备生活热水/for domestic hot water production ☐ 用于辅助供暖/for auxiliary heating ☒ 光伏发电面积/PV-panel area: **13 m²**		

图23_中德合作高能效建筑—被动式低能耗建筑质量标识（三）

2.2 济南市中心城区防灾避险公园救灾指挥中心

济南市中心城区防灾避险公园（泉城公园）救灾指挥中心项目是防灾避险公园建设的核心内容，位于泉城公园西北角，紧邻公园温室。该项目是山东省首批11个省级被动式超低能耗绿色建筑试点示范项目之一，同时于2014年成为中德合作被动式低能耗建筑示范项目。整个项目的建造时间是2015年7月至2016年3月。

2016年3月18日，该项目通过住房和城乡建设部科技与产业化发展中心（CSTC）及德国能源署（dena）的质量验收。2016年3月31日，在第十二届国际绿色建筑与建筑节能大会暨新技术与产品博览会上，获得中德合作高能效建筑—被动式低能耗建筑质量标识。

1. 项目概况

济南市中心城区防灾避险公园救灾指挥中心项目占地面积约700m^2，总建筑面积为2030.9m^2，地下1层，地上3层，其中地上建筑面积1346.12m^2，地下建筑面积684.78m^2，总建筑高度为14.115米（高度从室外地面算至女儿墙顶部）。建筑体型系数0.32。

该项目为钢筋混凝土框架结构，主体结构设计使用年限50年，结构安全等级二级，抗震设防烈度8度，耐火等级为二级。

项目由济南泉城公园管理处建设开发，在灾难发生时具备救灾指挥、医疗救助、资讯发布、物资储备的重要功能。表1列出了济南市中心城区防灾避险公园救灾指挥中心项目的主要参建单位。

表1 济南市中心城区防灾避险公园救灾指挥中心项目主要参建单位

项目名称	济南市中心城区防灾避险公园救灾指挥中心项目
项目地址	济南市经十路18762号
建设单位	济南泉城公园管理处
设计单位	山东建科建筑设计有限责任公司
施工单位	山东省建设建工集团第六有限公司
咨询单位	住房和城乡建设部科技与产业化发展中心（CSTC）、德国能源署（dena）

图1_济南市中心城区防灾避险公园救灾指挥中心1

图2_济南市中心城区防灾避险公园救灾指挥中心2

2．建筑技术方案

该项目地上3层，以及地下1层的楼梯间部分为被动式低能耗建筑技术处理范围，总示范建筑面积为1394.36m^2。该项目外墙采用220mm厚B1级石墨聚苯板，屋面采用250mm厚挤塑聚苯板，非消防区域的不采暖地下室顶板采用30mm厚挤塑聚苯板（楼板上侧）复合220mm厚挤塑聚苯板（楼板下侧），消防区域的不采暖地下室顶板采用30mm厚挤塑聚苯板（楼板上侧）复合220mm厚岩棉保温板（楼板下侧），地下室挡土墙采用220mm厚挤塑聚苯板，地下室分隔采暖与非采暖的隔墙采用220mm厚岩棉保温板。外墙、屋面、不采暖地下室顶板、地下室挡土墙、地下室分隔采暖与非采暖的隔墙各部位的传热系数分别达到了0.14W/（m^2・K）、0.11W/（m^2・K）、0.11/0.16W/（m^2・K）、0.13W/（m^2・K）和0.19W/（m^2・K）。

外门窗采用塑钢型材，透明部分采用（5＋18Ar＋5Low-E＋V＋5）mm真空中空复合玻璃以及暖边间隔条，玻璃的传热系数达到0.4W/（m^2・K），太阳能得热系数g值为0.52，整窗的传热系数达到0.8W/（m^2・K）。部分外窗采用了活动外遮阳。

表2给出了济南市中心城区防灾避险公园救灾指挥中心项目外围护结构的主要技术参数。

表2 济南市中心城区防灾避险公园救灾指挥中心外围护结构的主要技术参数

项目	朝向	面积，m^2	K，W/(m^2·K)	玻璃/洞口面积比	g	围护材料	有否内遮阳	有否外遮阳
北墙	北	228.55	0.14			220mm厚EPS，λ=0.032W/（m·K）		
东墙	东	222.98	0.14			220mm厚EPS，λ=0.032W/（m·K）		
南墙	南	230.29	0.14			220mm厚EPS，λ=0.032W/（m·K）		
西墙	西	219.72	0.14			220mm厚EPS，λ=0.032W/（m·K）		
地下室外墙—接触土壤	零	28.24	0.13			220mm厚XPS，λ=0.029W/（m·K）		
地下室外墙—分隔采暖与不采暖	零	155.92	0.19			220mm厚岩棉，λ=0.044W/（m·K）		
屋顶—上人屋面	水平	450.80	0.11			250mm厚XPS，λ=0.029W/（m·K）		
屋顶—非上人屋面	水平	161.10	0.11			250mm厚XPS，λ=0.029W/（m·K）		
底板—不采暖地下室上部楼板	零	547.98	0.11 0.16			消防区域：30mm厚XPS+220mm厚岩棉 其余区域：30mm厚XPS+220mm厚XPS XPS λ=0.029W/（m·K）， 岩棉λ=0.044W/（m·K）		
北不带外遮阳窗	北	65.52	0.8	0.78	0.52	（5+18Ar+5Low-E+V+5）mm玻璃，塑钢框	否	否
东不带外遮阳窗	东	7.92	0.8	0.80	0.52	（5+18Ar+5Low-E+V+5）mm玻璃，塑钢框	否	否
南带外遮阳窗	南	65.52	0.8	0.78	0.52	（5+18Ar+5Low-E+V+5）mm玻璃，塑钢框	否	是
南不带外遮阳窗	南	7.56	0.8	0.87	0.52	（5+18Ar+5Low-E+V+5）mm玻璃，塑钢框	否	否
西不带外遮阳窗	西	12.42	0.8	0.82	0.52	（5+18Ar+5Low-E+V+5）mm玻璃，塑钢框	否	否
地下室外窗	零	2.88	0.8	0.78	0.52	（5+18Ar+5Low-E+V+5）mm玻璃，塑钢框	否	否

续表

项目	朝向	面积，m^2	K，W/(m^2·K)	玻璃/洞口面积比	g	围护材料	有否内遮阳	有否外遮阳
北幕墙—不带遮阳	北	16.47	0.75	0.79	0.52	（5+18Ar+5Low-E+V+5）mm玻璃，塑钢框	否	否
南幕墙—不带遮阳	南	27.00	0.75	0.78	0.52	（5+18Ar+5Low-E+V+5）mm玻璃，塑钢框	否	否
北外门	北	2.52	2（计算值）					
东外门	东	1.89	2（计算值）					
地下室外门	零	5.04	2（计算值）					

3．关键产品和材料

该项目的外墙外保温系统由山东秦恒科技股份有限公司提供，系统供应包括石墨聚苯板、岩棉板、岩棉带及配套配件等一系列产品。

该项目的门窗幕墙系统由山东极景节能门窗幕墙有限公司提供，配置aluplast塑料型材、北京新立基真空玻璃技术有限公司生产的（T5+18Ar+TL5Low-E+V+5）mm真空中空复合玻璃，以及诺托五金配件。外窗整窗传热系数检测值达到0.74W/（m^2·K），现场抽检外窗气密性符合8级要求、水密性符合4级要求、抗风压性能符合4级要求。幕墙传热系数检测值达到0.75W/（m^2·K）。

门窗洞口密封材料采用Bosig GmbH德国博仕格有限公司（上海）防水隔汽膜、防水透汽膜。

通风设备采用山东美诺邦马节能科技有限公司提供的内冷式双冷源热回收除湿新风机组。

表3给出了济南市中心城区防灾避险公园救灾指挥中心项目所涉及的关键产品和材料的供应商。

表3　济南市中心城区防灾避险公园救灾指挥中心关键产品和材料供应商

外墙外保温系统	山东秦恒科技股份有限公司
门窗幕墙系统	山东极景节能门窗幕墙有限公司
外窗型材	aluplast
外窗玻璃	北京新立基真空玻璃技术有限公司
外窗五金件	德国诺托
门窗洞口密封材料	Bosig GmbH德国博仕格有限公司（上海）
遮阳系统	亨特道格拉斯窗饰产品（中国）有限公司
通风设备	山东美诺邦马节能科技有限公司
吸收型制冷机	日本矢崎
空气源热泵	长丰太和
采暖型集热器	山东桑乐太阳能有限公司

4. 设备技术方案

在设备工程方面，该项目采用集中式太阳能和空气源热泵联供系统采暖，集中式太阳能吸收式空调和空气源热泵联供系统制冷，采暖制冷系统末端形式为辐射吊顶。

集中式新风系统热回收效率达到76%，并采用地道风和太阳能系统对新风进行冷、热处理。

屋面太阳能设备集热面积达到159.69m^2，用于建筑的采暖、制冷和新风的预冷、预热；屋面同时装备光伏系统，光伏板面积达60.61m^2。整楼无生活热水设施。

5. 建筑能源需求技术指标

该项目每日8：00～17：00为正常运营时间。采暖期运营时间室内设定温度为20℃，非运营时间室内设定温度为15℃；制冷期运营时间室内设定温度为26℃，非运营时间不人为控制室内温度。

采用逐时的热平衡计算方法进行能耗分析，以11月1日至次年3月31日作为采暖计算期（共计151天），该项目的采暖需求为7.40kWh/（m^2·a）；以6月1日至9月30日作为制冷计算期（共计122天），该项目的制冷需求为19.33kWh/（m^2·a）。

将采暖、制冷、通风、照明、生活热水、用电设备六部分能耗全部考虑在内，该项目的终端能源需求、总一次能源需求、CO_2排放量分别为32.12kWh/（m^2·a）、96.37kWh/（m^2·a）和32.03kg/（m^2·a）。

表4　建筑能源需求计算条件

类别	项目	冬季	夏季
环境参数	室内设计温度，℃	工作时间：20； 非工作时间：15	工作时间：26； 非工作时间：不控制
	空气调节室外计算温度，℃	–7.7	34.7
	最高/最低室外计算温度，℃	–5.2	33
	极端温度，℃	–14.9	40.5
	室外空气密度，kg/m^3	1.2922	1.1491
	最大冻土深度，cm	35	—
采暖/制冷期参数	计算日期，月/日	11/1～3/31	6/1～9/30
	采暖/制冷计算天数，d	151	122
	计算方式	采暖期内连续计算热需求	制冷期内连续计算冷需求
设备参数	设备工作时间	8：00～17：00	8：00～17：00
	通风系统热回收率，%	75	0
换气参数	通风系统换气次数，h^{-1}	0.44（8：00～17：00）	0.44（8：00～17：00）
	换气体积，m^3	3420.85	3420.85
	小时人流量，h^{-1}	50（8：00～17：00）	50（8：00～17：00）
	开启一次外门进入空气，m^3	4.75	4.75
室内散热参数	总人数，人	50（8：00～17：00）	50（8：00～17：00）
	人体显热散热量，W	男：90；女：75.60	男：61；女：51.24
	人体潜热散热量，W	男：46；女：38.64	男：73；女：61.32
	灯光照明密度，W/m^2	7（8：00～10：00， 15：00～17：00）	7（8：00～10：00， 15：00～17：00）
	照明同时使用系数	0.5	0.5
	设备散热密度，W/m^2	3（8：00～17：00）	3（8：00～17：00）
	设备同时使用系数	0.5	0.5

表5　建筑能源需求技术指标

项目	计算值
热负荷，W/m^2	12.58
冷负荷，W/m^2	21.73
热需求，kWh/（m^2·a）	7.40
冷需求，kWh/（m^2·a）	19.33

表6　采暖期能量得失平衡

失热，kWh/（m^2·a）		得热，kWh/（m^2·a）	
外墙传热	5.76	外窗辐射	13.73
屋顶传热	2.57	人体	6.09
楼板传热	1.28	照明	2.15
外窗传热	5.72	设备	2.04
通风	3.06	得热利用率	45.8%
失热总计	18.39	得热总计	10.99
热需求			7.40

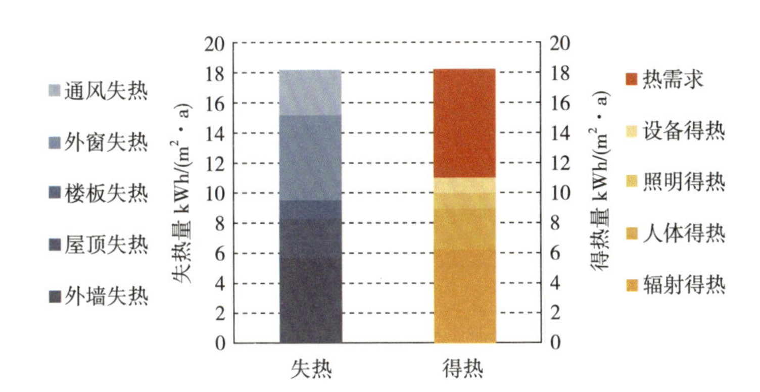

图3_采暖需求构成分析图

表7　制冷期能量得失平衡

热量得失，kWh/（m^2·a）	
非透明传热	1.67
外窗传热	0.21
外窗辐射	10.45

续表

热量得失，kWh/（m^2·a）	
通风	0.67
人体	4.12
灯光	0.90
设备	1.31
总得热	**19.33**
总散热	**0.00**
散热利用率	*non*
冷需求	19.33

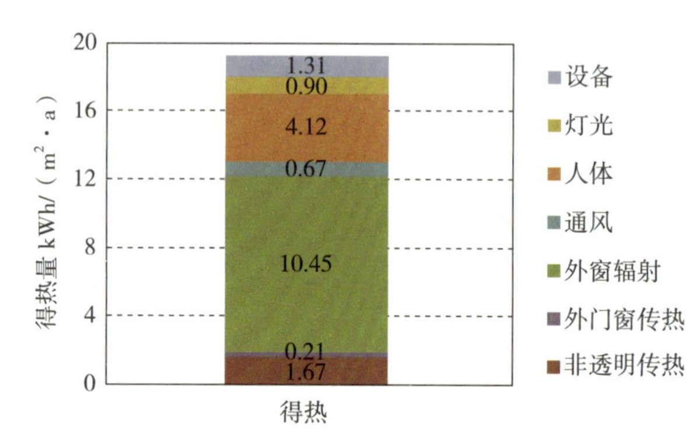

图4_制冷需求构成分析图

表8　济南市中心城区防灾避险公园救灾指挥中心一次能源需求指标及CO_2排放分析结果

分项指标	终端能耗，kWh/（m^2·a）	一次能源需求，kWh/（m^2·a）	CO_2排放量，kg/（m^2·a）
采暖	0.97	2.92	0.97
制冷	5.06	15.17	5.04
通风	3.50	10.50	3.49
照明	15.81	47.44	15.77
热水	0.00	0.00	0.00
电器	6.78	20.33	6.76
总计	32.12	96.37	32.03

6. 气密性及红外热像检测

2016年3月18日，中德双方专家对济南市中心城区防灾避险公园救灾指挥中心项目进行了质量验收。专家组对该项目先后进行了红外热成像检测、建筑气密性检测和施工节点检查。

红外热成像检测由住房和城乡建设部科技与产业化发展中心和德国能源署共同实施。热成像结果显示，外围护结构保温施工状况良好，关键节点未见明显热桥现象；锚栓处理较为到位，未形成明显的点状热桥。

建筑气密性检测由山东省建筑科学研究院实施，测试针对整栋建筑进行，建筑换气体积总计3416.8m^3。正压测试结果n_{+50}为0.49h^{-1}，负压测试结果n_{-50}为0.50h^{-1}，均值$n_{\pm 50}$为0.49h^{-1}，符合被动式低能耗建筑对于建筑气密性的要求$n_{\pm 50} \leq 0.6$h^{-1}。

7. 项目质量标识

2016年3月31日，在第十二届国际绿色建筑与建筑节能大会暨新技术与产品博览会上，泉城公园救灾指挥中心项目获得中德合作高能效建筑—被动式低能耗建筑质量标识。在住房和城乡建设部建筑节能与科技司仝贵婵处长，德国联邦环境、自然保护、建设与核安全部彼得·拉瑟特（Peter Rathert）处长，山东省住房和城乡建设厅建筑节能与科技处李晓副处长的见证下，住房和城乡建设部科技与产业化发展中心文林峰副主任和德国能源署副署长克里斯蒂娜·哈弗坎普（Kristina Haverkamp）女士共同向项目建设单位济南泉城公园管理处颁发了济南市中心城区防灾避险公园救灾指挥中心的中德合作高能效建筑—被动式低能耗建筑质量标识。

8. 专家点评

本项目采用了太阳能吸收式制冷设备，整套机组已经安装并基本调试完毕，处于运行状态。由于太阳能制冷设备系统复杂，世界范围内应用案例极少，项目方尚需要在建筑的实际运营过程中，切实做好精准调试工作，尽力使系统各段达到实现最佳工作效率的条件。

目前该项目已正式投入使用将近一年。为获得整栋建筑以及设备的实际运行效果数据，项目布置了环境监测设备和能耗监测设备。在人员正常工作的情况下，24小时监测并记录：（1）室内外温度；（2）室内外湿度；（3）设备耗电量，包括通风设备、制冷设备、空气源热泵、地源热泵、附加的中庭排风设备、热水、照明、办公用电设备，以及根据不同的空间使用功能分配的插座。三年室内环境和能效监控数据（截至2018年底）将成为项目实施效果的可靠说明。

（撰文：马伊硕）

中德合作高能效建筑—被动式低能耗建筑质量标识

Sino-German Energy-Efficient Buildings: Certificate

颁发日期：2016年3月31日 Issued at: 31.03.2016 建筑名称：济南市中心城区防灾避险公园救灾指挥中心 Project name: Jinan Quancheng Garden Emergency Services Center

证书

建筑信息 Building

建筑信息 Building	
主要使用功能 Type of building	办公建筑 Office building
地址 Address	济南市经十路18762号 Jingshi Road No.18762, Jinan City, Shandong Province
开发单位 Developer	济南泉城公园管理处 Jinan Quancheng Garden Management
建造年份 Year of construction	2015/07 - 2016/03
建筑面积 Gross floor area	2030 m²
供暖面积 Total heated area	1394 m²
体形系数 Surface/volume ratio	0.32

能效数据 Energy performance

能效数据 Energy performance	
能效等级 Energy level	A
终端能源需求量 Final energy demand	32.12 kWh/(m²a)
一次能源需求总量 Primary energy demand	96.37 kWh/(m²a)
二氧化碳排放量 CO_2 emissions	32.03 kg/(m²a)

- A 中德高能效建筑设计标准 Sino-German Energy Efficiency Standard
- B 公共建筑节能设计标准 GB 50189-2015 Design Standard for Energy Efficiency of Public Buildings
- C 公共建筑节能设计标准 GB 50189-2005 Design Standard for Energy Efficiency of Public Buildings
- D 低于公共建筑节能设计标准 GB 50189-2005 worse than GB Standard

日期 Date

31.03.2016

证书编号 Certificat ID

CN-DE-PP-06-2016

负责人签名 Signature

中国住房和城乡建设部科技与产业化发展中心（CSTC）

负责人签名 Signature

德国能源署（dena）

图5_中德合作高能效建筑—被动式低能耗建筑质量标识（一）

中德合作高能效建筑—被动式低能耗建筑质量标识

Sino-German Energy-Efficient Buildings: Certificate

颁发日期：2016年3月31日 Issued at: 31.03.2016 建筑名称：济南市中心城区防灾避险公园救灾指挥中心 Project name: Jinan Quancheng Garden Emergency Services Center

综合能效评价 Overall evaluation of energy efficiency

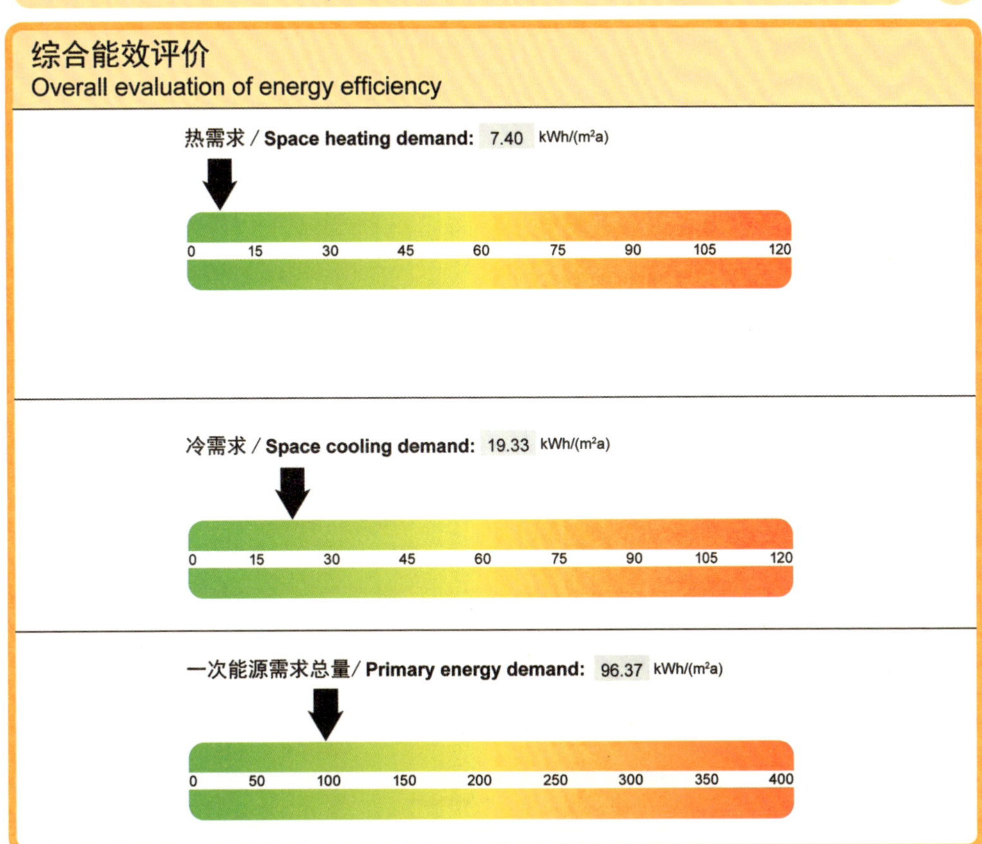

围护结构 Building envelope

传热系数/U-Value [W/(m²K)]	
屋顶/顶层楼板 Upper ceiling/roof	0.11
外墙 External wall	0.14
外窗/外门 Window/door	0.8 / 0.8
地下室顶板/首层地面 Basement ceiling/groundplate	0.13
气密性/Airtightness (h^{-1})	
n_{50}	0.49

一次能源需求数据 Primary energy demand [kWh/(m²a)]

供暖需求 Space heating	2.92
制冷需求 Space cooling	15.17
照明需求 Lighting	47.44
通风与除湿需求 Ventilation/dehumidification	10.50
办公设备 Office equipment	20.33
总计 Total	96.37

图5_中德合作高能效建筑—被动式低能耗建筑质量标识（二）

中德合作高能效建筑—被动式低能耗建筑质量标识

Sino-German Energy-Efficient Buildings: Certificate

dena
德 国 能 源 署

颁发日期：2016年3月31日
Issued at: 31.03.2016

建筑名称：济南市中心城区防灾避险公园救灾指挥中心
Project name: Jinan Quancheng Garden Emergency Services Center

2

围护结构 Building enevelope	面积 Area [m²]	传热系数 U-Value [W/(m²K)]	保温层厚度 Thickness [cm]	材料 Material
屋顶/顶层楼板 Roof/upper ceiling	611.90	0.11	25	挤塑聚苯板/XPS λ=0.029W/(mK)
外墙 External wall	901.54	0.14	22	石墨聚苯板/EPS λ=0.032W/(mK)
外窗 Window	144.81	0.8		塑钢窗框，三玻真空中空复合玻璃，暖边间隔条 Plastic frame, Triple insulated vacuum glazing, Thermally isolated edge seals 5+18Ar+5Low-E+V+5
幕墙 Curtain wall	43.47	0.75		
外门 Door	17.01	0.8		同上 as above
	9.45	2.0		防火门 Fire door （U值为计算值，calculated U-Value）
楼板/地下室顶板 Basement ceiling	305.98	0.11	3+22	XPS+XPS λ=0.029W/(mK)
	242.00	0.16	3+22	XPS+岩棉板/XPS+Rock wool λ=0.029W/(mK), λ=0.044W/(mK)

设备工程 Building services	设备 Equipment	能源类型 Energy carrier	负荷 Load [W/m²]
供暖设备 Heating	集中式太阳能热管 Central solar thermotube 空气源热泵联供系统 Air source heat pump cogeneration system 辐射吊顶 Radiant ceiling + Air conditioning	周围环境能/电能 Environmental energy / Electricity	12.58
制冷设备 Cooling	集中式太阳能吸收式空调 Central solar absorption System 空气源热泵联供系统 Air source heat pump cogeneration system 辐射吊顶 Radiant ceiling + Air conditioning	周围环境能/电能 Environmental energy / Electricity	21.73
生活热水制备 Domestic hot water	无 None		
新风系统 Ventilation	☒ 已安装新风系统/with ventilation system ☒ 有热回收装置/with heat recovery/热回收率/efficiency: **76%** ☒ 中央新风系统/central system: 在地下室，风道预热和预冷/in basement, earth duct conditioning		
太阳能设备 Solar thermal system	☒ 太阳能设备集热面积/solar collectors area: **159.69 m²** ☒ 用于供暖和制冷/for heating and cooling ☒ 用于新风预热和预冷/for fresh air conditioning ☒ 光伏发电面积/PV-panel area: **60.61 m²**		

图5_中德合作高能效建筑—被动式低能耗建筑质量标识（三）

2.3 江苏南通三建研发中心

江苏南通三建研发中心由康博达节能科技有限公司开发建设，为江苏省首例采用被动式低能耗建筑标准设计、施工的建筑项目，同时也是夏热冬冷地区首栋被动式低能耗办公建筑。该项目集研究与工厂化应用于一体，对促进建筑行业转型升级和建筑节能减排具有较高的示范意义。

江苏南通三建研发中心于2013年入选中德合作被动式低能耗建筑示范项目，于2016年被列入住房和城乡建设部科学技术计划项目。2016年10月12日，在第十五届中国国际住宅产业暨建筑工业化产品与设备博览会上，获得中德合作高能效建筑—被动式低能耗建筑质量标识。整个项目的设计、建造时间是2013年10月至2016年10月。

1. 项目概况

江苏南通三建超低能耗绿色产业园由江苏南通三建集团股份有限公司开发建设。产业园以打造中国首家被动式低能耗建筑示范基地为目标，集成了被动式建筑研发中心、被动式建筑样板间示范项目，引进以生产被动式节能、绿色生态、高新技术的建筑产品体系（如被动式门、窗、保温材料等相关产品的研发）、部品体系（如被动式建筑所需要的密封布、保温钉、滴水线、窗台板）与成套技术为主的研发和生产企业加入产业园。

江苏南通三建超低能耗绿色产业园位于海门工业园北区，东至包临公路，南至喜悦路，北至新城西路，基地的西侧为京杭大运河。项目规划用地面积27277m^2，总建筑面积45333.44m^2，地上建筑面积43977.9m^2，地下建筑面积1355.5m^2，占地面积11961.08m^2，容积率1.61，建筑密度43.85%。

第一批示范工程为江苏南通三建研发中心，为江苏省首例采用被动式低能耗建筑标准设计、施工的建筑项目。其位置规划于靠北侧道路南边缘，可充分利用冬季日照，以及夏季自然通风。研发中心南北通透，楼体形状为长方形，外立面平整无凹凸造型，体积紧凑，体型系数为0.207。各朝向窗墙比为：东向0.06，西向0.06，南向0.38，北向0.32。建筑布局利用建筑的向阳面和背阴面形成风压压差，使建筑单体得到一定的穿堂风；场地环境安全可靠，远离污染源，并对自然灾害有充分的抵御能力。

研发中心占地面积约899.75m^2，地上6层，地下1层，建筑高度为23.9m。总建筑面积6757.88m^2，其中地下建筑面积为1354.9m^2，地下建筑面积为

$5402.98m^2$。钢筋混凝土框架结构。

研发中心地下一层为设备用房及戊类储藏，一层为被动式低能耗建筑材料、设备及部品配件展厅，二至三层为研发室及办公室，四至六层为公寓。

表1列出了江苏南通三建研发中心项目的主要参建单位。

表1　江苏南通三建研发中心主要参建单位

项目名称	江苏南通三建研发中心
项目地址	江苏省海门市悦来镇新城西路69号
建设单位	康博达节能科技有限公司
设计单位	北京中筑天和建筑设计有限公司
施工单位	浩嘉恒业建设发展有限公司
咨询单位	住房和城乡建设部科技与产业化发展中心（CSTC）、德国能源署（dena）

2．建筑技术方案

1）气候条件分析

海门市位于江苏省东南部，东濒黄海，南倚长江。市境位于北纬31°46′~

图1_江苏南通三建超低能耗绿色产业园园区效果图

图2_江苏南通三建研发中心

32°09′，东经121°04′~121°32′。境内地势平坦，沟河纵横，地表平均海拔4.96m（以废黄河为基准）。地势呈西北略高、东南偏低，西部最高处海拔5.2m，东部最低处海拔2.5米，南北横截面呈弧形，两头低、中间高。

海门市属北亚热带季风气候区，四季分明，雨水充沛，光照较足，无霜期长。年平均降水量1040.4mm，年最大降水量1500.7mm（1975年），年最小降水量654.6mm（1978年），年降水量小于700mm和大于1300mm的频率分别为2.2%和15.2%，年降水量在850mm以上的年份占78%。

根据中国气象局近十年的气象资料，海门市年平均室外温度为16.4℃。1月为全年最冷月，最低日均室外温度1.37℃；7月为全年最热月，最高日均室外温度29.9℃。基于气象局给出的10年平均室外温度数据，拟定海门市被动式低能耗建筑示范项目的采暖计算期为11月15日至次年3月25日，共计131天；制冷计算期为6月12日至9月19日，共计100天。海门市日均温度变化趋势，及采暖期、制冷期和过渡季的划分见图3。

海门市年平均相对湿度为75.7%，全年日均相对湿度变化范围为62.3%~86.3%。日均相对湿度在70%以上的天数占到全年的86%；日均相对湿度在80%以上的天数占到全年的24%。图4以日均温度和日均相对湿度为基础，显示了海门市的室外温湿度分布状况，并给出人体舒适度区域的参考

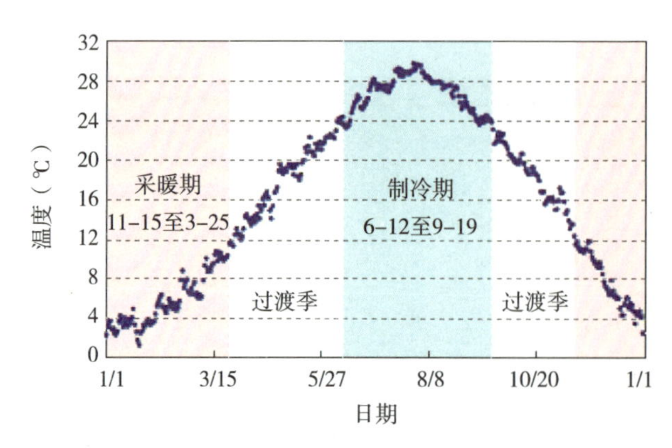

图3_海门市日均温度变化趋势及采暖期、制冷期和过渡季的划分

范围。由图可见，由于海门市湿度较高，数据点整体落于舒适区以上，大部分数据都需要进行空气调节（主要是加热、制冷和除湿）才能处于舒适范围内。

结合采暖期和制冷期共同考虑，由于加热、制冷过程自然伴随着湿度调节，无须在采暖期、制冷期单独考虑除湿过程以及由此引起的除湿能耗，因此除湿问题在过渡季尤为显著。图5给出了海门市日相对湿度在全年时间上的分布，以及采暖期、制冷期和过渡季的时间范围。过渡季为每年3月26日至6月11日，以及9月20日至11月14日，共计134天。过渡季内日相对湿度范围为62.4%~83.3%，若以相对湿度70%为舒适度界限，那么需要除湿的天数达到85%。

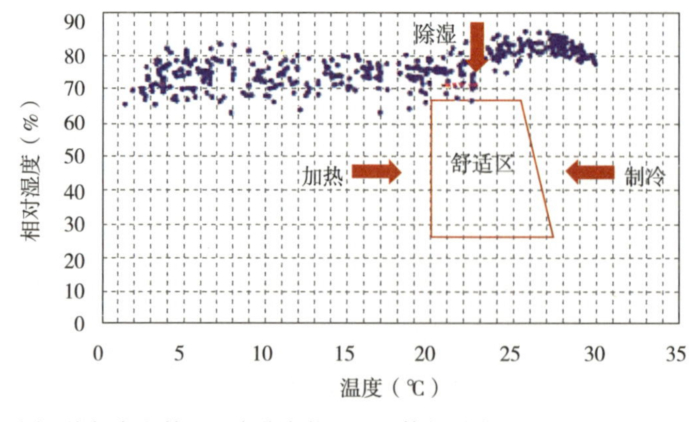

图4_海门市室外温湿度分布状况及人体舒适度区域

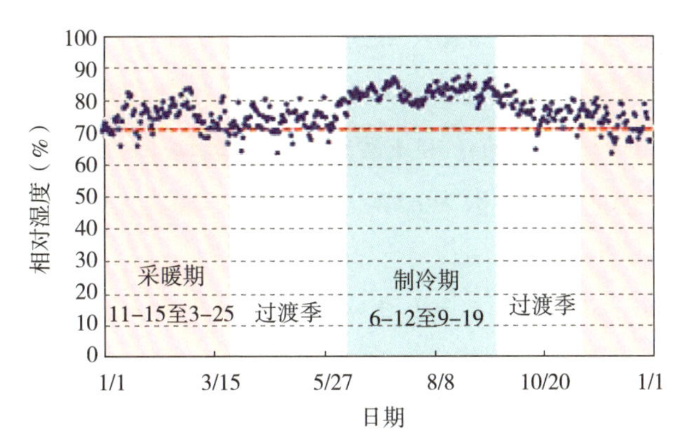

图5_海门市日均湿度变化趋势及采暖期、制冷期和过渡季的划分

2）建筑平立面设计

江苏南通三建研发中心地上1～3层展厅及办公室、4～6层公寓和楼顶机房层处在被动式低能耗建筑处理范围内，总示范建筑面积为5400m^2。共有大办公室/研发室21间、中办公室/研发室4间、小办公室/研发室3间、展厅4间、会议室1间、公寓36间。

建筑平面、立面设计时，充分考虑了体型系数和外立面的简洁平整性。在建筑立面上，尽量减少不必要的建筑造型所可能引起的热桥损失，以形式服从功能为指导思想，在考虑造型效果的前提下去掉了无功能性的装饰构件。在建筑平面上，平面布置尽量使功能明确、紧凑，利用走廊、电梯、楼梯间等区域作为回风过渡区，将建筑设计与暖通设计进行了一体化的构思。

办公楼所有房间、走廊、楼梯间均考虑了自然通风要求。外窗的开启方式（地下室、楼梯间为外开）均为内开，开启面积占外窗总面积的1/3以上，满足自然通风标准。建筑南、北向布置，中设走廊，南、北向窗墙面积比均大于0.3，且采用内平开、上悬两种开启方式，便于组织室内穿堂风，改善室内空气品质，减少机械空调通风的使用。

3）外围护结构做法

该项目外墙保温材料采用150mm厚B1级石墨聚苯板，每层楼板位置处设置300mm宽岩棉防火隔离带；屋面保温材料采用300mm厚B1级石墨聚苯板；不采暖地下室上部顶板保温材料采用50mm厚挤塑聚苯板复合150mm厚增强玻璃纤维保温板。外墙、屋面、不采暖地下室上部顶板传热系数分别达到

0.25W/（m^2·K）、0.13W/（m^2·K）、0.20W/（m^2·K）。

外门窗采用聚酯合金窗，透明部分采用真空复合中空玻璃，结构为6mm无色透明钢化玻璃＋16A＋5mmLow-E镀膜半钢化玻璃＋0.15V＋5mm无色透明半钢化玻璃。整窗的传热系数为0.7W/（m^2·K），玻璃太阳能得热系数g值为0.5。

建筑的东、西、南向外窗采用电动外遮阳百叶窗帘，可以根据气候及太阳高度角、太阳光线的强度等来调节百叶窗帘的升、降及百叶的角度，夏季能遮挡50%以上的太阳辐射，可大大降低太阳辐射引起的冷负荷和眩光的影响。在控制眩光的同时，可通过调整叶片角度将部分光线投射到天花以及室内更深的区域，从而使得室内自然采光更充足和均匀，并减少照明所需的能耗。

表2、表3给出了江苏南通三建研发中心项目外围护结构的主要技术参数。

表2　江苏南通三建研发中心非透明外围护结构的主要技术参数

<table>
<tr><th>项目</th><th>围护类型</th><th>朝向</th><th>面积，m^2</th><th>K，W/(m^2·K)</th><th>热惰性指标D</th><th>围护材料</th><th>饰面材料</th><th>太阳辐射吸收系数</th></tr>
<tr><td>北墙</td><td>外墙</td><td>北</td><td>735.82</td><td>0.25</td><td>4.62</td><td rowspan="4">145mm厚EPS，λ=0.037W/（m·K）
150mm厚岩棉防火隔离带，
λ=0.043W/（m·K）</td><td rowspan="4">深色涂料</td><td rowspan="4">0.75</td></tr>
<tr><td>东墙</td><td>外墙</td><td>东</td><td>563.63</td><td>0.25</td><td>4.62</td></tr>
<tr><td>南墙</td><td>外墙</td><td>南</td><td>761.77</td><td>0.25</td><td>4.62</td></tr>
<tr><td>西墙</td><td>外墙</td><td>西</td><td>560.66</td><td>0.25</td><td>4.62</td></tr>
<tr><td>屋面</td><td>屋面</td><td>水平</td><td>868.60</td><td>0.13</td><td>5.71</td><td>300mm厚EPS，λ=0.037W/（m·K）</td><td>水泥屋面</td><td>0.75</td></tr>
<tr><td>底板</td><td>不采暖地下室上部楼板</td><td>零</td><td>900.88</td><td>0.20</td><td>5.83</td><td>50mm厚XPS，λ=0.034W/（m·K）
150mm厚玻璃棉保温板，
λ=0.041W/（m·K）</td><td>—</td><td>—</td></tr>
</table>

表3　江苏南通三建研发中心透明外围护结构的主要技术参数

围护类型	朝向	个数	总面积，m^2	玻璃/洞口面积比	K，W/(m^2·K)	g	围护材料	固定遮阳参数				活动遮阳参数		
								水平遮阳		垂直遮阳		类型	遮阳系数	
								l值	f值	m值	g值		夏季	冬季
外窗	北	1	366.48	0.87	0.70	0.5	6mm钢化＋16A＋5mmLow-E镀膜半钢化＋0.15V＋5mm半钢化，聚酯合金型材，暖边	0	0	0	0	无	1	1
外窗	东	1	34.38	0.87	0.70	0.5		0	0	0	0	外遮阳	0.3	1
外窗	南	1	322.62	0.87	0.70	0.5		0	0	0	0	外遮阳	0.3	1
外窗	西	1	34.38	0.87	0.70	0.5		0	0	0	0	外遮阳	0.3	1
外门	南	1	17.82	0.87	0.77	0.5	TL6＋12A（r）＋T6＋12A（r）＋TL6，铝合金型材，暖边	0	0	0	0	无	1	1
外门	东	1	7.74	不透明		—		0	0	0	0	—	—	—
外门	南	1	5.04	不透明		—		0	0	0	0	—	—	—
外门	西	1	10.26	不透明		—		0	0	0	0	—	—	—

3. 关键产品和材料

该项目的石墨聚苯板由江苏锦鸿福运科技有限公司提供，各项指标检测结果为：表观密度20kg/m³，压缩强度0.15MPa，导热系数（平均温度25℃）0.037W/（m·K），尺寸稳定性（70℃，48h）-0.3%，水蒸气透过系数2.8ng/（Pa·m·s），吸水率（体积分数）1.2%，熔结性（断裂弯曲负荷）45N，垂直于板面方向的抗拉强度0.32MPa。

该项目外窗采用康博达节能科技有限公司提供的聚酯合金80平开窗系统，大连实德科技发展有限公司提供型材，整窗传热系数检测值为0.7W/（m²·K）。保温性能检测样窗配置真空复合中空玻璃，玻璃结构为（5＋9A＋5＋0.36＋5Low-E）mm，窗框面积与窗面积之比为33%。三性检测样窗达到抗风压性能9级，气密性能正压8级、负压8级，水密性能4级。隔声性能检验结论为，作为外窗隔声性能等级为3级，作为内窗隔声性能等级为4级。

外窗透明材料由青岛亨达玻璃科技有限公司供应，玻璃结构为6mm无色透明钢化玻璃＋16A＋5mmLow-E镀膜半钢化玻璃＋0.15V＋5mm无色透明半钢化玻璃，玻璃传热系数检测值为0.56W/（m²·K）。

该项目的暖通空调设备采用清华同方人工环境有限公司研发的被动房专用能源环境机。

表4给出了江苏南通三建研发中心项目所涉及的关键产品和材料的供应商。

表4　江苏南通三建研发中心关键产品和材料供应商

石墨聚苯板	康博达节能科技有限公司
外窗系统	康博达节能科技有限公司
外窗型材	大连实德科技发展有限公司
外窗玻璃	青岛亨达玻璃科技有限公司
活动外遮阳	亨特道格拉斯窗饰产品（中国）有限公司
暖通空调设备	清华同方人工环境有限公司

4. 设备技术方案

采用空气源热泵作为本项目全年采暖空调冷热源。根据冷热负荷模拟计算结果，选用2组FS-120机组。在国家标准规定的名义工况下，机组夏季能效比为3.2，冬季能效比为3.7。

研发中心办公区域采用分层独立控制全新风系统，新风通过风道直送到每个房间，利用过道作为回风溢流通道，过道内靠近风机房设集中回风口。

新风系统采用交叉逆流全热回收芯体ConsERV™ C75Core，显热回收效率大于75%，全热回收效率大于70%。根据当地气候条件，冬季最低气温约为-5℃，因此新风系统未考虑新风预热装置。

当地空气质量较好，在新风系统中未设置空气净化装置，降低风机能耗。空气过滤系统采用高效过滤器。

风机出口和回风口均设有降噪静压箱，同时风机选用低噪声风机。

公共卫生间采暖、制冷季采用机械排风，排风量600m^3/h（按每蹲位40m^3/h及不小于5次/h房间换气计算），排风作为新风换气机排气的一部分；补风采用走廊的渗透风。

公寓区独立卫生间排风采用独立的排风道和补风口方式，独立的排风和补风形成空气流动小系统，与楼内排风系统无关联。

5. 建筑能源需求技术指标

考虑到该建筑不同楼层需作为不同用途使用，能耗计算和相关参数选取分别针对办公楼、公寓楼两部分展开，以下仅针对1～3层展厅及办公楼部分展开分析。

办公楼每日7：00～19：00为正常运营时间。采暖期运营时间室内设定温度为20℃，非运营时间室内设定温度为15℃；制冷期运营时间室内设定温度为26℃，非运营时间不人为控制室内温度。

在室内非供暖热源散热方面，大、中、小型研发室/办公室分别考虑为4人/间、2人/间和1人/间，连同展厅人数，室内总人数150人，室内停留时间为7：00～19：00，不同时间段设定不同的人员作息系数。灯光24小时照明，不同时段设定了不同的同时使用系数，最大设计功率为9W/m^2，电热转换率为0.9。计算机、显示器、复印机、打印机等办公设备的散热时间为7：00～19：00，散热密度6W/m^2，不同时段设定了不同的同时使用系数。

采用逐时的热平衡计算方法进行能耗分析，以11月15日至次年3月25日作为采暖计算期（共计131天），该项目办公区的采暖需求为1.81kWh/（m^2・a）；以6月12日至9月19日作为制冷计算期（共计100天），该项目办公区的制冷需求为21.31kWh/（m^2・a）。

将采暖、制冷、通风、照明、生活热水、用电设备六部分能耗全部考虑在内，该项目整栋楼（包括办公区、公寓区两部分）的终端能源需求、总一次能源需求、CO_2排放量总计分别为36.13kWh/（m^2・a）、108.40kWh/（m^2・a）和36.03kg/（m^2・a）。

表5　江苏南通三建研发中心办公区能源需求技术指标

项目	计算值
热负荷，W/m^2	6.96
冷负荷，W/m^2	21.56
热需求，kWh/（m^2・a）	1.81
冷需求，kWh/（m^2・a）	21.31

表6　江苏南通三建研发中心办公区采暖期能量得失平衡

失热，kWh/（m^2・a）		得热，kWh/（m^2・a）	
外墙传热	3.73	辐射	11.21
屋顶传热		人体	8.12
底板传热	1.21	照明	4.35

续表

失热，kWh/（m²·a）		得热，kWh/（m²·a）	
外窗传热	3.71	设备	7.23
通风失热	3.53	得热利用率	33.5%
失热总计	12.18	**得热总计**	10.36
热需求		1.81	

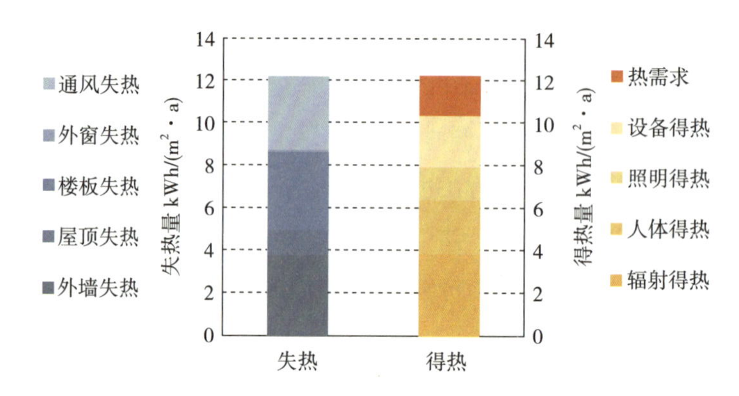

图6_采暖需求构成分析图

表7 制冷期能量得失平衡

得热，kWh/（m²·a）		占比，%
外窗传热得热	0.32	2
非透明围护传热	1.35	6
外窗辐射得热	6.39	30
通风得热	0.45	2
人体得热	5.66	27
灯光得热	1.98	9
设备得热	5.16	24
总得热	21.31	100
总散热	0.00	
散热利用率	*non*	
冷需求	21.31	

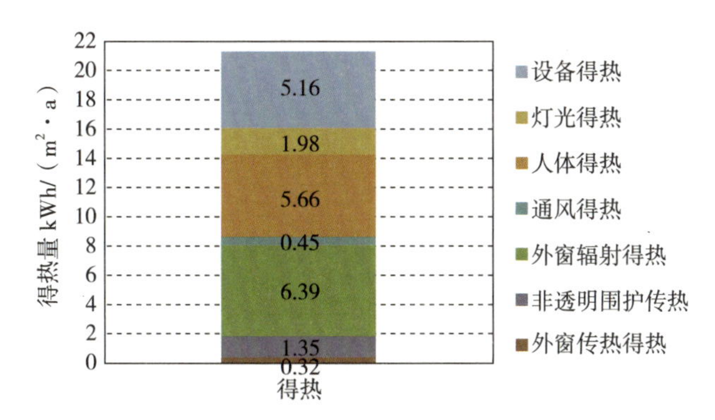

图7_制冷需求构成分析图

表8　江苏南通三建研发中心整楼一次能源需求指标及CO_2排放分析结果

分项指标	终端能耗，kWh/（m^2·a）	一次能源需求，kWh/（m^2·a）	CO_2排放量，kg/（m^2·a）
采暖	0.69	2.07	0.69
制冷	6.56	19.68	6.54
通风	3.11	9.34	3.10
照明	11.90	35.71	11.87
热水	2.64	7.92	2.63
电器	11.23	33.68	11.19
总计	**36.13**	**108.40**	**36.03**

6. 气密性检测

2016年9月29日，德国能源署、住房和城乡建设部科技与产业化发展中心对江苏南通三建研发中心的施工质量进行了全面的检查。认为施工质量较好，满足中德合作高能效—被动式低能耗建筑的质量要求。

建筑气密性检测由山东省建筑科学研究院实施，测试针对整栋建筑进行，计算换气体积为17746.48m^3。正压测试结果n_{+50}为0.19h^{-1}，负压测试结果n_{-50}为0.17h^{-1}，均值$n_{\pm 50}$为0.18h^{-1}，符合被动式低能耗建筑对于建筑气密性的要求$n_{\pm}50 \leq 0.6h^{-1}$。

7．项目质量标识

2016年10月12日，在第十五届中国国际住宅产业暨建筑工业化产品与设备博览会上，江苏南通三建研发中心项目获得中德合作高能效建筑—被动式低能耗建筑质量标识。在住房和城乡建设部建筑节能与科技司韩爱兴副司长的见证下，住房和城乡建设部科技与产业化发展中心文林峰副主任和德国能源署妮科尔·皮伦（Nicole Pillen）女士共同向项目建设单位南通锦鸿建筑科技有限公司颁发了江苏南通三建研发中心的中德合作高能效建筑—被动式低能耗建筑质量标识。

8．专家点评

夏热冬冷地区在我国涉及14个省、直辖市的部分地区，此气候区冬季温度较低，且湿度偏高，但不设置集中采暖设施。当室外温度低于5℃时，室内生活环境恶劣，人体感受甚至劣于严寒、寒冷地区。随着经济的发展和生活水平的提高，人们对居住条件的改善抱有强烈需求，对长江三角洲区域集中供暖的呼声愈来愈高。

夏热冬冷地区居住面积大约为34亿m^2，人口约为1亿。若采用集中供暖，一是每年将会增加大量能耗和二氧化碳、二氧化硫及烟尘排放，区域能耗将会急剧提升，环境污染加剧；二是夏热冬冷地区房屋的气密性极差，采用集中供暖方式必然带来不必要的能源浪费。受限于我国能源供给能力以及供热管网构建问题等因素，夏热冬暖地区集中供暖难以实现，

对于解决夏热冬暖地区的冬季供暖、夏季制冷问题，被动式低能耗建筑提供了一条有效的、可靠的技术路径，可以说是解决此地区人们居住舒适度问题的最佳建筑形式。

被动式低能耗建筑可以在没有供热设施的条件下，利用建筑物自然得热使冬季室内温度达到20℃以上。秦皇岛“在水一方”被动式低能耗建筑示范项目的实测结果证明，在样板间不进行机械式采暖且无人居住的情况下，室外温度为-10℃左右的条件下，室内仍能维持在14~15℃。在夏热冬暖地区建造被动式低能耗建筑，或将现有房屋改造成被动式低能耗建筑，可以妥善地解决其室内舒适度问题。江苏南通三建研发中心是该气候区首栋被动式低能耗建筑，但从长远来看，该种类型的建筑及其设计、建造理念和方法具有很好的推广价值和市场需求量。

（撰文：马伊硕）

中德合作高能效建筑—被动式低能耗建筑质量标识

Sino-German Energy-Efficient Buildings: Certificate

颁发日期：2016年10月12日 Issued at: 12.10.2016

建筑名称：江苏南通三建研发中心 Project name: R&D Center Jiangsu Nantong Sanjian Construction Group Co., Ltd.

能源需求技术指标 Energy demand

建筑信息 Building

主要使用功能 Type of building	办公/公寓 Office / Apartment
地址 Address	江苏省海门市悦来镇新城西路69号 Xinchengxilu No. 69, Yuelai Town, Haimen City, Jiangsu Province
开发单位 Developer	南通锦鸿建筑科技有限公司 Nantong Jinhong Architectural Technology Co., Ltd.
建造年份 Year of construction	2013/10 - 2016/10
建筑面积/供暖面积 Gross floor area / Total heated area	6757.88 m² / 5398.79 m²(办公Office：2579.97 m²，公寓Apartment：2818.82 m²)
体形系数 Surface/volume ratio	0.207

能效数据 Energy performance (all energy values are calculated with gross floor area)

能效等级 Energy level	A
终端能源需求量 Final energy demand	36.13 kWh/(m²a)
一次能源需求总量 Primary energy demand	108.40 kWh/(m²a)
二氧化碳排放量 CO_2 emissions	36.03 kg/(m²a)

- A 中德高能效建筑设计标准 Sino-German Energy Efficiency Standard
- B 公共建筑节能设计标准 GB 50189-2015 Design Standard for Energy Efficiency of Public Buildings
- C 公共建筑节能设计标准 GB 50189-2005 Design Standard for Energy Efficiency of Public Buildings
- D 低于公共建筑节能设计标准 GB 50189-2005 worse than GB Standard

日期 Date

12.10.2016

证书编号 Certificat ID

CN-DE-PP-08-2016

负责人签名 Signature

中国住房和城乡建设部
科技与产业化发展中心（CSTC）

负责人签名 Signature

德国能源署（dena）

图8_中德合作高能效建筑—被动式低能耗建筑质量标识（一）

中德合作高能效建筑—被动式低能耗建筑质量标识

Sino-German Energy-Efficient Buildings: Certificate

dena 德国能源署

颁发日期：2016年10月12日 建筑名称： 江苏南通三建研发中心
Issued at: 12.10.2016 Project name: R&D Center Jiangsu Nantong Sanjian Construction Group Co., Ltd.

综合能效评价
Overall evaluation of energy efficiency

热需求 / **Space heating demand:** 2.24 kWh/(m²a)

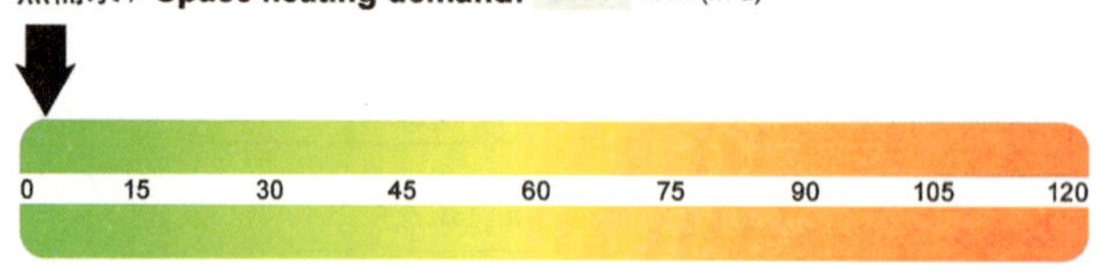

热负荷/ **Space heating load:** 办公部分/Office part：6.96 W/m² 公寓部分/Residential part: 6.89 W/m²

冷需求 / **Space cooling demand:** 20.13 kWh/(m²a)

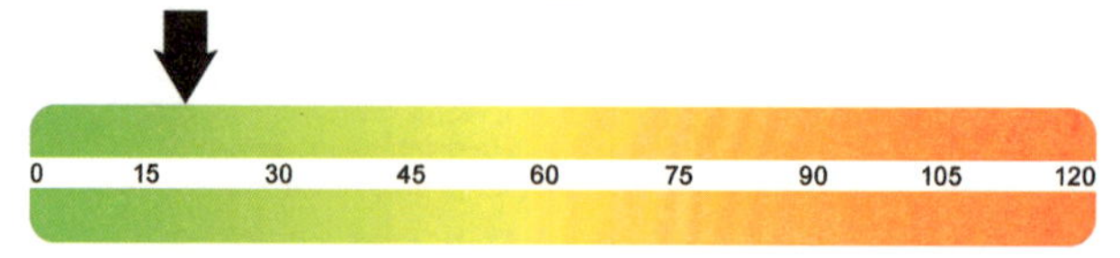

冷负荷/ **Space cooling load:** 办公部分/Office part：21.56 W/m² 公寓部分/Residential part: 14.54 W/m²

一次能源需求总量/ **Primary energy demand:** 108.40 kWh/(m²a)

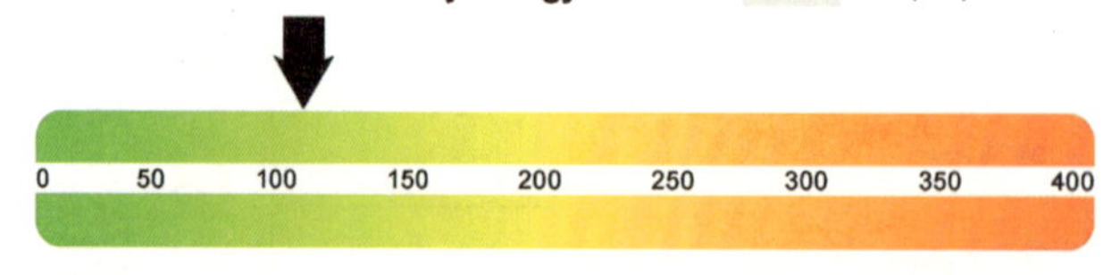

围护结构
Building envelope

传热系数/K-Value [W/(m²K)]	
屋顶/顶层楼板 Upper ceiling/roof	0.13
外墙 External wall	0.25
外窗/外门 Window/door (standard)	0.70 / 0.77 / 1.00
地下室顶板/首层地面 Basement ceiling/groundplate	0.20
气密性/Airtightness (h⁻¹)	
n_{50}	0.18

一次能源需求数据
Primary energy demand [kWh/(m²a)]

供暖需求 Space heating	2.07
制冷需求 Space cooling	19.68
照明需求 Lighting	35.71
通风需求 Ventilation	9.34
办公设备 Office equipment	33.68
生活热水制备 Domestic hot water	7.92
总计 Total	108.40

图8_中德合作高能效建筑—被动式低能耗建筑质量标识（二）

中德合作高能效建筑—被动式低能耗建筑质量标识

Sino-German Energy-Efficient Buildings: Certificate

dena 德国能源署

颁发日期：2016年10月12日 建筑名称： 江苏南通三建研发中心
Issued at: 12.10.2016 Project name: R&D Center Jiangsu Nantong Sanjian Construction Group Co., Ltd.

2

围护结构 Building enevelope	面积 Area [m²]	传热系数 K-Value [W/(m²K)]	保温层厚度 Thickness [cm]	材料 Material
屋顶/顶层楼板 Roof/upper ceiling	868.60	0.13	30	石墨聚苯板/EPS λ=0.037W/(mK)
外墙 External wall	2621.88	0.25	14.5	石墨聚苯板/EPS λ=0.037 W/(mK)
外窗 Window	757.86	0.70		塑钢窗框，三玻真空中空复合玻璃，暖边间隔条/Plastic frame, Triple insulated vacuum glazing, Thermally isolated edge seals 6+16Ar+5Low-E+0.15V+5
遮阳 Shading	391.38			自动感应活动外遮阳 Automatic active exterior-shading
外门 Door	17.82	0.77		铝合金型材，三玻两腔中空玻璃，暖边间隔条/Aluminium frame, Triple insulated glazing, Thermally isolated edge seals TL6+12Ar+T6+12Ar+TL6
	23.04	1.00（计算值）		铝合金型材，填充聚氨酯/Aluminium frame, filled with PU
楼板/地下室顶板 Basement ceiling	900.88	0.20	5 15	挤塑聚苯板/XPS λ=0.034 W/(mK) 玻璃棉保温板/Glass wool insulation board λ=0.041 W/(mK)

设备工程 Building services	设备 Equipment	能源类型 Energy carrier
供暖设备 Heating	空气源热泵机组 Air source heat pump cogenration system 风机盘管+新风末端 Fan coil + ventilation system	周围环境冷、热能/电能 Environmental energy / Electricity
制冷设备 Cooling	空气源热泵机组 Air source heat pump cogenration system 风机盘管+新风末端 Fan coil + ventilation system	周围环境冷、热能/电能 Environmental energy / Electricity
生活热水制备 Domestic hot water	带电辅热的太阳能设备 Solar facilities with electric auxiliary heating	太阳能/电能 Solar energy / Electricity
新风系统 Ventilation	☒ 已安装新风系统/with ventilation system ☒ 有热回收装置/with heat recovery/热回收率/efficiency: **70%** ☐ 中央新风系统/central system	
太阳能设备 Solar thermal system	☒ 太阳能设备集热面积/solar collectors area: **203.84 m²** ☒ 用于制备生活热水/for domestic hot water production ☐ 用于辅助供暖/for auxiliary heating ☐ 光伏发电面积/PV-panel area	

图8_中德合作高能效建筑—被动式低能耗建筑质量标识（三）

3 学校

威海市中小学生综合实践教育中心二号主题教育馆

威海市中小学生综合实践教育中心工程由威海市教育局开发建设。该项目于2012年8月取得立项批复，一期工程已建成。二号主题教育馆于2014年4月取得立项批复，为威海市政府投资的公益性项目。二号主题教育馆是山东省首批11个省级被动式超低能耗绿色建筑试点示范项目之一，同时于2014年成为中德合作被动式低能耗建筑示范项目。

2016年9月28日，该项目通过住房和城乡建设部科技与产业化发展中心（CSTC）及德国能源署（dena）的质量验收。2016年10月12日，在第十五届中国国际住宅产业暨建筑工业化产品与设备博览会上，获得中德合作高能效建筑—被动式低能耗建筑质量标识。整个项目的设计、建造时间是2015年03月至2016年10月。

1. 项目概况

威海市中小学生综合实践教育中心位于威海市临港经济技术开发区，威石路以北，许家屯、王家产和吐羊口之间。场地完全融入大自然的景观之中，环境优美，适合教学活动的开展。总规划用地面积101583m^2，其中可建设用地面积66626m^2，总建筑面积为31022.65m^2。容积率0.45，绿地率50.5%。综合实践教育中心内主要是五层和七层的建筑群，设有科技教育、主题教育、劳动技术教育、社会实践教育、体能拓展等不同版块。室外部分包括体能拓展区、野战训练区、生态园等。

项目分两期进行建设，其中一期26016.42m^2已经建成。二期工程二号主题教育馆按照被动式低能耗建筑标准设计、建造，占地面积1281.43m^2，建筑面积5006.23m^2，地上四层，建筑高度为20m（高度从室外地面算至檐口）。建筑体型系数0.23。各朝向窗墙比为：南向0.29，北向0.16，东向0.09，西向0.09。

二号主题教育馆为钢筋混凝土框架结构，主体结构设计使用年限50年，结构安全等级二级，抗震设防烈度7度，耐火等级为二级。

表1列出了威海市中小学生综合实践教育中心二号主题教育馆项目的主要参建单位。

表1　威海市中小学生综合实践教育中心二号主题教育馆项目主要参建单位

项目名称	威海市中小学生综合实践教育中心二号主题教育馆
项目地址	威海市工业新区，威石路以北，许家屯、王家产和吐羊口之间
建设单位	威海市教育局
设计单位	威海市建筑设计院有限公司
施工单位	威海建设集团股份有限公司
咨询单位	住房和城乡建设部科技与产业化发展中心（CSTC） 德国能源署（dena）

图1_威海市中小学生综合实践教育中心

图2_威海市中小学生综合实践教育中心二号主题教育馆

2. 建筑技术方案

1）建筑节能规划设计

威海市建筑气候分区属于寒冷地区，气候特点属于北温带季风型大陆性气候，四季变化和季风进退都较明显。与同纬度的内陆地区相比，具有雨水丰富、年温适中、气候温和的特点。威海市大陆度为54.1%，由于濒临黄海，受海洋的调节作用，表现出春冷、夏凉、秋暖、冬温，昼夜温差小、无霜期长、大风多和湿度大等海洋性气候特点。

威海市中小学生综合实践教育中心二号主题教育馆建筑总平面规划设计利于冬季日照利用，同时减少夏季得热；建筑的主体南向略呈折线形，主要房间朝向为南北向或接近南北向，主要房间避开了冬季主导风向（北向、东北向）和夏季最大日射朝向（西向）；过渡季及夏季采用南向可开启外窗自然进风，利用中厅排风口排风，充分考虑了自然通风要求。

建筑的体型系数为0.23，小于《公共建筑节能设计标准》DBJ14-036-2006规定的0.30。

2）外围护结构做法

该项目地上四层均属于被动式低能耗建筑技术处理范围。外墙采用200mm厚B1级石墨聚苯板，每层设置300mm宽岩棉防火隔离带；屋面采用250mm厚挤塑聚苯板；地面采用100mm厚挤塑聚苯板；室外地坪以下外墙采用200mm厚泡沫玻璃。外墙、屋面、地面、接触土壤的外墙的传热系数分别达到了0.15W/（m^2·K）、0.11W/（m^2·K）、0.24W/（m^2·K）、0.23W/（m^2·K）。

外门窗采用塑料型材，透明部分采用三玻两腔双Low-E中空充氩气玻璃，玻璃配置为5Low-E＋16Ar＋5＋16Ar＋5Low-E，暖边间隔条。整窗的传热系数达到0.80W/（m^2·K），玻璃的太阳能总透射比g值为0.348。建筑的东向、西向及南向外窗设置了可自动感应调节的活动外遮阳卷帘。

中庭上方两侧（南向和北向）采光天窗为木质中悬窗，整窗传热系数达0.88W/（m^2·K）。采光天窗与消防系统联动，作为排烟窗使用。其中南向天窗同样设置了可自动感应调节的活动外遮阳卷帘。

表2、表3给出了二号主题教育馆项目外围护结构的主要技术参数。

表2　二号主题教育馆项目非透明外围护结构的主要技术参数

项目	围护类型	朝向	面积，m^2	K，W/(m^2·K)	热惰性指标D	围护材料	饰面材料	透汽性能	太阳辐射吸收系数
北墙	外墙	北	1073.42	0.15	5.74	200mm厚EPS，λ=0.033W/（m·K） 200mm厚岩棉防火隔离带，λ=0.042W/（m·K）	浅色真石透气漆	水蒸气透湿率58.3×10^{-8}g/（m^2·s·Pa）	0.45
东墙	外墙	东	465.94	0.15	5.74				
南墙	外墙	南	1070.22	0.15	5.74				
西墙	外墙	西	396.72	0.15	5.74				
接触土壤的外墙	接触土壤的外墙	零	145.58	0.23	5.91	200mm厚泡沫玻璃，λ=0.057W/（m·K）	—	—	—
屋面	屋面	水平	1516.92	0.11	5.51	250mm厚XPS，λ=0.025W/（m·K）	浅色地砖	—	0.45
首层接触土壤的底板	周边地面	零	1457.74	0.24	5.11	100mm厚XPS，λ=0.025W/（m·K）	—	—	—

表3　二号主题教育馆项目透明外围护结构的主要技术参数

围护类型	朝向	窗型	总面积，m^2	玻璃/洞口面积比	K，W/(m^2·K)	g	围护材料	活动遮阳参数		
								类型	遮阳系数	
									夏季	冬季
外窗	北	北不带外遮阳窗	155.84	0.80	0.80	0.348	5Low-E+16Ar+5+16Ar+5Low-E，塑料框	无	1	1
外窗	北	北不带外遮阳排烟天窗	47.25	0.83	0.88	0.348	4+10Ar+5Low-E+0.15V+5，木框	无	1	1
外窗	东	东不带外遮阳窗	13.02	0.78	0.80	0.348	5Low-E+16Ar+5+16Ar+5Low-E，塑料框	无	1	1
外窗	东	东带外遮阳窗	128.34	0.81	0.80	0.348	5Low-E+16Ar+5+16Ar+5Low-E，塑料框	外遮阳	0.3	1
外窗	南	南不带外遮阳窗	46.08	0.75	0.80	0.348	5Low-E+16Ar+5+16Ar+5Low-E，塑料框	无	1	1
外窗	南	南带外遮阳排烟天窗	47.25	0.83	0.88	0.348	4+10Ar+5Low-E+0.15V+5，木框	外遮阳	0.3	1
外窗	南	南带外遮阳窗	193.18	0.74	0.80	0.348	5Low-E+16Ar+5+16Ar+5Low-E，塑料框	外遮阳	0.3	1
外窗	西	西不带外遮阳窗	2.52	0.75	0.80	0.348	5Low-E+16Ar+5+16Ar+5Low-E，塑料框	无	1	1
外窗	西	西带外遮阳窗	73.86	0.75	0.80	0.348	5Low-E+16Ar+5+16Ar+5Low-E，塑料框	外遮阳	0.3	1

3）可再生能源利用

建筑东立面安装了光伏发电系统，共计安装44片非晶硅半透明BIPV组件，每片的功率为112W，系统装机量为4928W。该系统预计年发电量约为4500kWh。所发电量并入楼层的低压配电箱，在系统内进行分配，与市政用电共同为建筑物的用电设备供电，满足日常用电需求，包括楼宇照明等等。

3．关键产品和材料

该项目的外墙外保温系统由山东秦恒科技股份有限公司提供，系统供应包括保温材料（石墨聚苯板、岩棉防火隔离带）、聚合物砂浆（粘结砂浆、防护面层砂浆）、耐碱玻璃纤维网格布、锚栓（敲击式锚栓、断热桥射钉）及配套辅材（门窗连接线、滴水线条、铝合金钢护角、聚氨酯发泡胶）等一系列产品。

其中石墨聚苯板检测结果为：表观密度19.4kg/m^3，压缩强度109kPa，导热系数（平均温度为25℃时）0.033W/（m·K），尺寸稳定性（70±2℃，48h，长度方向）0.2%，水蒸气透过系数2.3ng/（Pa·m·s），吸水率1.7%，熔结性（断裂弯曲负荷）27N，垂直于板面方向的抗拉强度0.18MPa，氧指数30.4%。

岩棉防火隔离带检测结果为：体积密度102kg/m^3，酸度系数1.8，尺寸稳定性0.2%，质量吸湿率0.6%，导热系数（平均温度25℃时）0.042W/（m·K），垂直抗拉强度170kPa，燃烧性能A级，憎水率99%。

屋面、地面用挤塑聚苯板由济宁市利丰源保温材料有限公司供应，其检测结果为：导热系数（平均温度为25±2℃时）0.025W/（m·K），压缩强度206kPa。

接触土壤的外墙保温材料泡沫玻璃由河北中泰天成节能科技有限公司供应，其检测结果为：密度156kg/m^3，抗压强度0.6MPa，抗折强度0.51MPa，吸水量0.3kg/m^2，透湿系数0.006ng/（Pa·s·m），导热系数（平均温度25±2℃时）0.057W/（m·K），垂直于板面方向的抗拉强度0.15MPa，耐碱性0.4kg/m^2。

项目外墙涂料采用真石透气漆，由威海市泰威涂料有限公司提供。经检测，其水蒸气透湿率为58.3×10^{-8}g/（m^2·s·Pa）。

项目外门窗型材由维卡塑料（上海）有限公司供应，外窗整窗传热系数检测值达到0.80W/（m^2·K）。外窗三性检测结果为：气密性能正压5级、负压5级，水密性能3级，抗风压性能3级。

外门窗玻璃由北京金晶智慧有限公司提供，玻璃结构为5mm镀膜玻璃（Optisolar D80_5号）（室外侧）＋16Ar（95%氩气＋5%空气）＋5mm白玻＋16Ar（95%氩气＋5%空气）＋5mm镀膜玻璃（Optilite S1.16_5号）（室内侧）。经检测，玻璃的可见光透射比为64%，可见光反射比（室外侧）为14%，太阳能总透射比（得热系数）为0.348。采用window7计算，环境条件为NFRC 100-2010夏季的玻璃U值为0.763W/（m^2·K），NFRC 100-2010冬季的玻璃U值为0.736W/（m^2·K）。

中庭上方两侧采光天窗采用威卢克斯GGL木质中悬窗。整窗传热系数检测值达到0.88W/（m^2·K），气密性能正压8级、负压8级，水密性能6级，抗风压性能9级。天窗配置真空中空复合玻璃，玻璃结构（由内至外）为5mm半钢化＋0.15真空层＋5mm半钢化Low-E＋10A浅色暖便条冲氩气＋4mm钢化玻璃，由青岛新亨达真空玻璃技术有限公司供应。

表4给出了威海市中小学生综合实践教育中心二号主题教育馆项目所涉及的关键产品和材料的供应商。

表4　威海市中小学生综合实践教育中心二号主题教育馆关键产品和材料供应商

外墙外保温系统	山东秦恒科技股份有限公司
挤塑聚苯板	济宁市利丰源保温材料有限公司
泡沫玻璃	河北中泰天成节能科技有限公司
外墙涂料	威海市泰威涂料有限公司
外门窗型材	维卡塑料（上海）有限公司
外门窗玻璃	北京金晶智慧有限公司
内平开下悬五金系统	格屋贸易（上海）有限公司
采光天窗	威卢克斯（中国）有限公司
遮阳系统	亨特道格拉斯窗饰产品（中国）有限公司
新风系统	靖江市九洲空调设备有限公司
空调系统	靖江市九洲空调设备有限公司
光伏系统	中国玻璃控股有限公司

4. 设备技术方案

本项目冷热源为土壤源热泵系统，夏季提供7/12℃冷水，冬季提供45/50℃热水，末端采用风机盘管系统。展览馆、体验馆等各区域设置带有全热交换器的送、排风系统，新风量按《民用建筑供暖通风与空气调节设计规范》GB50736—2012的要求，教室每人24m^3/h，办公室每人30m^3/h。新风系统热交换器温度回收效率不小于75%，最大程度地回收了排风能量，达到节能的目的。

空调水系统采用两管制，采用一次泵末端变流量系统，风机盘管支管设电动两通阀，楼内立管采用异程式，每层采用同程式，全热交换器排风段设置监测探头，监测室内温度、湿度、CO_2浓度、PM2.5浓度，作为新风、排风启停的控制依据。一层大厅设置地板辐射采暖，夏季关闭热力入口阀门。

5. 建筑能源需求技术指标

威海市中小学生综合实践教育中心二号主题教育馆运营时间为每年3月15日至6月15日，以及9月15日至12月15日。寒假日期为12月16日至3月14日，共89天；暑假日期为6月16日至9月14日，共91天。夏季上课时间为：上午8：30至11：30，下午14：00至17：00；冬季上课时间为：上午8：30至11：30，下午13：30至16：30。

二号主题教育馆体验馆部分的同时使用系数为33%，办公室部分的同时使用系数按100%考虑。室内共472人（教师50人，学生422人），该人数考虑了体验馆33%的同时使用系数。

本项目的温度控制条件为：非寒暑假期间，工作时间，冬季室内控制温度20℃，夏季室内控制温度26℃；非寒暑假期间，非工作时间，冬季室内控制温度15℃，夏季室内不控制温度；寒暑假期间，考虑到被动式低能耗建筑自身良好的保温隔热性能和热惰性，冬季、夏季室内均不控制温度。

为考量建筑真正的建筑能效，本项目能耗分析给出了不扣除寒暑假的情况下，建筑的热需求和冷需求，同时也根据实际运营情况给出了扣除寒暑假后的热需求、冷需求计算结果。最终的终端能耗、一次能源需求、CO_2排放计算，是以考虑实际运营状态的扣除寒暑假后的热需求、冷需求为依据给出的。

采用逐时的热平衡计算方法进行能耗分析，以11月1日至次年4月30日作为采暖计算期（共计181天），该项目不扣除寒假的采暖需求为6.65kWh/（m^2·a），扣除寒假的采暖需求为1.60kWh/（m^2·a）。以7月21日至8月15日作为制冷计算期（共计26天），该项目不扣除暑假的制冷需求为3.13kWh/（m^2·a），扣除暑假的制冷需求为0kWh/（m^2·a）。

将采暖、制冷、通风、照明、电器设备五部分能耗全部考虑在内（本项目无生活热水设施），该项目的终端能源需求、总一次能源需求、CO_2排放量分别为9.58kWh/（m^2·a）、28.74kWh/（m^2·a）和9.55kg/（m^2·a）。

表5　二号主题教育馆能源需求技术指标（扣除寒暑假）

项目	计算值
热负荷，W/m^2	9.44
冷负荷，W/m^2	18.75
热需求，kWh/（m^2·a）	1.60
冷需求，kWh/（m^2·a）	0.00

注：寒假日期是6月16日至9月14日，制冷日期全部处于暑假期间，故没有冷需求。

表6　二号主题教育馆采暖期能量得失平衡（扣除寒暑假）

失热，kWh/（m^2·a）		得热，kWh/（m^2·a）	
外墙传热	1.77	辐射	7.43
屋顶传热	0.54	人体	6.94
底板传热	0.89	照明	2.91
外窗传热	2.15	设备	1.18
通风失热	2.56	得热利用率	*34.3%*
失热总计	**7.92**	**得热总计**	**6.32**
热需求		1.60	

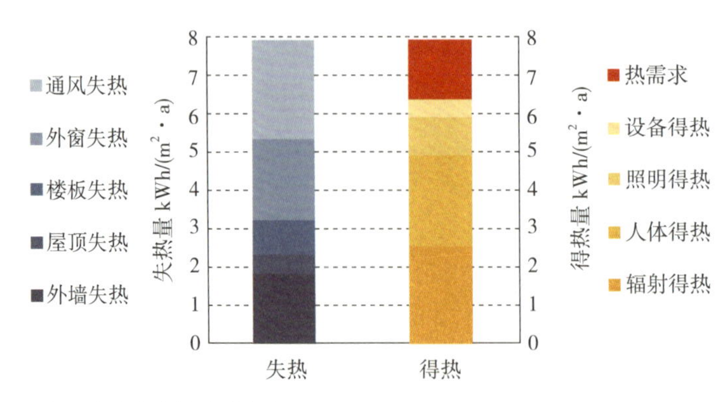

图3_采暖需求构成分析图

表7 二号主题教育馆一次能源需求指标及CO_2排放分析结果（扣除寒暑假）

分项指标	终端能耗，kWh/（m^2·a）	一次能源需求，kWh/（m^2·a）	CO_2排放量，kg/（m^2·a）
采暖	0.42	1.26	0.42
制冷	0.00	0.00	0.00
通风	0.95	2.84	0.94
照明	5.85	17.54	5.83
热水	0.00	0.00	0.00
电器	2.37	7.10	2.36
总计	**9.58**	**28.74**	**9.55**

6．气密性检测

2016年9月28日，德国能源署、住房和城乡建设部科技与产业化发展中心对威海市中小学生综合实践教育中心二号主题教育馆项目的施工质量进行了全面的检查，认为施工整体质量很好，满足中德合作高能效—被动式低能耗建筑的质量要求。

建筑气密性检测由山东省建筑科学研究院实施，测试针对整栋建筑进行，计算换气体积为23602.175m^3。正压测试结果n_{+50}为0.13h^{-1}，负压测试结果n_{-50}为0.13h^{-1}，均值$n_{\pm50}$为0.13h^{-1}，符合被动式低能耗建筑对于建筑气密性的要求$n_{\pm50}\leq0.6h^{-1}$。

7．项目质量标识

2016年10月12日，在第十五届中国国际住宅产业暨建筑工业化产品与设备博览会上，威海市中小学生综合实践教育中心二号主题教育馆项目获得中德合作高能效建筑—被动式低能耗建筑质量标识。在住房和城乡建设部建筑节能与科技司韩爱兴副司长的见证下，住房和城乡建设部科技与产业化发展中心文林峰副主任和德国能源署妮科尔·皮伦（Nicole Pillen）女士共同向项目建设单位威海市教育局颁发了威海市中小学生综合实践教育中心二号主题教育馆的中德合作高能效建筑—被动式低能耗建筑质量标识。

8. 专家点评

（1）本项目为我国首个被动式低能耗学校建筑的项目，对于探索我国学校建筑类型的能耗、建立适用于学校建筑的能耗指标体系具有重要意义。从本项目的能耗分析结果来看，其总一次能源需求远远低于被动式低能耗建筑通常所谓的120kWh/（m^2·a）。这一方面取决于威海地区的气候条件并不十分严酷，其冬季室外最低逐时温度为-3.7℃，夏季室外最高逐时温度为29.8℃；另一方面则是由学校建筑的使用特点决定的，一是由于寒暑期放假，建筑在每年最冷/热的季节无运营能耗，二是学校，特别是中小学，用电设备较少。以上这些特点决定了学校建筑较低的总一次能源需求。当然，除了理论分析以外，我们要在本项目，以及已经建成的其他同类型建筑，如北戴河团林实验学校、北戴河新区大蒲河小学等项目上，做好能耗监测工作，以期获得第一手实测数据，完善我国不同建筑类型的被动式低能耗建筑的能耗指标体系，切忌出现能耗指标“一刀切”的现象。

（2）本项目采用土壤源热泵作为夏季冷源，末端采用风机盘管系统控制建筑物夏季的室内舒适度。该种做法应该说是较为保守的方案。在北方沿海一带，如威海、大连等地，夏季温度并不太高，或者出现高温的时间较为短暂，而夜间较为凉爽，通风情况良好，当地大部分居民并没有使用空调的生活习惯。当在该类地区建设被动式低能耗建筑时，由于建筑本身的热工性能、隔热性能较好，再辅之以夜间通风等自然制冷手段，或许可实现夏季不采用任何主动式制冷手段的效果。回到本项目的后续工作，依然是要做好室内环境和设备监控工作，实测制冷期内室内温度、外墙内壁温度、制冷设备启动情况等，为本地区后续高能效建筑项目提供实际经验和基础数据。

（撰文：马伊硕）

中德合作高能效建筑—被动式低能耗建筑质量标识
Sino-German Energy-Efficient Buildings: Certificate

颁发日期：2016年10月12日
Issued at: 12.10.2016

建筑名称：威海市中小学生综合实践教育中心二号主题教育馆
Project name: Weihai Comprehensive Practical Education Center 2#

能源需求技术指标
Energy demand

建筑信息 Building

主要使用功能 Type of building	综合实践教育基地 Comprehensive Practical Education Center
地址 Address	威海市威石路以北，许家屯、王家产和吐羊口之间 Weishi Road North, between Xujiatun, Wangjiachan and Tuyangkou
开发单位 Developer	威海市教育局 Weihai Education Bureau
建造年份 Year of construction	2015/03 - 2016/10
建筑面积/供暖面积 Gross floor area / Total heated area	5006.23 m^2 / 5003.72 m^2
体形系数 Surface/volume ratio	0.23

能效数据 Energy performance (all energy values are calculated with gross floor area)

能效等级 Energy level	A
终端能源需求量 Final energy demand	9.58 kWh/(m^2a)
一次能源需求总量 Primary energy demand	28.74 kWh/(m^2a)
二氧化碳排放量 CO_2 emissions	9.55 kg/(m^2a)

A 中德高能效建筑设计标准 Sino-German Energy Efficiency Standard

B 公共建筑节能设计标准 GB 50189-2015 Design Standard for Energy Efficiency of Public Buildings

C 公共建筑节能设计标准 GB 50189-2005 Design Standard for Energy Efficiency of Public Buildings

D 低于公共建筑节能设计标准 GB 50189-2005 worse than GB Standard

日期 Date: 12.10.2016

证书编号 Certificat ID: CN-DE-PP-09-2016

负责人签名 Signature
冯忠华
中国住房和城乡建设部
科技与产业化发展中心（CSTC）

负责人签名 Signature
德国能源署（dena）

图4_中德合作高能效建筑—被动式低能耗建筑质量标识（一）

中德合作高能效建筑—被动式低能耗建筑质量标识

Sino-German Energy-Efficient Buildings: Certificate

颁发日期：2016年10月12日 建筑名称：威海市中小学生综合实践教育中心二号主题教育馆

Issued at: 12.10.2016 Project name: Weihai Comprehensive Practical Education Center 2#

综合能效评价
Overall evaluation of energy efficiency

热需求 / **Space heating demand:** 1.60 kWh/(m²a)

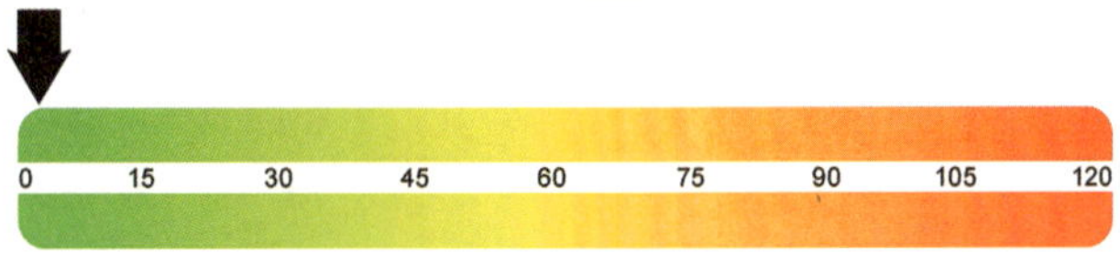

0 15 30 45 60 75 90 105 120

热负荷 / **Space heating load:** 9.44 W/m²

冷需求 / **Space cooling demand:** 0.00 kWh/(m²a)

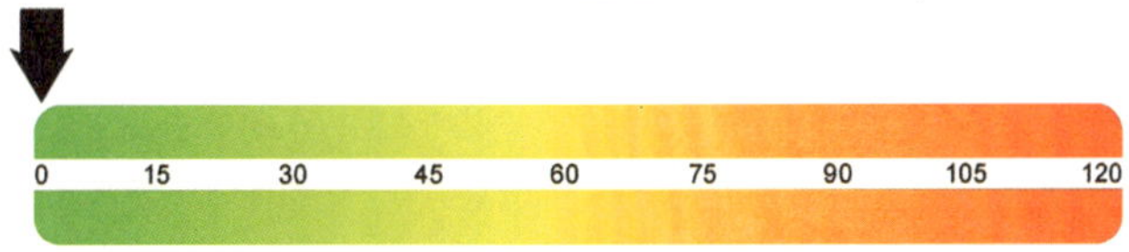

0 15 30 45 60 75 90 105 120

一次能源需求总量 / **Primary energy demand:** 28.74 kWh/(m²a)

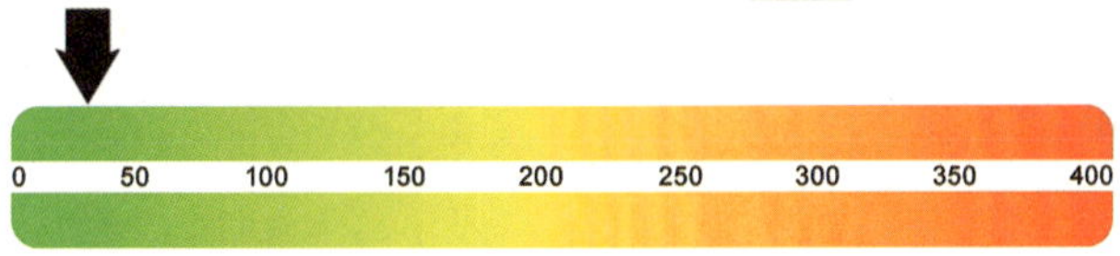

0 50 100 150 200 250 300 350 400

围护结构
Building envelope

传热系数 / K-Value [W/(m²K)]	
屋顶/顶层楼板 Upper ceiling/roof	0.11
外墙 External wall	0.15
外窗/外门 Window/door (standard)	0.88, 0.80 / 0.80
地下室顶板/首层地面 Basement ceiling/groundplate	0.24
气密性/Airtightness (h⁻¹)	
n_{50}	0.13

一次能源需求数据
Primary energy demand [kWh/(m²a)]

供暖需求 Space heating	1.26
制冷需求 Space cooling	0.00
照明需求 Lighting	17.54
通风需求 Ventilation	2.84
办公设备 Office equipment	7.10
生活热水制备 Domestic hot water	0.00
总计 Total	28.74

图4_中德合作高能效建筑—被动式低能耗建筑质量标识（二）

中德合作高能效建筑—被动式低能耗建筑质量标识

Sino-German Energy-Efficient Buildings: Certificate

颁发日期：2016年10月12日　建筑名称：威海市中小学生综合实践教育中心二号主题教育馆

Issued at: 12.10.2016　Project name: Weihai Comprehensive Practical Education Center 2#

2

围护结构 Building enevelope	面积 Area [m²]	传热系数 K-Value [W/(m²K)]	保温层厚度 Thickness [cm]	材料 Material
屋顶/顶层楼板 Roof/upper ceiling	1516.92	0.11	25	挤塑聚苯板/XPS　λ=0.025 W/(mK)
外墙 External wall	3006.3 145.58	0.15 0.23	20 20	石墨聚苯板/EPS　λ=0.033W/(mK) 泡沫玻璃/Foamglass　λ=0.057 W/(mK)
外窗/外门 Window/Door	567.26 / 45.58	0.80		塑料窗框，三玻两腔双Low-E中空充氩气，暖边间隔条/Plastic frame,Triple insulated glazing, Thermally isolated edge seals 5Low-E+16Ar+5+16Ar+5Low-E
外窗 Window	94.50	0.88		木窗框，三玻真空中空复合玻璃，暖边间隔条/Plastic frame, Triple insulated vacuum glazing, Thermally isolated edge seals 4+10Ar+5Low-E+0.15V+5
遮阳 Shading	442.63			自动感应活动外遮阳 Automatic active exterior-shading
楼板/地下室顶板 Basement ceiling	1457.74	0.24	10	挤塑聚苯板/XPS　λ=0.025 W/(mK)

设备工程 Building services	设备 Equipment	能源类型 Energy carrier
供暖设备 Heating	地源热泵机组 Geothermal heat pump	周围环境冷、热能/电能 Environmental energy / Electricity
制冷设备 Cooling	地源热泵机组 Geothermal heat pump	周围环境冷、热能/电能 Environmental energy / Electricity
生活热水制备 Domestic hot water	无 None	
新风系统 Ventilation	☒ 已安装新风系统/with ventilation system ☒ 有热回收装置/with heat recovery/热回收率/efficiency: **75%** ☐ 中央新风系统/central system	
太阳能设备 Solar thermal system	☐ 太阳能设备集热面积/solar collectors area ☐ 用于制备生活热水/for domestic hot water production ☐ 用于辅助供暖/for auxiliary heating ☒ 光伏发电面积/PV-panel area: **104.63 m²**	

图4_中德合作高能效建筑—被动式低能耗建筑质量标识（三）

4　幼儿园

盐城日月星城幼儿园被动式低能耗建筑示范项目

1．项目概况

盐城日月星城幼儿园是中国夏热冬冷地区第一个幼儿园被动式低能耗建筑示范项目，项目位于江苏省盐城市，城南新区，总建筑面积1526m^2，占地面积为763m^2，建筑共2层，底层高度4.2m，二层高度4.5m，建筑为框架结构，体型系数0.28，耐火等级为2级，设计有5个较大空间的教室、1个音体教室和1个办公室，设有晨检室、隔离室、医务室。

该项目由盐城通达置业有限公司开发，住房和城乡建设部科技与产业化发展中心和德国能源署提供被动式低能耗建筑技术咨询服务，江苏省盐城市属于夏热冬冷地区，冬天湿冷，湿度较大，夏季较热，被动式低能耗建筑既减少化石一次能源的使用，又能保证建筑使用舒适度，符合当地的气候条件及人们的生活习惯，日月星城幼儿园项目将成为江苏省最节能、环保，舒适度最高的幼儿园，为小朋友提供一个安全舒适的室内环境。

图1_江苏省盐城市日月星城幼儿园

该示范项目主要建设单位和供应商如表1所示：

表1　江苏盐城日月星城幼儿园项目主要的建设设计单位和供应商

项目参与方	供应商名称
建设单位	盐城通达置业有限公司
技术支持单位	住房和城乡建设部科技与产业化发展中心 德国能源署
施工单位	江苏中柢建设集团有限公司
设计单位	辽宁建筑标准设计院
外墙外保温系统供应商	堡密特
新风系统供应商	河北因朵科技有限公司
防水系统	德国威达防水
活动外遮阳系统	瑞士森科遮阳
鼓风门测试单位	山东省建研院

该示范项目外保温系统、门窗系统、防水系统，活动外遮阳系统均由系统供应商供应并指导施工，整体建设施工十分精细质量很好，气密性测试结果为：正负压50MPa下换气次数分别为0.16次/h和0.15次/h，气密性能优异。

2．建筑能耗分析

通过对项目建筑逐时热平衡能耗计算与分析，得出建筑能耗指标如表2所示。

表2　建筑能耗指标表

项目	热/冷负荷 W/m²	热/冷需求 （考虑寒暑假） kWh/（m²·a）	热/冷需求 （不考虑寒暑假） kWh/（m²·a）
采暖	15.23	4.82	7.33
制冷	26.12	7.97	20.53

表3为本项目建筑外围护结构的主要技术参数。

表3　建筑外围护结构的主要技术参数

朝向	项目	围护类型	面积，m^2	传热K，$W/(m^2 \cdot K)$	玻璃/洞口面积比	玻璃g值	围护材料
西北	外墙	墙（包括外门窗）	409.70	0.18			200mm岩棉，λ＝0.039W/（m·K）
西北	外窗	带活动外遮阳窗	112.20	0.9	0.81	0.37	双Low-E 中空玻璃，铝包木
西北	外门	外门	8.40	0.9	0.79	0.37	双Low-E中空玻璃，铝包木
东北	外墙	墙（包括外门窗）	151.82	0.18			200mm岩棉，λ＝0.039W/（m·K）
东北	外窗	带活动外遮阳外窗	18.48	0.9	0.80	0.37	双Low-E中空玻璃，铝包木
东南	外墙	墙（包括外门窗）	492.77	0.18			200mm岩棉，λ＝0.039W/（m·K）
东南	外窗	带活动外遮阳外窗	102.96	0.90	0.80	0.37	双Low-E中空玻璃，铝包木
东南	外窗	带固定外遮阳外窗	15.84	0.9	0.75	0.37	双Low-E中空玻璃，铝包木
东南	外门	外门	18.20	0.9	0.76	0.37	双Low-E中空玻璃，铝包木
东南	外门	带固定外遮阳外门	20.16	0.9	0.78	0.37	双Low-E中空玻璃，铝包木
西南	外墙	墙（包括外门窗）	92.79	0.18			200mm岩棉，λ＝0.039W/（m·K）
西南	外墙	厨房接触墙（包括门）	95.00	0.33			100mm岩棉，λ＝0.039W/（m·K）
西南	外门	厨房接触外门	3.36	0.9		0.37	双Low-E中空玻璃，铝包木
西南	外窗	带活动外遮阳外窗	54.72	0.9	0.79	0.37	双Low-E中空玻璃，铝包木
水平	屋顶	闷屋顶屋面	776.46	0.18			200mm岩棉，λ＝0.039W/（m·K）
零	地面	底板	677.89	0.18			150mm XPS
水平	楼板	厨房上楼板	98.48	0.33			100mm岩棉，λ＝0.039W/（m·K）
四周	外墙	窗口两侧减薄	40.79	0.24			150mm岩棉，λ＝0.039W/（m·K）

该项目被动房区域计算面积为1454.44m^2，其中厨房隔除在被动房区域之外，与厨房隔离墙体保温材料应用100mm厚岩棉带，建筑计算环境、设备及内部热源参数选取详见表4。

表4　建筑计算环境、设备及内部热源参数

类别	项目	冬季	夏季
环境参数	室内设计温度，℃	20（08:00～17:00）	26（08:00～17:00）
		15（17:00～08:00）	不控制（17:00～08:00）
	空气调节室外计算温度，℃	−5	33.2
	最高/最低室外计算温度，℃	−4	32.6
	极端温度，℃	−12.3	37.7
	室外空气密度，kg/m^3	1.2954	1.1624

续表

类别	项目	冬季	夏季
采暖/制冷期参数	计算日期，mm/dd	11月13日～04月04日	06月01日～08月31日
	采暖/制冷计算天数，d	143（寒假1.9～2.9）	92（暑假7.7～8.29）
	计算方式	采暖期连续计算热需求	制冷期连续计算冷需求
新风设备参数	设备工作时间，h	08:00～17:00	08:00～17:00
	热（冷）回收效率，%	83	67
换气参数	通风系统换气次数，h^{-1}	0.75（08:00～17:00）	0.75（08:00～17:00）
	换气体积，m^3	4122.0309	4122.0309
	小时人流量，次/h	123（08:00～17:00）	123（08:00～17:00）
	开启外门进入空气，m^3/次	4.75	4.75
室内散热参数	总人数，人	185（男10，女10，儿童165）	185（男10，女10，儿童165）
	人员室内停留时间	08:00–17:00	08:00–17:00
	人体显热散热量，W	男：90；女：75.60；儿童：67.50	男：61；女：51.24；儿童：45.75
	人体潜热散热量，W	男：46；女：38.64；儿童：34.50	男：73；女：61.32；儿童：54.75
	灯光照明时间	08:00～10:00，15:00～17:00	08:00～10:00, 15:00～17:00
	灯光照明密度，W/m^2	11（同时使用系数0.5）	11（同时使用系数0.5）
	设备散热时间	08:00～17:00	08:00～17:00
	设备散热密度，W/m^2	1.99（同时使用系数0.5）	1.99（同时使用系数0.5）

1）制冷期负荷及能耗分析

通过能耗分析计算得出整个建筑冷负荷变化趋势如图2所示，最大制冷负荷为26.12W/m^2，最大峰值时刻出现在幼儿园放学前的时刻。图3为建筑各部分造成的冷负荷值，其中人体冷负荷值对整个制冷负荷影响较大，为12.44W/m^2，占比46%，原因为幼儿园人数较多，人员比较集中，密度较大。该项目应用传热系数低的外门窗，并且应用了外遮阳系统，很大程度上减少了外门窗系统对能量消耗，制冷负荷由36.15W/m^2减小到26.12W/m^2，冷需求（不考虑寒暑假的情况下）由29.46kWh/（m^2·a）减小到20.53kWh/（m^2·a）。

图4为考虑暑假的情况下在制冷期冷需求构成分析图，冷需求值为7.97kWh/（m^2·a），人体冷需求为4.65kWh/（m^2·a），占比最大，由于应用外遮阳系统，外窗辐射得热造成的冷负荷占比减小。图5给出不考虑暑假的情况下冷需求构成分析图，更加直观地反映出建筑本身各部分对建筑冷需求的影响大小，总的冷需求为20.53kWh/（m^2·a）。

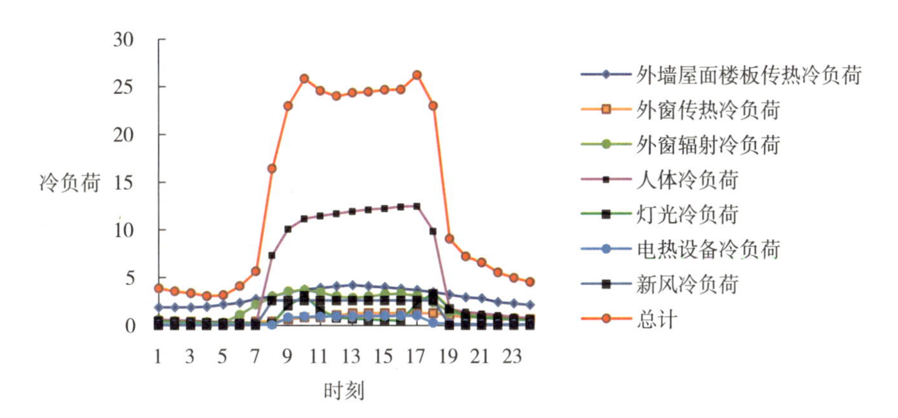

图2_全天冷负荷随时间变化曲线图

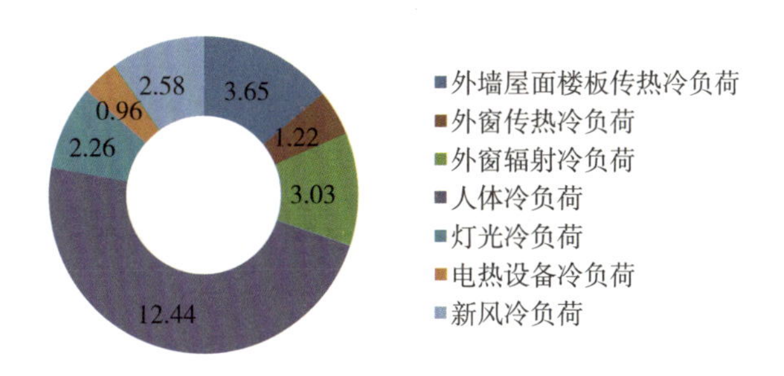

图3_全天最大冷负荷构成分析图

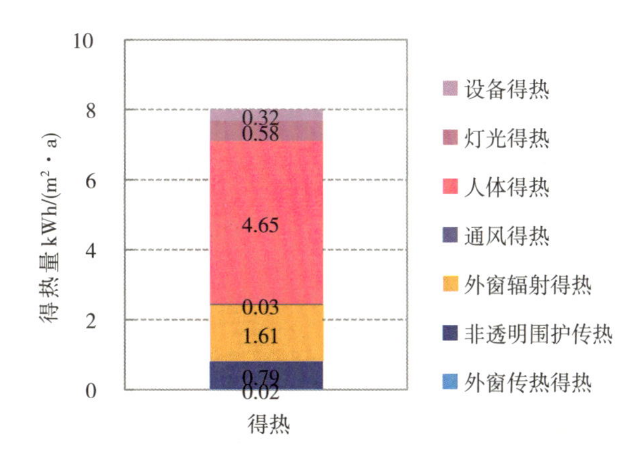

图4_考虑暑假情况下冷需求构成分析图

2）采暖期热负荷和热需求分析

冬季采暖期最大热负荷为15.23W/m²，图6为热负荷构成分析图，外围护传热损失热造成热负荷为13.26W/m²，通风造成热负荷6.90W/m²，总计20.16 W/m²，利用内部热源得热减小4.93W/m²，计算得出最大热负荷。

采暖期能量得失平衡如图7所示，得热柱状图显示通过太阳辐射、人体、照明、设备这四种自然的得热方式，可以补偿采暖期失热量的73%，其中人体得热和外窗辐射占比较大，采暖期热需求为4.82kWh/（m²・a），占总失热量的27%。

不考虑寒假时间，采暖期热需求为7.33kWh/（m²・a），占总失热量的30%，各系统能量得失平衡详见图8。

3．建筑各系统主要技术措施

1）采用A级防火岩棉外墙外保温系统

该项目采用岩棉外墙外保温系统，由系统供应商供应并指导施工，外墙

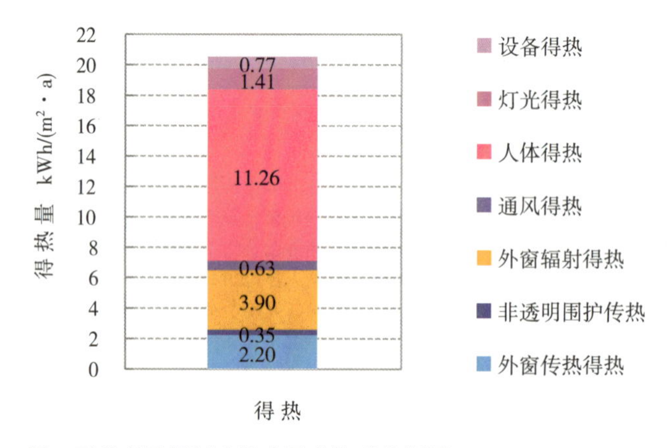

图5_不考虑暑假制冷期冷需求构成分析图

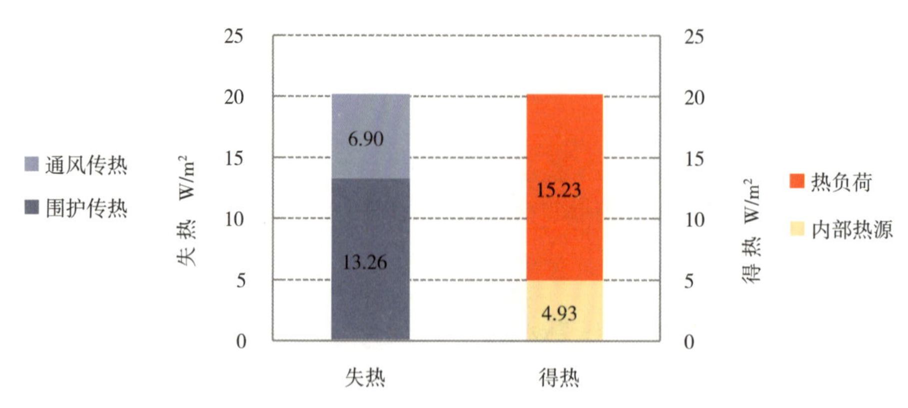

图6_热负荷构成分析图

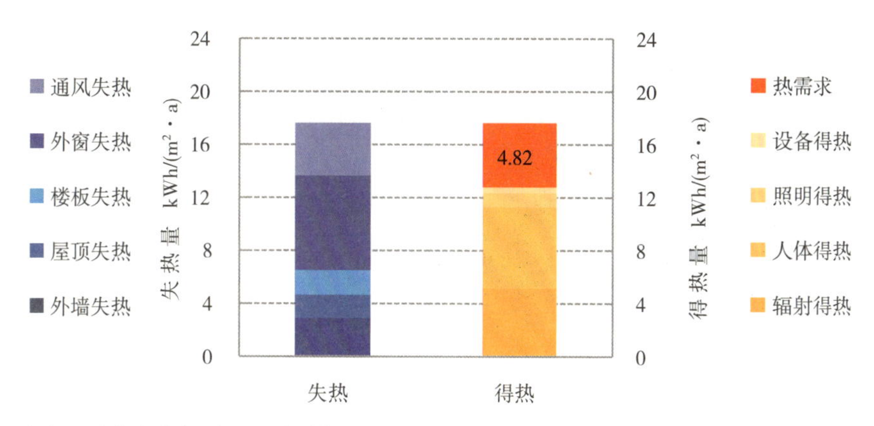

图7 （考虑寒假时间）采暖期能量得失平衡图

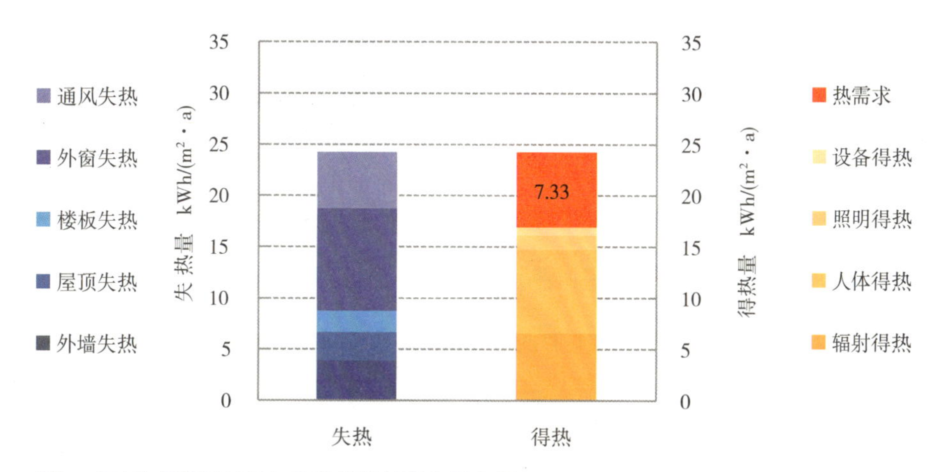

图8_（不考虑寒假时间）采暖期能量得失平衡图

采用200mm厚岩棉带做保温层，墙体传热系数0.18W/（m·K），岩棉带错缝铺设，并采用专用锚固件和专用抹面砂浆，铺压耐碱玻纤网格布和增强网加以防护，外墙涂料采用透气性良好的水性外墙涂料，配备系统必需的所有配件，如窗口连接线条、滴水线条、护角线条、伸缩缝线条、预压防水密封带，从而提高了外保温系统保温、防水和柔性连结的能力，保证了系统的耐久性、安全性和可靠性。

2）无热桥设计铝包木外门窗系统

外门窗采用高效保温铝包木窗，整窗传热系数为K为0.9W/（m^2·K），玻璃使用双Low-E中空充氩气的三玻两腔中空玻璃（5Low-E+18Ar+5Low-E+18Ar+5），K值≤0.8W/（m^2·K），得热系数g值为0.37。整个外门窗系统采用了无热桥构造系统安装，整个窗户的2/3被包裹在保温层里，形成无热桥

图9_岩棉外墙外保温系统节点做法1

图10_岩棉外墙外保温系统节点做法2

的构造，窗框与外墙连接处采用防水隔汽膜和防水透汽膜组成的防水密封系统，应用了门窗连接线和成品滴水线条作为防水，窗台设计了金属窗台板，窗台板为滴水线造型，既保护保温层不受紫外线照射老化，也导流雨水，避免雨水对保温层的侵蚀破坏。

3）应用智能感应外遮阳系统

本项目的一大特点是使用了活动外遮阳系统，外遮阳设备采用电动驱动，并具有智能化感应控制，根据太阳能照射及角度变化可自动升降百叶和调节百叶角度，叶片调节量在0°~90°之间，光通量可以控制在3%~100%范围内，叶片关闭时，遮阳系数可达到0.10，可遮蔽外窗辐射传热量90%的热量，叶片水平时，遮阳系数达到0.20，也能够遮蔽外窗辐射传热量80%的热量，很大程度上降低建筑制冷负荷和制冷能耗，通过项目的能耗计算，外遮阳系统能明显降低对整个建筑的

图11_外窗节点做法

图12_外窗内侧防水隔汽膜节点做法

图13_外窗安装完成图

图14_智能化活动外遮阳系统现场图

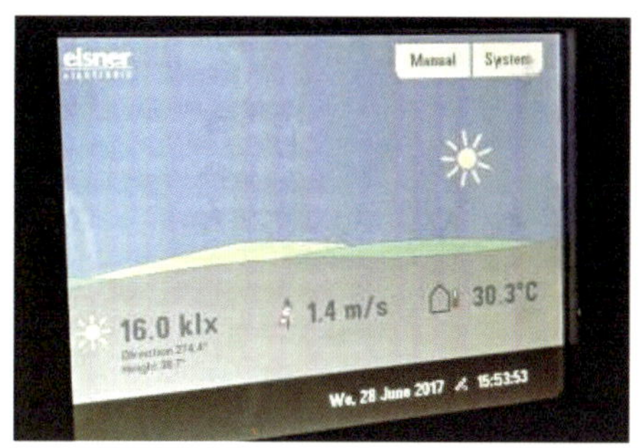

图15_外遮阳系统控制显示面板图

制冷负荷和能耗。智能感应控制系统百叶帘保证了百叶帘依据风、光、雨、温度自动收起，并保护百叶帘在霜冻、大风时等有害气候条件下不受损害。

4）完整的防水系统

底板和屋面均使用德国威达公司改性沥青防水卷材，底板使用150mm厚高密度XPS保温板，在保温材料室内侧和外侧都使用防水卷材，并且两层保温材料交圈连接，底板节点做法如图16所示。开敞阳台女儿墙使用岩棉完全包裹的无热桥构造，保温层由防水包裹处理后加金属盖板，栏杆侧面与墙体连接，以免穿过水平面墙体保温层，防止雨水通过金属盖板和防水层进入保温层，如图17为节点做法展示、图18为开敞阳台做成后整体效果。整个建筑的防水施工工艺和辅助材料严格按照德国标准实施，达到安全可靠的防水效果。

图16_底板防水节点做法

图17_外露阳台保温防水节点做法

图18_外露开敞阳台

5）采用真空除湿新风系统

盐城地区过渡季节室外温度适宜，而湿度超过人体适宜范围，冬季无集体市政供暖，根据气候和幼儿园环境特点，新风系统采取石墨烯热能转换芯体及真空除湿技术措施，从而达到对新风有效的除湿及温度的合理控制，提高教室舒适度。

真空除湿技术应用负压除湿设备原理，利用膜材透水的唯一性，让水分子以既定方向传输。水分子是以气态分子形式迁移的，在导湿过程中，空气中的水份是以水分子的形式在膜之间进行交换，没有凝结水产生，在低温状态下不会产生结露和冰堵现象。石墨烯改性抗菌透水膜在制备材料中添加了银、钛等功能性离子，具有杀菌抑菌功能，可有效去除空气中水份，抑制细菌滋生。

针对幼儿园教室的空间大、人员密度大导致CO_2易超标、人体散热量大问题，新风系统采用了新风与回风相结合的空气流动方式，新风设备配置了500m^3/H大风量结构的设计，符合每个教室30学生的新风量要求，风量在0～500m^3/h范围内可调，净化段并设有G3粗效/电子亚高效/离子过滤器/高效高效

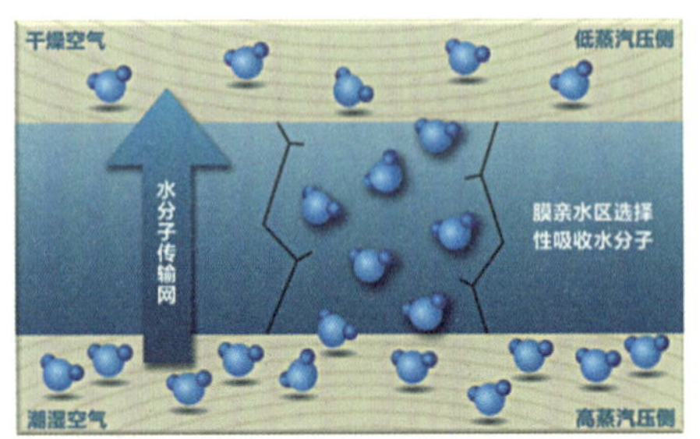

图19_负压除湿设备原理图

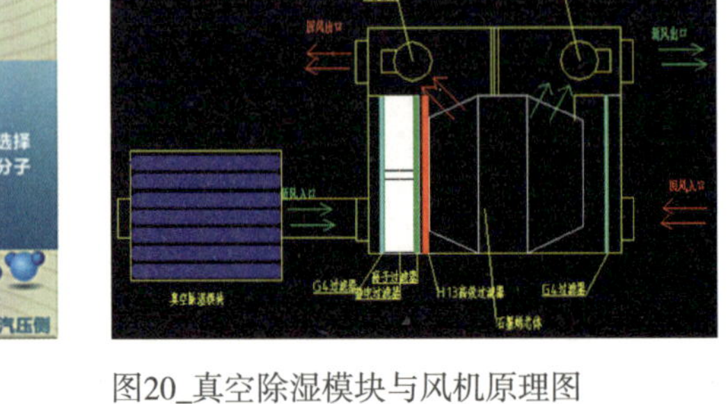

图20_真空除湿模块与风机原理图

图21_每间教室内环境控制板

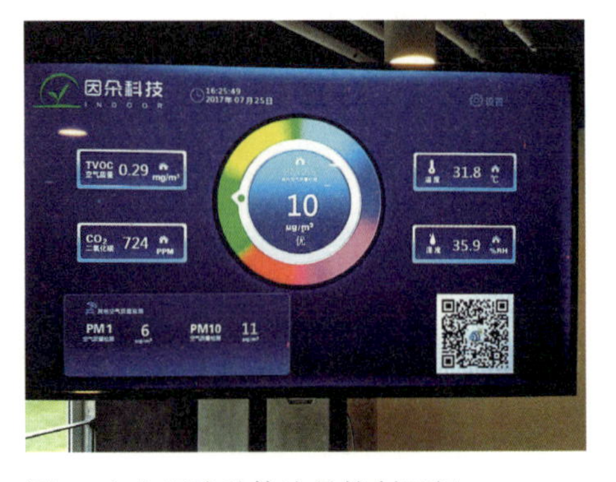

图22_室内环境总体液晶控制面板

过滤，PM2.5一次性净化率达95%，有效控制室内CO_2、PM2.5及TVOC等物质。

系统通过设备标配的云测仪可以将室内的温度、湿度、CO_2及PM2.5等净化数据实时显示在室内的液晶控制面板上，云平台系统通过账号管理，可将净化数据实时推送至园方领导及家长手机APP客户端。

4. 专家点评

该项目是我国夏热冬冷地区第一个被动式低能耗幼儿园项目。在该地区做幼儿园项目具有重要的示范意义。这个幼儿园可以在用能极低的情况下为小朋友提供安全舒适的室内环境。该项目有如下特点：一是即使在重度雾霾天气情况下，室内空气仍然保持优质水平；二是岩棉外墙外保温系统施工质量较好，其挑出构件的节点处理仔细；三是外遮阳系统性能优异；四是新风系统采用的膜技术、真空除湿技术是我国企业针对被动房研发的享有知识产权的专有技术。

（撰文：高庆）

5 产业园

南通三建被动式超低能耗绿色建筑产业园

江苏南通三建集团控股有限公司

1. 地理位置

南通三建被动式超低能耗绿色建筑产业园，位于江苏省南通市海门工业园北区，东至包临公路，南至规划喜悦路，北至新城西路。产业园以打造中国首家被动式建筑全产业链基地为目标，引进以节能、环保、绿色生态、高新技术为主的建筑产品体系及成套技术的研发和生产企业加盟产业园。

2. 园区功能布置

园区总建筑面积20万m^2，包括：两项住建部科技示范工程（按照被动房技术要求建造的技术研发中心和按照装配式与被动式建筑集成技术要求建造的智能建筑体验楼）、EPS模塑聚苯保温模块生产基地、新型PC预制构件加工基地、高性能节能门窗制作基地、被动式超低能耗建筑系列体验中心（被动式超低能耗木结构建筑和被动式超低能耗古建筑）、空气源能源机组、新

图1_园区建设布置图

风机组及配套系统生产基地、智能建筑机械人生产基地、太阳能光伏发电及太阳能热水设备等新材料、新设备生产基地，以及与之配套的建筑产业现代化技术研发基地和被动式建筑技术培训基地。

3. 园区建设及生产内容

1）技术研发中心

产业园技术研发中心项目总建筑面积为6757.88m^2，由江苏南通三建集团有限公司开发建设，并与德国能源署进行技术合作，为江苏省首例采用德国被动房原理和能耗标准进行设计、施工和运营管理的建筑项目。

研发中心项目集技术研发、对外展示、会议交流、综合办公于一体，应用公共安防、信息云平台、智慧家居等多项建筑新技术，构建安全、健康、舒适和便捷的工作环境。该项目于2016年9月28日通过了住建部与德国能源署专家现场验收，各项技术指标达到了“被动房”标准，并于10月13日在国家第十五届住博会获得“被动式低能耗建筑质量标识”。

2）EPS模塑聚苯保温模块生产基地

基地内引进20条EPS保温模块生产线，生产出的EPS模塑聚苯保温模块技术性能指标符合被动式建筑技术要求，供长江三角洲地区的被动式建筑保温材料使用，年生产能力500万m^2（墙面面积）以上。

图2_产业园区技术研发中心

EPS保温模块自带防脱落燕尾构造和自带阶梯型企口拼缝防水构造，有效地解决了普通保温板脱落和拼缝部位渗漏的质量通病。产品成功入选住建部《被动式低能耗建筑产品选用目录（2016）》和2017年江苏省高新技术产品。

3）新型PC预制构件基地

新型PC构预制件基地总用地面积约1.8万m^2，主要生产装配式建筑预制混凝土夹芯保温外墙板、预制混凝土内墙板、预制混凝土结构柱、预制混凝土断桥阳台板、预制混凝土梁及叠合板、楼梯板及各种悬挑构件。其中，被动式超低能耗建筑专用的保温结构一体化预制外墙板作为主打产品，已经得到了大量应用。该新型PC预制构件基地年生产能力约10万m^3预制混凝土构件，成为国家装配式建筑产业基地和江苏省建筑产业现代化集成示范基地。

4）节能门窗制作基地

高性能节能门窗制作基地总建筑面积约为6800m^2，主要生产被动式低能耗建筑专用的高性能节能门窗，包括塑钢型材、断桥铝合金型材、铝合金断桥发泡型材窗、铝包木型材，年生产被动式建筑门窗达10万m^2；同时生产被动式建筑专用住宅户门、单元门、办公楼门、自动门等被动式建筑系列节能门，年产量达 8万m^2。生产的高性能节能门窗符合被动式超低能耗建筑门窗的各项技术指标要求。

图3_EPS保温模块生产车间及保温模块

图4_PC预制构件基地及产品

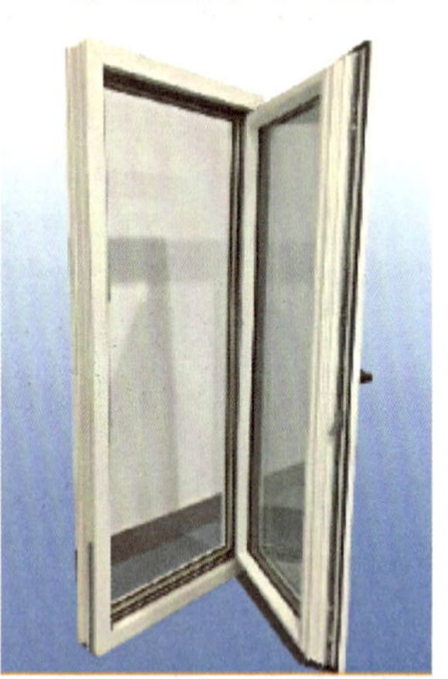

图5_节能门窗生产基地及产品

5）被动式超低能耗建筑系列体验中心

被动式超低能耗建筑系列体验中心包括：被动式超低能耗木结构建筑体验房和被动式超低能耗古建筑体验房。

被动式超低能耗木结构建筑（图6）体验房的主体结构采用全木结构，建造过程中将木结构建筑与被动房技术进行了集成，并取得了很好的节能效果，达到了被动式超低能耗建筑的各项技术指标要求。该示范建筑在2016年第十五届住博会上成功参展，节能率达到95%以上，室内环境健康舒适、恒温、恒湿、恒氧、恒净，适用于特色小镇、疗养产业、旅游产业、新型城镇化等各类功能需求的被动式建筑。

被动式超低能耗古建筑体验房（图7）的主体结构采用钢筋混凝土框架结构，建造过程中将钢筋混凝土结构建筑与被动房技术进行了集成，并融合

图6_被动式木结构建筑体验房

图7_被动式古建筑体验房

了传统中国古建筑的艺术风格。该体验房取得了很好的节能效果，达到了被动式超低能耗建筑的各项技术指标要求，节能率达到90%以上。室内环境健康舒适、恒温、恒湿、恒氧、恒净，适用于古代建筑风格的园林建筑、旅游建筑、养老建筑等各类功能需求的被动式建筑。

6）装配式与被动式智能建筑体验楼

该项目总建筑面积为3966m^2，地上4层，钢筋混凝土剪力墙结构。该体验楼项目为住房和城乡建设部与南通三建合作项目，将预制装配式建筑技术与被动式建筑技术进行集成，集研究与工程化应用于一体，在大幅降低运行能耗、提高舒适度的同时，解决了传统施工方式带来的环境污染、浪费等问题，对促进建筑行业转型和节能减排具有较高的示范意义。该项目集成技术方案于2016年5月12日通过住房和城乡建设部专家论证。

项目涵盖整体卫浴、整体厨房、整套家电、太阳能热水系统、可再生能源系统、智能社区解决方案等被动房全装修系统设计，是智能建筑的集中体现。

图8_装配式与被动式智能建筑体验楼

7）空气源能源机组、新风机组及配套系统生产基地

空气源能源机组及配套系统生产基地，主要生产被动式低能耗建筑专用的空气源能源机组、新风机组及与之配套的系统产品，包括：空气源冷热水设备、空气源热泵中央空调、空气源风机盘管、新风换

气机、新风机组及其与之配套的智能联动控制系统等。

8）智能建筑机械人生产基地

园区内引进智能建筑机械人生产技术，主要生产砌筑机械人、抹灰机械人、贴瓷砖机械人、喷涂机械人和焊接机械人等智能建筑机械人。把依靠人工完成的砌筑、抹灰、贴瓷砖、焊接等工作交给智能建筑机械人来完成，大幅度地降低了劳动力投入、节约了劳动力成本、提高了施工效率和施工质量。

9）太阳能光伏及太阳能热水设备生产基地

太阳能光伏及太阳能热水设备生产基地，主要生产太阳能光伏发电设备和太阳能热水设备及与之配套的系统产品，包括：太阳能光伏发电设备、太阳能光伏路灯、太阳能光伏采暖设备、太阳能光伏智能户外用品、太阳能热水系统及其与之配套的智能联动控制系统等。

10）建筑产业现代化技术研发基地

建筑产业现代化技术研发基地项目总建筑面积7900m^2，为以产、学、研、用相结合的技术研发创新团队提供日常办公和科技试验的场地。该研发基地拥有国内先进水平的技术与产品研发机构，形成以产、学、研、用相结合的技术创新体系和管理运行机制，逐步形成具有较强的技术集成和住宅部品构件的标准化设计、系列化开发能力，为产业园区集约化生产和配套化供应提供强有力的技术保障。

11）被动式建筑技术培训基地

被动式低能耗建筑技术培训基地总建筑面积为11360m^2，是园区内专门用于培训被动式低能耗建筑施工技术人员和施工操作人员的理论学习和实际

图9_被动式建筑技术研发基地

图10_被动式建筑业务培训基地

操作基地。自建成以来，已经完成十余个批次、累计2000余人次的被动式低能耗建筑技术的相关培训，为南通三建集团的被动式低能耗建筑施工提供了充足的专业施工技术人员。

4. 园区机构设置及人员配备

产业基地的机构设备及人员配备依托南通三建的大平台支撑，目前机构设置独立完整，业务人员配备齐全，生产经营状况良好，基地设施建设到位。基地配备了企业内部实验室、产品研发中心和BIM中心，进行保温系统、节能窗、PC构件等方面的研发；同时也加大了同国内知名高校的科技合作研发，建立了长期技术合作战略伙伴关系，增强了企业的科技创新能力。

5. 园区发展规划

随着全国建筑产业现代化的蓬勃发展，绿色、节能、环保、低碳、智能等建筑不断涌现，尤其是以装配式、被动式超低能耗建筑为代表的新型建筑在全国各地全面建设。

南通三建被动式超低能耗绿色建筑产业园，通过近年建设，已具发展规模。园区自2013年以来，通过设计、研发、生产、施工、运营、服务管理的能力，下一步需要完善、增加和提供为被动式超低能耗绿色建筑全产业链配套服务的相关产业及技术培训。拟定成立国家千人计划团队研究中心，与清华大学、浙江大学等国内知名高校联合成立校企技术研发中心，不断引进高端科研人才进入园区技术研发中心；聘请院士，成立院士工作站和博士后工作站，为园区高科技发展提供技术支持、奠定理论基础。同时，随着被动式超低能耗绿色建筑全产业链的不断发展，园区需要科技含量高、智能化高、技术集成高的企业，不断加盟园区建设、共谋发展。在研发、设计、生产、开发、总承包、技术培训和运营服务等方面形成可复制的全产业链；打造成具有先进性、示范性意义的绿色节能、低碳环保的现代化产业基地。

（撰文：周炳高）

七　被动式低能耗建筑效益分析

被动式房屋改变建筑对传统能源的依赖，改变着人们的室内外环境、改变着我们的生活、社会和环境。被动式房实现了多方利益的统一：符合老百姓的切身利益，他们可以享受舒适的室内环境、不受雾霾影响、不交采暖费、室内无灰尘可以少做家务；符合开发商的利益，他们可以凭高质量的房子获得更大的利润；符合经济发展要求，促进产品的更新换代，推动产业升级，更多的GDP，更少的医疗支出、采暖等公共费用支出；符合社会环境效益，减排温室气体、减少雾霾、减少城市热岛；符合国家长远的利益，建造出可以使用百年以上的房屋，减少建筑拆除，把能源和资源留给后代。

被动房将在以下几方面产生影响：

1　社会效益

1）被动式房屋可以在没有传统采暖设施的情况下，为人们提供温暖舒适的室内环境，促进社会和谐

（1）采暖地区

建成的哈尔滨“溪树庭院”和秦皇岛“在水一方”被动房之所以受到了消费者的青睐，是人们喜欢它的舒适与安全。与节省采暖费相比，人们更看重它的舒适性和安全性。利用这一手段，可以在不给国家增加能源消耗的前提下，满足人们冬季室内温度的需求，并使人们拥有比普通房屋更加舒适、安全的室内环境。

（2）夏热冬冷地区

我国有6亿人口生活在夏热冬冷地区，该地区冬季低于10℃的天气超过80天，处在10～15℃的天气超过50天。夏热冬冷地区冬季阴冷潮湿，相对湿度普遍大于70%。受国家供暖政策的影响，至今这一地区绝大多数房屋没有集中供暖设施。随着我国人民生活水平的提高，在冬季，愈来愈多的生活在该地区的人们渴望有一个像北方一样温暖的室内环境。而被动式房屋就是一

个有效的解决手段。

（3）边远分散地区

很难配备集中供热实施的房屋也可以用建造被动房的手段解决冬季供暖问题。譬如，边防哨所、青藏高原和内蒙古草原等分散居住区的农牧民房屋等。中德试点示范项目中有一个18层的居住建筑在青海乐都，我们设计这栋建筑的冬季新风、采暖和生活热水完全靠太阳能解决。项目建成之后，很可能是中国最接近零能耗的房屋。如果拉萨市全部建成被动式房屋，利用拉萨优越的太阳能资源，就有可能使拉萨的建筑实现零排放，让人们在拥有舒适的室内环境的条件下，永远保持蓝天白云。

2）促使建筑设计施工实现从粗放式到精细化的转变

长期以来，建筑质量问题一直无法得到彻底解决。施工方式粗放、以次充好、不遵守施工流程、偷工减料的情况长期存在。以门窗安装为例，通常会用聚氨酯封堵窗框与外墙之间缝隙，先装窗框再装玻璃是最常用的施工方法（图1、图2）。这种施工方式既浪费材料又难以保障施工质量，这也是我国建筑在暴风雨中往往会发生渗漏的重要原因。

而粗放式施工不可能建造出被动房。因为只有做到精细化施工才能实现被动房的能耗和室内舒适性指标，所以严格遵守每个施工程序和规定的工法是建造被动房必须遵守的原则。同样以安装窗户为例，外窗应带玻璃安装并且外窗有很好的保护膜，外窗与外墙之间必须用防水材料密封，室内一侧用防水隔汽层（图3），室外一侧用防水透汽层并且外保温层还要至少覆盖外窗框3cm（图4）。这种安装方式确保了窗与外墙的密封的可靠性，暴风雨不可

图1_工地常见外窗安装（室外一侧）

图2_工地常见外窗安装（室内一侧）

图3_被动房外窗的安装（室内一侧）

图4_被动房外窗的安装（室外一侧）

能穿透窗与外墙的缝隙。要特别指出的是，被动房施工中不允许出现边设计边施工、违反施工程序和赶工期的现象。

3）促进建材行业的产业升级与发展

我国建材行业出现劣币驱逐良币的逆向淘汰的现象阻碍了行业进步，更腐化了市场环境，其结果是全社会资源和能源的巨大浪费。被动房需要挑选使用寿命长的好产品，每一个项目单位不再是只图便宜，而是首先要求材料产品符合要求，然后才是比较价格。

以塑料门窗为例，我国最低的塑料门窗的安装销售价居然可以低至200元/m^2；某些工程交付业主后，业主做的第一件事就是将门窗换掉；20年前我国塑料门窗的整体行业水平与德国不相上下，而今天我国塑料门窗成了伪劣门窗的代名词。

再以防水材料为例，我国规定防水材料的质保期为5年，建造商往往使用只有5年使用寿命的防水材料。2014年中国防水材料协会做了全国建筑渗漏状况调查报告，其结果表明：屋面样本渗漏率达95.33%，地下样本渗漏率达57.51%。可以说，在我国难以找到被动房所需的至少有40年以上使用寿命的防水材料。同德国防水材料相比，我国绝大多数防水材料属于品质存在问题的材料。为了找到满足被动房要求的防水材料，我中心曾与中国防水材料协会合作，与优质防水材料生产企业座谈，没有厂商敢给出40年免维护的质量承诺。

被动房建筑，使得厂商参与市场竞争的前提是必须能够供应合格产品。因为不符合要求的产品用在被动房会产生非常严重的后果，达不到预期目标，使得厂品供应商不敢以次充好。开发商在选择产品时，往往遵守质量上万无一失的原则。如果中国材料产品不满足性能要求，他们会不惜成本地从国外购买。这样，被动房的市场就给建材产品企业提供一个竞优的市场，就会促进我国的产业转型升级和发展。

4）在有雾霾的地区，被动房给人们提供了健康安全的室内环境

被动式房屋可以在重度雾霾情况下，提供给人们安全的室内环境。表1是秦皇岛重度雾霾条件下，不同区域空气PM2.5的情况。被动房室内PM2.5是室外的1/7左右。这是因为被动房的密封性特别好，门窗密闭后，空气只能通过高效热回收的新风系统进入室内。新风系统不但将室内的CO_2含量控制在1000ppm以下，而且在重度雾霾条件下会过滤室内的有害物质，从而使室内空气处于安全状态。

值得一提的是有一种采用纳米技术可对水分子透过进行控制的过滤膜。新风系统采用这种过滤膜，可以有效降低PM2.5，可控制水蒸气的进出，并且在全热回收过程中膜表面不会有霉菌的产生。它有15年以上的寿命，在使用期内免清洗。在雾霾常发的今天，被动房能够给人提供一个安全的室内环境。

表1　重度雾霾条件下，被动房室内环境与周边情况对比[①]

序号	地点	空气质量指数测试数据	备注
1	售楼处4楼技术部	2200	4人
2	售楼处4楼王总办	1800	1人
3	售楼处1楼广场	3500	开放的公共区域
4	C15号楼东、南、西	4200～5500	距离楼15m左右
5	C15号楼2楼东室客厅	500～630	门窗密闭
6	C15号楼2楼东室厨房	500～540	门窗密闭
7	C15号楼2楼东室东南卧	630	门窗密闭
8	C15号楼2楼东室西南卧	590	门窗密闭
9	A区21号楼西侧15m	3700～3900	开放的公共区域
10	A区21号楼5单元902室	1000～1300	门窗密闭
11	A区21号楼东侧丁字楼口	3250～3600	开放的公共区域

5）被动房可以提高国家抗风险能力

被动房对能源依赖程度低，如果我国现有400亿m^2的建筑成为被动式房

① 2013年11月8日，在重度雾霾条件下用测试仪器：DYLOS DC1700。空气质量参考数值：3000+非常差、1050～3000较差、300～1050一般、150～300好、75～150很好、0～75很好。

屋，将会为全社会节省出近30%以上的社会终端能耗并使建筑摆脱对化石能源的依赖。无论在严寒的冬季，还是酷热的夏季，人们在没有采暖制冷设备时，仍然有较为舒适的室内环境。所以，政府可以从容地面应对由于各种原因造成能源短缺、断电。

2 经济效益

1）极大地延长建筑物的使用寿命

同节约能源相比，被动式房屋对促进实现社会的可持续发展同样重要。《民用建筑设计通则》规定的重要建筑和高层建筑主体结构的耐久年限为100年，一般性建筑为50～100年。而被动房从理论上讲应该是“永远不坏的房子”。它的整个结构体系处在保护层当中，免受风、霜、雨、雪的侵蚀，一年四季基本上处在20～26℃之间。被动房的寿命和普通房屋相比，就好比木乃伊同普通人尸体存在时间相比。木乃伊可以存在3000年不坏，而普通人尸体在空气中会很快腐烂。如果我国能够普及被动房，将会彻底改变我国建筑寿命短的现状，促进实现社会的可持续发展。

我国建材成本和建筑建造成本确实远低于德国和瑞典，但我国的建筑寿命只有50～100年，后者却是几百年。一位德国专家测算，被动房所有的投资成本可在60年中通过能源节省收回来，以后这座房子就是一个不用供暖系统的“白用”的房子。而我们的房子在60年之后就要拆除重建了。重建就要产生一堆建筑垃圾，再消耗一遍资源与能源。在与德国的合作中，我们了解到，一个合格的被动式房屋，它的第一次大修的时间是在40年之后。被动房的长久寿命使我们可以把房屋留给子子孙孙，留得住青山绿水，并彻底地改变我国建筑寿命短的现状。

2）建造被动式房屋可极大地节约能源

被动式房屋可实现极大的节能减排，使房屋采暖彻底摆脱对化石能源的依赖。建造被动房的初衷是采暖不用外界供给能源。一个被动式房屋至少可以比普通建筑节能90%以上。以中国81亿m^2的北方采暖居住建筑为例，现在每年采暖锅炉消耗2亿t标准煤。如果这一地区的新建建筑按照国家现行节能标准建造，以最保守的估计，到2050年将提高到3.85亿t标准煤，净增1.85亿t标准煤；如果按被动房标准建造，则增加到2.5亿t标准煤，净增

0.5亿t标准煤。如果对现有的北方采暖区的居住建筑按被动房标准进行改造，则可把现在的2亿t标准煤降低至2187万t标准煤。如果到2050年中国北方地区的居住建筑全部成为被动房，则可以把采暖耗煤总量控制在7000万t左右。而这7000万t完全可以用可再生能源来满足，也能够摆脱对化石能源的依赖。在这个过程中，累计节约59亿t标准煤，减排165亿t的CO_2，如图5所示。

为了保证冬季送入室内的新风温度保持在16℃以上。哈尔滨“辰能·溪树庭院”采用了生物质锅炉（图6）、生物质燃料（图7）为冬季新风加热。该项目说明，即使在严寒地区，被动房仍然能够摆脱对化石能源的依赖。生物质能与化石能源的本质区别是，前者是可再生的，而后者不可再生。被动

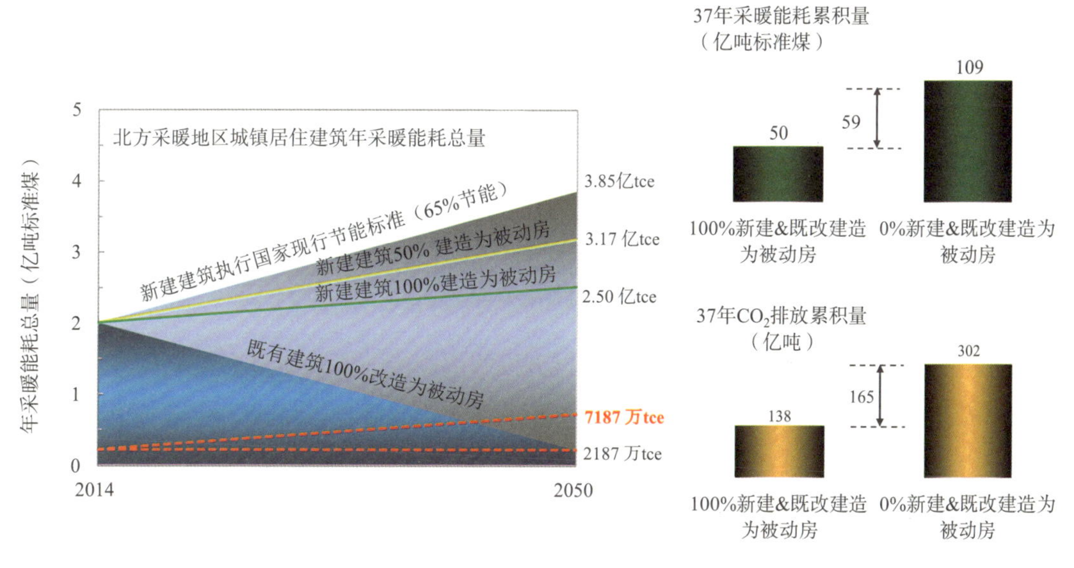

图5_北方居住建筑被动房减排潜力

图6_生物质锅炉

图7_生物质燃料

式低能耗建筑的使用者就不用担心燃料的短缺和能源价格的上涨。

如果我们国家的房屋都是被动房，那么可以节省40%左右的社会终端能耗，可以极大地缓解能源紧张的状况。如果不需要燃料供暖，那么我们将彻底摆脱由于冬季供暖所带来的一切麻烦：煤矿的开采、运输与贮存；供暖系统的维护与保养；冬季的烟尘与雾霾；采暖计量与费用的收取；燃料费用的上涨；由供暖系统所造成的事故（比如因供暖系统爆裂而导致无法供暖等）。

在奥地利、瑞典和德国等国正利用被动房的技术手段使房屋采暖日益摆脱对化石能源的依赖的同时，我国建筑总量对化石能源的消耗却呈逐年上升趋势。建筑能耗的增加有两个主要因素：一是不断增加的新建建筑带来的能源消耗刚性增长，二是人们追求更舒适的室内环境造成的能耗的增加。被动式房屋可以在满足人们对室内环境追求舒适的同时，使采暖能耗降到最低。如果我国能够按被动房标准建造新建建筑和对既有建筑进行节能改造，就有可能降低建筑能耗的总量。在降低能耗的同时，必然会带来温室气体排放的降低。瑞典的哥德堡通过建筑节能的手段，用了27年的时间，使整个城市的CO_2排放降低了50%，SO_2排放降低了100%，NO_X排放降低了90%，最终使城市彻底摆脱了雾霾的困扰。

3）被动房可以降低社会运行成本

随着被动房的推广普及，采暖设施、空调设施的减少，空气质量会逐渐变好，城市的热岛效应会逐步缓解，人们生病的概率也会降低。从而，社会为维护建筑供暖的费用、医疗费所提供公共费用的支出会逐渐减少。再有，被动房比普通建筑有更长久的使用寿命和更少的维护费用，所以，政府为建筑拆除和维护的公共费用支出也会大大降低。

4）被动房使节能技术简单易行

被动式房屋把外围护结构做到了极致，无热桥，无空气渗漏。这种特性使得被动房的建筑节能理论清晰易懂，能耗计算方法变得简单明了。所采用的技术产品对节能降耗的影响在设计时就要分析清楚。譬如：热桥能耗计算是一个非常复杂的过程，而被动房无结构热桥，也就不需要计算热桥；普通房屋空气渗漏情况难以确定，也就不可能准确计算空气的渗漏所带来的能耗损失，而被动房的新风是有组织的，换气是按照人的需氧量确定的，这样被动房的空气交换所带来的损失就变得可计算、易计算。

被动房的产生使建筑节能技术变得简单易行。被动房是在达到明确的能耗指标的前提下，所采用的技术和花费愈少愈好。这种以结果论英雄的评判方法简单而公正。建造被动房时，不是选“高大上”的技术而是选管用的技术，不是选用的技术愈多愈好，而是愈少愈好。华而不实的技术产品难以在被动房中采用。

3　环境效益

被动房可以极大地缓解夏季用电高峰的压力和城市热岛效应。

被动式房屋的空调负荷是普通房屋的1/4～1/10。也就是说，如果我们的房屋都变成了被动房，那么至少可以使现在的夏季空调负荷降低3/4。我国许多城市在夏季都要经历高温酷热，为了满足居民的空调需要，就要配备足够的电力，而很大一部分电力负荷在绝大多数时间里处于闲置状态。还有一些城市，通过给工厂拉闸限电以满足居民的空调需求。如果现有房屋变成被动式房屋，那我国城市的电力就会得到极大地缓解。

随着我国城市房屋建造量的增加，城市热岛效应变得愈来愈严重。上海、北京和重庆的城市热岛比正常区域高7～9℃。城市热岛提高了整个城市的温度，造成了空调能耗进一步上升。而被动式房屋不会产生热岛效应。如果把一个个产生热岛的普通建筑改造成被动房，将会消除一个个热岛。这样，随着城市被动式房屋逐渐取代普通建筑，城市在夏季的温度也会降下来。

4　成本效益

根据已验收的示范工程进行成本分析。基本情况如下：

1. 成本增量

成本增加1500～2000元/m^2左右。在寒冷地区的增量成本可控制在1000元/m^2左右；在严寒地区的增量成本在1500～2000元/m^2；南方地区（夏热冬暖或夏热冬冷地区）的增量成本在1500元/m^2左右。

2. 不同区域成本影响因素

严寒地区增量成本高于寒冷地区，是在严寒地区需要更加严密的技术措施所致。南方地区增量成本高于寒冷地区，是因为我国南方地区普通建筑的保温隔热措施较差，而原本又没有传统的采暖设施，被动房的保温隔热措施增量较大而又没有寒冷地区取消采暖所带来的费用节省。

3. 增量成本分析构成

同普通节能房屋相比，被动式低能耗房屋的保温材料、外窗、高效热回收装置和高标准施工要求等均使工程造价有所增加。但是被动式低能耗房屋取消了传统的采暖供热系统（小区热交换站、楼内供热管网、热计量系统等），并由此减少了城市供热热网配套费。

表2秦皇岛“在水一方”C15号楼和表3日照“新型建材住宅示范区27号住宅楼”分别按照德国被动式房屋标准对比我国现行节能65%标准建造的造价，可以看出，后者每平方米增加的造价约为人民币596元和1427元。

从开发商的角度分析：该增加的成本可由两方面从市场上获得补偿：一是房屋品质好，性价比高，售价上被动式低能耗房屋可比普通房屋高；二是被动式低能耗房屋在市场上比普通房屋更具吸引力，售房速度加快，从而降低了资金周转的成本。

从购买者的角度分析在以下三个方面获得收益：一是被动式低能耗房屋省去了采暖费用。如果购买被动式房屋每平方米多花费了600元，按采暖费30元/m^2/年计算，20年可收回这部分投资。虽然购房时投资有所增加，但就“在水一方”实际的销售情况看，当前人们更看重的是舒适的室内环境而乐于投资。二是在全寿命期房屋品质好，舒适度高，恒温恒湿，身体健康，少生病。三是在全寿命期内房屋质量好，维修投入少，综合支出少。

表2 “在水一方”C15号楼的造价对比

序号	项目	按节能65%标准的造价（元/m^2）	按被动式房屋的造价（元/m^2）
1	降水	25	25
2	土方	10	10
3	护坡	9	9
4	桩基	30	30
5	结构	510	510
6	装修及保温	220	392
7	门窗	208	333
8	水暖电	380	297
9	电梯	50	50
10	热回收系统	0	300
11	防热桥及细部处理成本	0	90

续表

序号	项目	按节能65%标准的造价（元/m^2）	按被动式房屋的造价（元/m^2）
12	建筑单体成本小计	1442	2046
13	室外工程及绿化	600	600
14	市政配套	200	130
15	规划设计	100	100
16	验收承办	150	150
17	土地款	2000	2000
18	不可预见费，3%	135	151
19	管理费，2.5%	116	129
20	贷款利息，6%	285	318
21	总成本合计	5028	5624

表3　山东日照“新型建材住宅示范区27号住宅楼”的造价对比

序号	项目	按节能65%标准的造价（元/m^2）	按被动式房屋的造价（元/m^2）
1	降水		
2	土方	135	135
3	护坡	0	0
4	桩基	0	0
5	结构	1100	1200
6	保温	140	700
7	门窗	35	335
8	水暖电	263	263
9	电梯	0	0
10	热回收系统	120	325
11	供热制冷系统		
12	防热桥及细部处理	0	130
13	小计	1793	3088
14	室外工程及绿化	120	120
15	市政配套	365	240
16	规划设计	27	55
17	验收成本	50	180
18	气密性测试	0	17.50
19	土地款	525	525
20	不可预见费，3%	99	143
21	管理费，2.5%	85	123
22	贷款利息	0	0
23	精装修	1005	1005
24	总成本合计	4070	5497

（撰文：张小玲）

八　各地政策措施

1　北京市

北京市住房和城乡建设委员会
北京市规划和国土资源管理委员会
北京市发展和改革委员会
北　京　市　财　政　局　文件

京建发〔2016〕355号

关于印发《北京市推动超低能耗建筑发展行动计划（2016—2018年）》的通知

各区人民政府，各相关委、办、局，各有关单位：

为贯彻《中共北京市委北京市人民政府关于全面深化改革提升城市规划建设管理水平的意见》《中共北京市委北京市人民政府关于全面提升生态文明水平推进国际一流和谐宜居之都的实施意见》，不断提升城市环境质量和人民群众生活品质，促进节能减排，经市政府同意，现将《北京市推动超低能耗建筑发展行动计划（2016—2018年）》予以印发，请认真遵照执行。

附件：北京市推动超低能耗建筑发展行动计划（2016—2018年）

北京市住房和城乡建设委员会　北京市规划和国土资源管理委员会

北京市发展和改革委员会　北京市财政局

2016年10月9日

附件

北京市推动超低能耗建筑发展行动计划（2016—2018年）

“十三五”时期是落实首都城市战略定位，加快建设国际一流和谐宜居之都的关键时期，建筑节能领域将深入贯彻落实创新、协调、绿色、开放、共享的发展理念，大力推进生态文明建设，提升建筑能效水平。发展超低能耗建筑顺应生态文明和新型城镇化建设的客观需求，是“十三五”时期建筑节能工作的重要内容之一，对缓解城市发展与能源消费矛盾，提升城市环境质量和人民生活品质有积极的促进作用，为推进我市超低能耗建筑发展，制定本行动计划。

一、重要意义

超低能耗建筑是指适应气候特征和自然条件，通过选用保温隔热性能和气密性能更高的围护结构，采用高效新风热回收技术，最大程度降低建筑供暖供冷需求，并充分利用可再生能源，以更少的能源消耗提供健康舒适室内环境的建筑。超低能耗建筑可以实现大幅节能减排，改善环境质量，积极应对气候变化；可以显著提高建筑质量，延长建筑物使用寿命，从根本上减少资源和能源的浪费；可以减少甚至取消城市集中采暖供热，降低市政公共基础设施的投入和建筑的运行和维护费用；可以极大地改善室内舒适度，实现以人为本，为人民生活提供健康保障；可以促进供给侧结构改革，拉动经济发展，促进建筑产业转型升级。目前，世界主要发达国家已先后强制实施超低能耗建筑标准，节能率达到90%以上。北京市作为首善之区，亟需加快发展超低能耗建筑，促进我市建筑品质的提升。

二、总体要求

（一）指导思想

全面贯彻首都功能定位和京津冀协同发展的重大战略部署，落实中央城市工作会议精神，围绕国际一流和谐宜居之都的建设目标，把生态文明建设放在突出位置，坚持集约发展，优化增量。以科技创新为动力，以标准规范为保障，以精细建设为手段，以示范工程为引领，着力提升建筑品质，构建绿色、低碳、循环的超低能耗建筑产业，促进城市环境质量和人民生活品质提高，努力将北京建设成为和谐宜居、特色鲜明的首善之区。

（二）基本原则

坚持政府推动、市场主导。充分发挥市场在资源配置中的决定性作用，强化政府统筹协调和政策引导，广泛调动企业和社会公众参与的积极性。利用经济杠杆，通过市场化运作，撬动超低能耗建筑发展。

坚持引进吸收、集成创新。借鉴国外超低能耗建筑技术成果，吸收国内超低能耗建筑经验，结合我市功能定位、气候条件和资源禀赋，通过集成和创新，形成一套可复制、可推广、可持续的超低能耗建筑推广经验。

坚持示范引领、标准先行。围绕重点领域，聚焦关键环节，通过示范工程制定超低能耗建筑系列标准，实现超低能耗建筑向标准化、规模化、系列化方向发展。

坚持属地管理、产业联动。各区政府要加强组织领导和部门统筹协调，实施目标管理，并宣传引导科研单位、材料设备生产厂家、房地产开发企业、物业及能源管理单位等积极参与，培育超低能耗建筑市场健康、有序发展。

（三）发展目标

3年内建设不少于30万平方米的超低能耗示范建筑，建造标准达到国内同类建筑领先水平，争取建成超低能耗建筑发展的典范，形成展示我市建筑绿色发展成效的窗口和交流平台。

三、主要任务

（一）加强超低能耗建筑技术研究和集成创新，增强自主保障能力。鼓励开展超低能耗建筑相关技术和产品的研发，开展一批新技术、新材料、新设备、新工艺研究项目，通过资源整合、开放和共享，提升自主创新能力，增强自主保障能力，降低建设成本，形成超低能耗建筑发展的全产业链体系。

（二）加快推进超低能耗建筑示范项目的落地，发挥示范项目的辐射作用。2016—2018年，政府投资建设的项目中建设不少于20万平方米示范项目，重点支持北京城市副中心行政办公区、政府投资的保障性住房等示范项目；社会资本投资建设项目中建设不少于10万平方米示范项目。

（三）制定超低能耗建筑技术标准和规范，推动标准化、规模化发展。编制超低能耗建筑相关设计、施工、验收及评价标准，超低能耗建筑工程设计、施工标准图集，形成完善的超低能耗建筑设计施工标准体系。2018年前完成北京市超低能耗居住建筑、公共建筑、农宅的设计导则或标准，完成相关材料应用技术标准和施工技术规程。

四、保障措施

（一）加强组织领导，明确工作职责

工作机制：市建筑节能工作联席会议负责我市超低能耗建筑发展的统筹协调工作。

职责分工：市住房城乡建设委负责超低能耗建筑推广应用的牵头工作，负责超低能耗建筑施工验收标准的制定、宣贯、实施和监督工作，指导各区住房城乡建设主管部门开展超低能耗建筑工作。

市发展改革委负责超低能耗建筑项目立项审批、年度投资计划办理；做好超低能耗建筑项目的资金支持。

市规划国土委负责超低能耗建筑设计标准的制定、宣贯及检查指导工作。

市财政局负责制定超低能耗建筑推动的奖励资金政策，并会同市住房城乡建设委负责奖励资金的监督管理。

各行业主管部门在各自职责内负责超低能耗建筑的组织推进。

各区人民政府按照属地原则负责本辖区内超低能耗建筑推广应用的组织实施。

（二）出台配套政策，引导市场参与

统筹市级财政资金，发挥政府资金杠杆作用，引导社会资金积极参与，推动市场化运作机制的形成。对政府投资的项目，增量投资由政府资金承担；社会投资的项目由市级财政给予一定的奖励资金，被认定为第一年度的示范项目，资金奖励标准为1000元/平方米，且单个项目不超过3000万元；第二年度的示范项目，资金奖励标准为800元/平方米，且单个项目不超过2500万元；第三年度的示范项目，资金奖励标准为600元/平方米，且单个项目不超过2000万元。具体实施细则由市住房城乡建设委会同市财政局等单位制定。

（三）加强宣传培训，营造良好氛围

加强对开发、设计、施工、监理人员相关业务的培训。通过电视、平面媒体、网络等多种渠道，积极宣传超低能耗建筑特点优势、法律法规、政策措施、典型案例和先进经验，增强公众对超低能耗建筑和相关技术、产品的认知和接受度，营造自觉自愿推广超低能耗建筑的良好社会氛围。

抄送：住房城乡建设部办公厅，财政部办公厅，国家发展改革委办公厅。

北京市住房和城乡建设委员会办公室

2016年10月9日印发

北京市住房和城乡建设委员会
北　京　市　财　政　局 文件
北京市规划和国土资源管理委员

京建法〔2017〕11号

北京市住房和城乡建设委员会
北京市财政局
北京市规划和国土资源管理委员会
关于印发《北京市超低能耗建筑示范工程项目及奖励资金管理暂行办法》的通知

各区住房城乡建设委，东城、西城区住房城市建设委，经济技术开发区建设局，各区财政局，各区规划国土资源分局，各有关单位：

为贯彻实施《北京市“十三五”时期民用建筑节能发展规划》和《北京市推动超低能耗建筑发展行动计划（2016—2018年）》，规范我市超低能耗建筑示范项目和奖励资金的管理，市住房城乡建设委、市财政局、市规划国土委共同研究制定了《北京市超低能耗建筑示范工程项目及奖励资金管理暂行办法》，现印发给你们，请遵照执行。

特此通知。

附件：北京市超低能耗建筑示范工程项目及奖励资金管理暂行办法

北京市住房和城乡建设委员会　北京市财政局

北京市规划和国土资源管理委员会（代章）

2017年6月30日

附件

北京市超低能耗建筑示范工程项目及奖励资金管理暂行办法

第一章　总则

第一条　为贯彻实施《北京市“十三五”时期民用建筑节能发展规划》和《北京市推动超低能耗建筑发展行动计划（2016—2018年）》，规范我市超低能耗建筑示范项目和奖励资金的管理，制定本办法。

第二条　本市行政区域内的超低能耗建筑均按本办法实施项目管理。

第三条　奖励资金的适用范围为社会投资超低能耗建筑示范项目。建设单位在取得土地使用权时承诺实施超低能耗建筑示范的，只对超出承诺范围的部分予以奖励。

政府投资超低能耗建筑示范项目的增量成本由政府资金承担，实施相应资金管理程序。

第四条　示范项目的确认和专项验收由专家进行评审。市住房城乡建设委、市规划国土委向社会公开征集并组织遴选专家，建立专家库，评审专家从专家库中随机抽选。

第五条　城镇超低能耗示范项目在计算面积时，外保温层厚度原则上参照《居住建筑节能设计标准》（DB11/891—2012）和《公共建筑节能设计标准》（DB11/687—2015）设计的同类建筑外保温层厚度计入。

第二章　示范项目的申报

第六条　示范项目的申报主体和申报条件

（一）城镇示范项目由建设单位组织申报，应符合本市基本建设程序、管理规定和相关技术标准规范，示范面积不小于1000平方米。

农宅示范项目由村委会或乡（镇）政府组织统一申报，应符合农宅建设的管理程序和管理规定，示范规模在10户以上或总不范面积不少于1000平万米。

（二）示范项目应满足《北京市超低能耗建筑技术要点》（见附件1）和相关标准要求。

第七条　示范项目的申报资料

（一）示范项目申报书（见附件2）。

（二）示范项目专项技术方案（编写提纲参见附件3）。主要内容包括建筑能耗指标计算书，工程关键节点详图，建筑平、立和剖面图（含气密层和保温层布置），建筑气密性措施，采暖、制冷和新风方案等。

（三）城镇示范项目应提供项目的立项、土地、规划等相关许可或证明文件。农宅示范项目提供使用集体建设用地（宅基地）的证明文件、乡村建设规划等相关许可或证明文件。

第八条 示范项目的申报程序

（一）申报单位向示范项目所在地的区住房城乡建设委提交申报资料。申报时间节点原则上在完成工程的初步设计，报送施工图设计审查之前。

（二）区住房城乡建设委核对申报项目的申报资料，将符合申报条件的汇总后，于每年的8月30日前报市住房城乡建设委。

第九条 示范项目的评审与公示

（一）市住房城乡建设委会同市规划国土委、项目所在区住房城乡建设委、区规划分局组织对申报项目进行专家评审。

（二）对通过评审的项目在市住房城乡建设委网站进行公示，公示期7天，公示期满无异议的列入我市超低能耗建筑示范项目库，公示结束日为确认时间。

第十条 专家评审意见作为施工图设计审查的专项审查依据。

第三章 示范项目的管理

第十一条 示范项目经过专家评审和施工图审查机构审查通过后，原则上不得变更修改；确需变更并影响到能耗主要指标时，应经专家再次评审、原施工图设计审查机构审查通过。

第十二条 城镇示范项目应符合工程基本建设管理要求。建设单位应将超低能耗建筑专项技术方案的实施能力作为选择设计、施工、监理单位的重要条件。

农宅示范项目应符合农宅建设管理程序，由申报单位组织实施。

鼓励建设单位（或申报单位）选择有相应技术能力的单位对示范项目进行超低能耗技术服务。

第十三条 示范项目的建设单位（或申报单位）应组织对设计、施工、监理、材料设备供应等相关人员进行超低能耗专项技术培训，以保证示范项目的实施效果。

第十四条 示范项目的施工单位应在施工现场集中展示有关信息及关键节点的详细做法。设立示范工程简介、相关技术指标公示牌、关键节点构造详图示意图。具备条件的可以设立样板间或样板房。

第十五条 示范项目的施工单位、监理单位、技术服务单位应加强对屋面保温防水系统、外墙保温系统、建筑门窗、气密性构造、新风系统等关键节点的监督管理，整理保管好关键材料及设备的合格证明、检测报告等重要技术资料，做好隐蔽工程施工过程和专项验收记录的文字及影像资料的留存。

第十六条 示范项目的保温材料、建筑外门窗、气密性材料、防水材料、新风系统等关键材料及设备须按照项目的设计要求选购。

第十七条 示范项目应建立室内环境指标及能耗数据的监测系统，项目竣工验收后应由建设单位（申报单位）将其连续三年的实际运行数据上报市、区住房城乡建设委。

第十八条 示范项目实施属地管理原则。区住房城乡建设委应加强本行政区域内超低能耗示范项目的日常监督及专项执法检查。

第四章 示范项目的专项验收

第十九条 建设单位应委托具有资质的检测机构对建筑物的气密性进行专项检测。气密性检测应在气密层实施完毕和示范工程装修完工后分别进行一次。

第二十条 气密性检测全部合格后，建设单位（或申报单位）向区住房城乡建设委提出项目专项验收申请，区住房城乡建设委报市住房城乡建设委申请专项验收。

第二十一条 市住房城乡建设委会同市规划国土委、项目所在区有关部门共同组织专家对超低能耗示范项目进行现场专项验收。

第二十二条 通过专项验收的项目颁发北京市超低能耗建筑示范项目证书及标牌。

第五章 项目奖励资金的管理

第二十三条 示范项目的奖励资金标准根据示范项目的确认时间进行确定。2017年10月8日之前确认的项目按照1000元/平方米进行奖励，且单个项目不超过3000万元；2017年10月9日至2018年10月8日确认的项目按照800元/

平方米进行奖励，且单个项目不超过2500万元；2018年10月9日至2019年10月8日确认的项目按照600元/平方米进行奖励，且单个项目不超过2000万元。

第二十四条 奖励资金与年度预算安排相结合。在项目确认为我市示范项目后，按不超过50%比例预拨，待项目通过专项验收后拨付剩余资金。

本奖励资金原则上与同类财政补贴政策不重复享受。

第二十五条 市住房城乡建设委按季度汇总示范项目奖励资金需求，将项目相关信息函告市财政局，并抄送区住房城乡建设委。

市财政局收到市住房城乡建设委函件后，按照预算管理要求做好奖励资金拨付工作。对于市属国有企业开发建设的示范项目，奖励资金由市财政直接拨付到项目建设单位；其它示范项目，奖励资金由市财政局通过转移支付的方式拨付到项目所在地财政部门，具体拨付工作由区财政部门商区住房城乡建设委确定。

第二十六条 鼓励各区政府研究制定本区关于超低能耗建筑的奖励政策，加大对超低能耗建筑项目支持力度。

第二十七条 项目出现以下情况之一的，由建设行政主管部门取消其示范资格，由财政部门追缴扣回已拨付的奖励资金。

（一）提供的申报及验收文件、资料、数据不真实，弄虚作假的。

（二）项目验收未达到超低能耗目标要求的。

（三）超低能耗项目实施进度超过申报书承诺时限两年的。

第六章 附则

第二十八条 本办法由市住房城乡建设委、市财政局、市规划国土委负责解释。

第二十九条 本办法自印发之日起实施。

附件：1. 北京市超低能耗建筑示范项目技术要点

2. 北京市超低能耗建筑示范项目申报书

3. 北京市超低能耗建筑示范项目专项技术方案编写提纲

附件1

北京市超低能耗建筑示范项目技术要点

一、超低能耗城镇居住建筑的技术要求

1.1 室内环境参数

超低能耗城镇居住建筑室内环境参数应符合表1.1规定。

表1.1 超低能耗城镇居住建筑室内环境参数

室内环境参数	冬季	夏季
温度（℃）	≥20	≤26
相对湿度（%）	≥30①	≤60
新风量［m^3/（h·人）］	≥30	
噪声dB（A）	昼间≤40；夜间≤30	

注：①冬季室内湿度不参与能耗指标的计算。

1.2 能耗指标及气密性指标

根据北京市实际需求，本技术要点的制定将超低能耗城镇居住建筑分为商品住房和公共租赁住房两类，其能耗及气密性指标分别符合表1.2.1和表1.2.2的规定。

表1.2.1 超低能耗商品住房能耗性能指标

		建筑层数			
能耗指标	年供暖需求［kWh/（m^2·a）］	≤3层	4～8层	9～13层	≥14层
		≤15	≤12	≤12	≤10
	年供冷需求［kWh/（m^2·a）］	18			
	供暖、空调及照明一次能源消耗量	≤40kWh/（m^2·a）或4.9kgce/（m^2·a）			
气密性指标	换气次数N_{50}	≤0.6			

注：①表中m^2为套内使用面积。

②供暖、空调及照明一次能源消耗量为建筑供暖、空调及照明系统一次能源消耗量总和。

表1.2.2 超低能耗公共租赁住房能耗性能指标

	指标项目	户均建筑面积		
能耗指标	年供暖需求［kWh/（m^2·a）］	≤40m^2	40–50m^2	≥50m^2
		≤8	≤10	≤10
	年供冷需求［kWh/（m^2·a）］	≤35	≤30	≤30
	供暖、空调（含通风）一次能源消耗量	55kWh/（m^2·a）或6. 8kgce/（m^2·a）		
气密性指标	换气次数N_{50}	≤0.6		

注：①表中m^2为超低能耗区域的建筑面积，超低能耗区域是同时包含在保温层和气密层之内的区域。
②按照《北京市公共租赁住房建设技术导则（试行）》（京建发〔2010〕413号）的规定按建筑面积划分。

1.3 建筑关键部品性能参数

超低能耗城镇居住建筑关键部品性能参数应符合表1.3规定。

表1.3 超低能耗城镇居住建筑关键部品性能参数

建筑关键部品	参数及单位	性能参数
外墙	传热系数K值［W/（m^2·K）］	商品住房≤0. 15
		公共租赁住房≤0. 20
屋面	传热系数K值［W/（m^2·K）］	≤0.15
地面	传热系数K值［W/（m^2·K）］	≤0. 20
与采暖空调空间相邻非采暖空调空间楼板	传热系数K值［W/（m^2·K）］	≤0. 20
外窗	传热系数K值［W/（m^2·K）］	≤1.0
	太阳得热系数综合SHGC值	冬季：SHGC≥0.45 夏季：SHGC≥0.30
	气密性	8级
	水密性	6级
空气–空气热回收装置	全热回收效率（焓交换效率）（%）	≥70%
	显热回收效率（%）	≥75%
	热回收装置单位风量风机耗功率［W/（m^3·h）］	<0. 45

二、超低能耗公共建筑技术要求

2.1 室内环境参数

超低能耗公共建筑室内环境应符合表2. 1规定。

表2.1 超低能耗公共建筑室内环境参数

室内环境参数	冬季	夏季
温度（℃）①	≥20	≤26
相对湿度（%）	≥30②	≤60
新风量[m^3/(h·人)]	符合《民用建筑供暖通风与空气调节设计规范》GB50736—2012中的有关规定	

注：①公共建筑的室内温度的设定还应满足国家相关运行管理规定。
②冬季室内湿度不参与能耗指标的计算。

2.2 能耗指标及气密性指标

超低能耗公共建筑的能耗性能指标和气密性指标应满足表2.2规定。

表2.2 超低能耗公共建筑能耗性能指标及气密性指标

项目	规定
能耗指标	节能率η≥60%①
气密性指标	换气次数N_{50}≤0.6②

注：①为超低能耗公共建筑供暖、空调和照明一次能源消耗量与满足《公共建筑节能设计标准》GB50189—2015的参照建筑相比的相对节能率。
②室内外压差50Pa的条件下，每小时的换气次数。

2.3 建筑关键部品性能参数

超低能耗公共建筑关键部品性能参数应符合表2.3规定。

表2.3 超低能耗公共建筑关键部品性能参数

建筑关键部品	参数	指标
外墙	传热系数K值[W/(m^2·K)]	0.10～0. 30
屋面	传热系数K值[W/(m^2·K)]	0.10～0. 20

续表

建筑关键部品	参数	指标
地面	传热系数K值［W/（m^2·K）］	0.15～0. 25
外窗	传热系数K值［W/（m^2·K）］	≤1.0
	太阳得热系数综合SHGC值	冬季：SHGC≥0.45 夏季：SHGC≤0.30
	气密性	8级
	水密性	6级
用能设备	冷源能效	冷水（热泵）机组制冷性能系数比《公共建筑节能设计标准》GB50189—2015提高10%以上
空气–空气热回收装置	全热回收效率（焓交换效率）（%）	≥70%
	显热回收效率（%）	≥75%

三、超低能耗农宅主要技术要求

3.1　室内环境参数

超低能耗农宅建设示范项目室内环境参数应符合表3.1要求。

表3.1　超低能耗农宅建设示范项目室内环境参数

室内环境参数	冬季	夏季
温度（℃）	≥20	≤26
相对湿度（%）	≥30①	≤60
新风量［m^3/（h·人）］	≥30	
噪声dB（A）	昼间≤40；夜间≤30	

注：①冬季室内湿度不参与能耗指标的计算。

3.2　能耗指标

超低能耗农宅建设示范项目能耗及气密性指标应满足表3.2要求。

表3.2 超低能耗农宅建设示范项目能耗指标及气密性指标

采暖控制指标①	采暖负荷≤20W/m² 或年采暖需求≤20kWh/（m²·a）	
制冷控制指标①	制冷负荷≤25W/m² 或年供冷需求≤25kWh/（m²·a）	
一次能源指标	采暖、制冷（通风）一次能源消耗量②	≤60kWh/（m²·a） 或7.4kgce/（m²·a）
气密性指标	换气次数N_{50}③	≤0.6

注：①表中m²为超低能耗区域的建筑面积，超低能耗区域是同时包含在保温层和气密层之内的区域。
②采暖、制冷及通风一次能源消耗量为建筑采暖、制冷、新风系统一次能源消耗量总和。
③室内外压差50Pa的条件下，每小时的换气次数。
④采暖计算期取10月25日～4月5日（次年），制冷计算期取6月1日～8月31日。

3.3 建筑关键部品性能参数

超低能耗农宅建设示范项目关键部品性能参数应符合表3.3要求。

表3.3 超低能耗农宅建设示范项目关键部品性能参数

建筑关键部品	参数及单位	性能参数
外墙	传热系数K值［W/（m²·K）］	≤0.15
屋面	传热系数K值［W/（m²·K）］	≤0.15
地面	传热系数K值［W/（m²·K）］	≤0.15
外窗	传热系数K值［W/（m²·K）］	≤1.0
	太阳得热系数综合SHGC值	冬季：SHGC≥0.45 夏季：SHGC≤0.30
	气密性	8级
	水密性	6级
全热回收效率（焓交换效率）	效率（%）	≥70%
	热回收装置单位风量风机耗功率［W/（m³·h）］	<0. 45

附件2

北京市超低能耗建筑示范项目申报书

项目名称 ______________________

申报单位 ______________________（盖章）

项目所在区 ____________________

申报时间 ______________________

北京市住房和城乡建设委员会编制

北京市超低能耗建筑示范项目申报书

<table>
<tr><td colspan="6">**一、项目概况**</td></tr>
<tr><td colspan="2">1. 项目名称</td><td colspan="4"></td></tr>
<tr><td colspan="2">2. 建筑类型</td><td colspan="4">商品住宅（ ）；公共租赁住房（ ）；公建（ ）；农宅（ ）；居住+公建（ ）</td></tr>
<tr><td colspan="2">3. 实施起止年限</td><td colspan="4">项目立项时间：
项目竣工时间：
项目目前进展情况：</td></tr>
<tr><td colspan="2">4. 总建筑面积（m^2）</td><td></td><td colspan="2">超低能耗示范面积（m^2）</td><td></td></tr>
<tr><td colspan="2">5. 总投资（万元）</td><td></td><td colspan="2">增量成本（元/m^2）</td><td></td></tr>
<tr><td rowspan="4">6. 建筑能耗指标</td><td colspan="3">年供暖需求［kWh/（m^2·a）］</td><td colspan="2"></td></tr>
<tr><td colspan="3">年供冷需求［kWh/（m^2·a）］</td><td colspan="2"></td></tr>
<tr><td colspan="3">一次能源消耗量［kWh/（m^2·a）］</td><td colspan="2"></td></tr>
<tr><td colspan="3">相对节能率（%）</td><td colspan="2"></td></tr>
<tr><td>7. 建筑气密性</td><td colspan="3">换气次数（N_{50}≤0. 6）</td><td colspan="2"></td></tr>
<tr><td colspan="2">8. 可再生能源应用类型及应用量</td><td colspan="4"></td></tr>
<tr><td colspan="2">9. 开发单位名称</td><td colspan="4"></td></tr>
<tr><td>负责人</td><td></td><td>办公电话</td><td></td><td>手机</td><td></td></tr>
<tr><td colspan="2">10. 技术咨询单位名称</td><td colspan="4"></td></tr>
<tr><td>负责人</td><td></td><td>办公电话</td><td></td><td>手机</td><td></td></tr>
<tr><td colspan="2">11. 设计单位名称</td><td colspan="4"></td></tr>
<tr><td>负责人</td><td></td><td>办公电话</td><td></td><td>手机</td><td></td></tr>
<tr><td colspan="2">12. 施工单位名称</td><td colspan="4"></td></tr>
<tr><td>负责人</td><td></td><td>办公电话</td><td></td><td>手机</td><td></td></tr>
</table>

<table>
<tr><td colspan="4">二、工程计划进度与安排</td></tr>
<tr><td>起止日期</td><td>内容安排</td><td>起止日期</td><td>内容安排</td></tr>
<tr><td></td><td></td><td></td><td></td></tr>
<tr><td></td><td></td><td></td><td></td></tr>
<tr><td></td><td></td><td></td><td></td></tr>
<tr><td></td><td></td><td></td><td></td></tr>
<tr><td colspan="4">三、工程概况（地理位置、用地面积、建筑面积、示范面积、工程性质、工程投资、结构形式、示范特点等情况）</td></tr>
<tr><td colspan="4">四、申报单位意见

负责人：　　　　单位盖章

年　月　日</td></tr>
<tr><td colspan="4">五、项目所在区住房城乡建设委审查意见：

负责人：　　　　单位盖章

年　月　日</td></tr>
</table>

附件3

北京市超低能耗建筑示范项目专项技术方案编写提纲

一、工程概况

工程概况包括地理位置、建筑类型、总平面图、必要的平面图、立面图、剖面图、结构形式、建筑面积、使用功能、示范面积、开发与建设周期等情况。

二、示范目标及主要内容

示范目标中要注明示范建筑的性能指标和节能率及示范工程要达到的各项技术性能指标。

三、工程技术示范方案（包括方案的遴选）

（一）建筑节能规划设计

建筑总平面规划节能、建筑单体节能等。

（二）围护结构节能技术

1. 非透明围护结构

外墙、屋面及地面、架空或外挑楼板等传热系数，做法及大样图，采用新型建筑保温材料说明。

2. 外窗及外门

外窗类型及配置，包括玻璃配置（玻璃层数、Low-E膜层层数及位置、真空层、惰性气体、边部密封构造等加强玻璃保温隔热性能的措施）、窗框型材、开启方式等；太阳能总透射比g；外门及户门类型及传热系数，外门窗气密、水密及抗风压性能等级；遮阳措施及使用说明等。

3. 关键热桥处理详图，包括保温层连接部位、外窗与结构墙体连接部位、管道等穿墙或屋面部位以及遮阳装置等需要在外围护结构固定可能导致热桥的部位等。

4. 加强气密性措施，包括气密层位置，外窗与结构墙体连接部位、孔洞部位密封材料、做法详图及说明等。

（三）自然通风节能技术

（四）高效热回收新风系统

（五）厨房和卫生间通风措施

排风量及补风量、排风及补风方式、采取的节能措施等。

（六）暖通空调和生活热水的冷热源及系统形式

冷热源系统形式，冷热源设备类型、规格、台数及能效指标，冷热源系统节能措施，供暖供冷末端、自动控制系统等。

（七）照明及其他节能技术

照明功率密度、照明节能控制、自然采光措施、电梯及主要用能设备节能措施等。

（八）监测与控制

监测平台情况、主要监测参数、能耗分项计量方案、控制内容及方式；冷热源系统节能运行策略；地下车库排风控制与节能等。

（九）可再生能源利用技术

（十）其它

用于其它说明节能技术的图纸、工程图表。

节能技术的创新点。

四、能耗指标计算书

能耗指标计算书应包括以下内容：

（一）建筑的基本信息，包括建筑位置、朝向、面积、层数、层高、体形系数以及窗墙面积比等。

（二）围护结构信息，包括外围护结构的做法及热工性能，如外墙传热系数、外窗传热系数和太阳得热系数等，热桥数量及线传热系数等详细参数等。

采用75%节能标准的外墙结构及实施超低能耗建筑标准的外墙结构。

（三）室内参数设置，包括新风量标准、照明功率密度、设备功率密度、人员密度、建筑运行时间表、房间供暖设定温度、房间供冷设定温度等室内计算参数等。

（四）供暖空调系统信息，包括供暖、空调系统形式、配置方案、性能参数、性能参数、运行策略等，新风热回收系统形式、性能参数及运行策略等，自然通风、冷却塔供冷及其他节能策略信息。

（五）照明系统信息，包括照明功率密度值、照明时间表、照明系统自动控制方式及其他照明节能措施等。

（六）可再生能源系统形式，包括可再生能源类型、应用面积、设备能效、运行策略等。

（七）计算结果，包括建筑年供暖需求、年供冷需求、照明能耗、建筑全年供暖、空调和照明一次能源消耗量，节能率。

（八）计算软件的名称及版本。

（九）涉及节能率计算时，还应包含参照建筑的上述信息。

五、技术经济分析

（一）工程项目投资概算

（二）示范增量成本概算（说明计算基准）

（三）资金落实情况（包括银行贷款、企业自筹和地方政府资金支持。）

六、进度计划与安排

根据工程的计划安排，结合工程目前的实际情况编写进度计划与安排。

七、效益分析

（一）节能预测分析

（二）环境影响分析

（三）市场需求分析

（四）示范项目推广前景分析

八、技术支持

包括项目执行单位、合作单位的技术力量介绍。

九、风险分析

（一）技术风险分析

（二）经济风险分析

十、其它

工程立项批件、土地使用许可证、规划许可证和开发企业资质证明材料的复印件。

抄送：住房城乡建设部办公厅，市发展改革委、市教委、市商务委、市旅游委、市农委、市卫计委，城市副中心行政办公区工程办。

北京市住房和城乡建设委员会办公室　　　　2017年7月11日印发

2 河北省

河北省财政厅 河北省住房和城乡建设厅 文件

冀财建〔2015〕88号

河北省财政厅 河北省住房和城乡建设厅关于印发《河北省建筑节能专项资金管理暂行办法》的通知

各设区市、省财政直管县（市）财政局、住房和城乡建设局（建设局）：

为切实转变城乡建设模式和建筑业发展方式，实现节能减排约束性目标，推动生态文明建设，提高人民生活质量，规范建筑节能专项资金的管理，省财政厅、省住房和城乡建设厅对《河北省建筑节能专项资金管理暂行办法》（冀财建〔2014〕75号）进行了修订。现将修订后的《河北省建筑节能专项资金管理暂行办法》印发给你们，请遵照执行。

省财政厅　　省住房和城乡建设厅

2015年4月30日

河北省建筑节能专项资金管理暂行办法

第一章　总则

第一条　为切实转变城乡建设模式和建筑业发展方式，实现节能减排约束性目标，推动生态文明建设，提高人民生活质量，规范建筑节能专项资金的管理，提高财政资金使用效益，根据国家和省有关规定，制定本办法。

第二条　建筑节能是指在建筑物新建、改建、扩建、建筑物用能系统运行等过程中，执行建筑节能标准，采用新型建筑材料和建筑节能新技术、新工艺、新设备、新产品，从而降低建筑能耗的活动。

第三条　本办法所称建筑节能专项资金（以下简称省级专项资金）是指省级财政安排的专项用于推进建筑节能和建设科技发展的资金，通过补助示范项目和组织重大科技研究项目攻关对全省城乡建设起到引导和激励作用。

第四条　专项资金由省财政厅、省住房和城乡建设厅按照职责分工共同管理。省财政厅、省住房和城乡建设厅负责围绕省委省政府重大决策，确定专项资金的年度支持方向和支持重点。

各级财政部门负责专项资金的预算管理和资金拨付，对住建部门提出的资金分配方案是否符合专项资金的支持方向和支持重点进行审核，会同住房和城乡建设（建设）部门不定期组织对资金使用和管理情况等开展绩效评价和监督检查。

各级住房和城乡建设（建设）部门负责专项资金项目管理工作，组织项目申报和评审，对申报项目合法性、合规性和真实性进行审核，确定具体支持项目和补助额度，并对项目实施情况进行跟踪服务和监督检查。

第五条　建筑节能专项资金的申请和使用，遵循公开透明、公正合理、科学监管的原则。

第二章　专项资金管理

第六条　专项资金分为省本级支出资金和对市县转移支付补助资金两部分。专项资金年度规模中用于省本级支出资金和对市县转移支付补助资金的比例，根据年度工作重点在当年编制部门预算时安排确定。

第七条　省本级支出的专项资金，由省住房和城乡建设厅根据年初预算安排和各地上报的项目情况提出资金分配方案；省财政厅对资金分配方案是否符合专项资金的支持方向和支持重点进行审核后，按照国库集中支付有关规定及时拨付资金。省住房和城乡建设厅负责指导项目的实施。

第八条 对市县转移支付的资金，由省住房和城乡建设厅下达项目支持标准和条件，各设区市、省财政直管县（市）住房和城乡建设（建设）部门，按照属地管理原则负责组织本地区项目申报和评审（省财政直管县的项目由所在设区市统一组织申报和评审，省财政直管县的项目上报设区市住房和城乡建设（建设）部门之前，同级财政部门要对申报项目是否符合资金的支持方向和支持重点进行审核），确定具体支持项目，经同级财政部门对资金的支持方向和重点进行审核后，报省住房和城乡建设厅确定项目支持额度。省财政厅和市、县财政部门按照预算管理和国库管理有关规定下达和拨付资金。

第三章　补助范围和标准

第九条 省本级资金补助范围：建设科技研究计划项目（建工新产品试制费项目）。

第十条 建设科技研究计划项目（建工新产品试制费项目）主要是指组织相关单位围绕建筑节能及绿色建筑综合技术、可再生资源开发研究、生态城市建设集成技术、园林绿化技术、建设行业实用技术、新产品研发等，开展研究与应用，项目应在2年内完成研究并通过专家鉴定。补助资金安排的科研项目应符合以下条件：

所选项目符合国家、省住房和城乡建设部门中长期发展规划，以及国家节能减排政策和省城镇建设工作要求。科研成果对建筑节能、生态城建设、绿色建筑、太阳能利用、节水工作、信息化建设、工程建设、城市建设、城镇化等方面能够起到很大的推进作用，同时引导我省企业和社会资金参与支持新产品研发。

建设科技研究计划项目补助标准，根据研究内容、技术特点、社会经济效益情况，以及当年省级专项资金（科研项目资金部分）规模，由省住房和城乡建设厅综合考虑确定。

（一）符合国家产业技术政策和行业发展要求，对推动本省行业技术进步发展有重大作用，在本行业、本领域科学研究中具有先进性、前瞻性、实用性，项目实施内容可操作性很大，具有显著社会效益、经济效益和环境效益，并具有重大推广前景的项目补助3-5万元。

（二）符合国家产业技术政策和行业发展要求，对推动本省行业技术进步和行业发展有较大作用，在本行业、本领域科学研究中具有先进性、前瞻性、实用性，项目实施内容可操作性较大，具有很好社会效益、经济效益和环境效益，并具有较大推广前景的项目补助1–2万元。

第十一条 对市县转移支付补助资金补助范围和标准：

（一）高星级标识绿色建筑即取得二、三星级评价标识的绿色建筑项目。（当年获得高星级标识建筑由下一年建筑节能专项资金补助）。

资金补助标准：二星级每平方米设计类5元、运行类10元；单个项目补助分别不超过30万元、50万元；三星级每平方米设计类10元、运行类15元，单个项目补助分别不超过50万元、70万元。

省住房和城乡建设厅、省财政厅根据每年获得高星级绿色建筑标识的项目数量、建筑面积适当调整补助标准。

（二）既有居住建筑供热计量及节能改造，包括建筑围护结构节能改造、室内供热系统计量及温度调控改造和热源及供热管网热平衡改造等。补助资金安排应符合以下条件：

1. 项目需列入国家年度既有居住建筑供热计量及节能改造任务；

2. 项目应同时完成建筑围护结构、室内供热系统计量及温度调控、热源及供热管网热平衡等三项改造内容。

资金补助标准：补助资金总额=每平方米改造项目的补助额×符合条件的既改项目建筑面积。其中，每平方米改造项目的补助金额＝当年省级补助资金额/全省符合条件的既改项目建筑面积。

（三）各类建筑节能示范项目，包括低（超低）能耗建筑示范、国家机关办公建筑和大型公共建筑节能改造、正能量建筑示范、既有建筑被动式节能改造示范等。

1. 低（超低）能耗建筑示范。低能耗建筑是执行75%及以上建筑节能标准的建筑。超低能耗建筑（亦称“被动房”）指采用各种节能技术构造最佳的建筑围护结构，极大限度地提高建筑保温隔热性能和气密性，使热传导损失和通风热损最小化；通过各种被动式建筑手段，尽可能实现室内舒适的热湿环境和采光环境，最大限度降低对主动式燃烧化石燃料采暖和制冷系统的依赖，或完全取消这类采暖和制冷设施。补助资金安排应符合以下条件：

低能耗建筑示范条件，执行75%及以上建筑节能标准，建筑面积20000平方米以上，每个设区市不多于2个项目；超低能耗建筑示范条件，建筑面积不低于5000平方米。

资金补助标准：低能耗建筑示范每平方米补助5元，单个项目补助不超过50万元；超低能耗示范每平方米补助10元，单个项目补助不超过80万元。

2. 国家机关办公建筑和大型公共建筑节能改造示范，补助资金安排应符合以下条件：

国家机关办公建筑节能改造5000平方米以上，大型公共建筑节能改造20000平方米以上。

资金补助标准：每平方米补助15元，单个项目补助不超过80万元。

3. 正能量建筑示范。是指建筑本身生产的能量大于消耗的能量，除满足自身需求还能将剩余的电能供给其他建筑或输入国家电网。补助资金安排应符合以下条件：

采用世界先进技术建造、达到正能量要求的建筑。

资金补助标准：每平方米补助1200元，不超过80万元。

4. 既有建筑被动式改造示范。将既有不节能的建筑，在原来基础上进行改造（或加层改造），并对其外围护结构进行改造加强，使其保温和气密性能大幅提升，增加节能使用措施，将其改造成舒适、宜居的超低能耗建筑。补助资金安排应符合以下条件：

改造面积2000平方米以上。

资金补助标准：每平方米补助600元，不超过100万元。

（四）建筑能耗监测系统建设。能耗监测系统是指通过对公共建筑安装分类和分项能耗计量装置，采用远程传输等手段及时采集能耗数据，实现重点建筑能耗的在线监测和动态分析功能的硬件系统和软件系统的统称。补助资金安排应符合以下条件：

实施公共建筑能耗监测平台建设；公共建筑安装分类和分项能耗计量装置，与能耗监测平台实现对接并实现在线监测。

资金补助标准：实施公共建筑能耗监测平台建设补助150万元；公共建筑安装分类和分项能耗计量装置在线监测，根据建筑体量及安装计量装置数量补助15-20万元。

第四章　补助资金的申报

第十二条　原则上各设区市、省财政直管县（市）住房和城乡建设（建设）部门，按照本办法规定报省住房和城乡建设厅确定项目支持额度。

（一）建筑节能示范项目。符合条件的项目，由项目单位向所在设区市财政、住房和建设主管部门提出申请（含第十三条规定的项目具体资料），设区市财政、住房和建设（建设）主管部门对申请材料进行专家论证，对符合示范要求的，上报省住房和城乡建设厅；省财政直管县的申报材料报设区市财政、住房和城乡建设（建设）主管部门的同时，抄报省住房和城乡建设厅一份。

（二）建设科技研究计划项目。该项目为省本级支出资金，各设区市住房和城乡建设（建设）部门按照本办法规定对申请材料进行专家论证，确定项目，并上报省住房和城乡建设厅。

第十三条　申请补助资金的项目需要提供的材料：

（一）建筑节能示范项目。

1. 项目可研报告批复文件或项目核准文件、初步设计批复文件、环境影响审批意见等文件；

2. 资金筹措方案和落实情况（含银行贷款合同和贷款承诺书，地方配套资金承诺及到位情况等有关资料）；年度投资计划及资金落实的相关文件；资金使用情况材料；

3. 施工许可或开工报告；项目实施方案和实施进度等证明材料；项目绩效情况；

4. 其他必要的补充材料。

所附材料除申请文件和设计图纸外，均按A4纸张尺寸制作，有封面和目录，装订成册。

（二）申请建设科技研究计划项目应提供河北省建设科技研究计划项目申请书一式3份。

第五章　绩效预算管理

第十四条　资金的绩效目标：实现新建建筑达到65%的节能标准，开展新建建筑75%节能标准及超低能耗建筑的示范；完成我省国家和省下达的既有居住建筑供热计量及节能改造任务，综合改造比例提高到45%以上；加快全省机关办公建筑和大型公共建筑节能改造，改造面积提高3%；逐步建立健全机关办公建筑和大型公共建筑能耗监测平台，逐步扩大能耗监测终端采集点数量。

第十五条　资金的绩效指标由省住房和城乡建设厅根据项目绩效目标，

设置用于衡量项目绩效的绩效指标，确定绩效指标目标值。绩效指标主要包括资金管理指标、产出指标和效果指标，其中资金管理指标包括资金管理规范性、资金到位情况等；产出指标包括低（超低）能耗建筑建设数量、既有居住建筑供热计量及节能改造数量、机关办公建筑和大型公共建筑节能改造数量、能耗监测终端采集点数量等指标；效果指标包括经济效益指标和社会效益指标。

第十六条 根据《预算法》和有关规定，加强专项资金绩效预算管理，开展绩效评价。绩效评价结果作为编制下一年度预算的参考。

第六章 项目的管理与实施

第十七条 各设区市、省财政直管县（市）住房和城乡建设（建设）部门要加强对示范项目建设的管理，建立健全工程质量监督和安全管理体系，确保工程质量、进度和正常运行。

第十八条 各设区市、省财政直管县（市）主管部门应督促项目单位建立健全内部管理制度，认真履行监督检查职能，实行项目跟踪问效机制，建立事前评审、事中监控、事后检查制度，规范和高效使用资金。

第十九条 项目实施单位要与项目所在设区市住房和城乡建设（建设）部门、省住房和城乡建设厅签订三方协议，项目所在设区市住房和城乡建设（建设）部门负责项目实施的全过程监督，确保项目符合相关节能设计要求和相关规定，符合申报书约定内容。原则上示范项目3年内完工，工程完成后，省住房和城乡建设厅对示范项目的建设情况进行抽查。建设科技研究项目研究完成后，省住房和城乡建设厅组织专家进行科技成果鉴定。

第七章 资金的监督管理

第二十条 设区市、省财政直管县（市）财政部门要按照工程进度，及时、足额将资金拨付给相关部门和单位，省级专项资金严格按照财政国库管理制度的有关规定执行，自觉接受上级有关部门的指导和督导检查。

第二十一条 各设区市、省财政直管县（市）财政部门、住房和城乡建设（建设）部门应当在年度终了后20日内，将省级专项资金使用情况以及项目的实施情况报省财政厅、省住房和城乡建设厅。

第二十二条 设区市、省财政直管县（市）财政部门、项目主管部门要加强对省级专项资金的监督管理，确保省级专项资金专款专用。对弄虚作假、冒领补助或截留、挪用、滞留专项资金的，一经查实，按照《财政违法行为处罚处分条例》（国务院第427号）进行处理。

第八章　附则

第二十三条　本办法由省财政厅、省住房和城乡建设厅负责解释。

第二十四条　本办法自印发之日起实施，有效期3年，原资金管理办法同时废止。

信息公开选项：依申请公开

河北省财政厅办公室

2015年4月30日印发

保定市人民政府办公厅文件

保政办发〔2015〕38号

保定市人民政府办公厅
关于印发保定市提高居住建筑节能标准实施方案的通知

各县（市、区）人民政府、开发区管委会，市政府有关部门，有关单位：

《保定市提高居住建筑节能标准实施方案》已经2015年12月8日第十九次市政府常务会议通过，现印发给你们，请认真贯彻落实。

保定市人民政府办公厅

2015年12月29日

保定市提高居住建筑节能标准实施方案

为进一步提高居住建筑节能标准，打造低碳保定，实现绿色崛起，高标准推进新型城镇化和京津冀协同发展，根据国家、省有关要求，制定本实施方案。

一、指导思想

以科学发展观为指引，以保障国家能源安全、着力推进治污减排、实现绿色发展为宗旨，将所有新建居住建筑节能标准由原来的65%提高到75%，进一步提高住宅品质，科学推进新型城镇化建设，努力打造京津冀协同发展的绿色平台。

二、工作目标

保定市区（含清苑区、满城区、徐水区）及涿州、高碑店、安国、白沟新城、安新、涞水、容城、雄县、高阳、蠡县、博野、望都、曲阳、唐县、顺平、易县、阜平、涞源等县（市）县城规划区新建居住建筑，自2016年1月1日起取得土地使用权的项目，全面执行河北省《居住建筑节能设计标准（节能75%）》，鼓励建设超低能耗被动式建筑。其他县参照执行。

三、工作重点

（一）加强建筑节能75%标准的强制力。各级建设行政主管部门要充分发挥综合管理职能，同步协调发改、国土、规划、设计、施工、监理、质量监督和建设等各个环节，明确责任，加强监管，认真做好建筑节能审查备案、材料复检、过程监管、专项验收、竣工备案等闭合管理工作，确保建筑节能75%标准贯彻落实到位。

（二）大力推广应用高效节能门窗等绿色建材。新建民用建筑工程要根据国家、省发布的《建设工程材料设备绿色节能产品推广目录》，选用高效节能门窗、多功能复合墙材、低辐射镀膜玻璃、节能环保漆等绿色建材产品。市住建局牵头编制保定市《节能门窗材料及配套件选用目录》，指导门窗企业从材料采购源头做好管控，保证门窗企业使用合格材料（如铝型材、玻璃、密封胶、胶条、五金等）、生产合格达标产品。

（三）大力发展绿色建材产业。依托国家、省、市科研院所和知名高校，特别是充分发挥奥润顺达建筑节能院士工作站的作用，大力发展绿色建材产业。对绿色、节能的新兴建材产业项目和企业，以节能优先的原则，在政策、资金等方面给予倾斜，使其迅速发展壮大，带动、提升全市绿色建材产业，快速形成环京津地区新兴产业集群。

（四）大力提升建筑节能软实力。着力增强建筑节能领域研发、检测和实验能力。在巩固奥润顺达同中国建筑科学研究院在门窗幕墙方面合作的基础上，进一步推动、支持双方深度合作。建设全国一流水平的检测实验中心，全面提升建筑节能技术水平，切实为建筑节能新材料研发和新兴产业崛起提供强有力的科技支撑。

四、保障措施

（一）加强组织领导。成立由市政府主要领导任组长、主管领导任副组长的保定市提高建筑节能标准领导小组，市住建、发改、规划、城管执法、工信、财政、公用事业、环保等部门及大唐保定热电厂、大唐清苑热电厂、大唐供热公司等为成员单位。领导小组在市住建局下设办公室，负责居住建筑节能提标日常工作，办公室主任由市住建局局长兼任。建立建筑节能工作联席会议制度，完善、加强设计、施工和公共建筑、供热单位节能运行的监督执法机构，加强建筑节能综合管理，协调推进全市建筑节能工作。

（二）加强节能监管。一是土地、规划部门在土地出让条件、选址意见书、规划条件中要明确建筑节能75%标准或超低能耗被动房建设标准相关要求。二是加大建筑节能设计审查监管，提高建筑节能设计、审查质量，不符合建筑节能75%标准的，不得通过施工图审查，不予核发《建设工程施工许可证》。三是强化建筑节能施工监督管理，严控建筑节能设计变更，防止通过施工图变更，随意降低建筑节能质量。严管建筑节能检测机构，严禁检测单位超资质、超范围检测或出具虚假建筑节能检测报告。四是严格执行建筑节能专项验收，对达不到强制性节能标准的建筑，不得出具竣工验收合格报告。五是切实落实建筑节能信息公示制度，在施工现场主要出入口和销售现场显著位置，真实、准确地公示节能性能、措施及要求等建筑节能基本信息。六是加强第三方节能量审核评价及建筑能耗测评机构能力建设，客观审核评估节能量。七是加强对建筑节能工作的执法监管，对违反建筑节能标准的，依据《民用建筑节能条例》等规定严肃查处。

（三）建立激励机制。一是鼓励建设超低能耗被动房。保定市中心城区对实施超低能耗被动式建筑的项目，其土地出让底价每亩下浮20万元，且在同等条件下出让土地优先竞得。二是实行按用热量计量收费。全市所有满足建筑节能75%标准的居住建筑，经验收合格交付使用后，供热单位要按规定实行供热计量，并按供热计量收费；未按供热计量收取费用的，热用户按现行采暖收费标准的70%缴纳采暖费。各县（市、区）和白沟新城可参照中心城区奖补办法，结合当地财力，制订各自的建筑节能激励政策。

（四）加强节能宣传。一是聘请专家对我市开发建设、设计审图、施工、监理、检测、建材生产等单位的技术人员，进行建筑节能75%标准具体做法培训，提高专业人员素质。二是积极宣传建筑节能的政策法规、重要意义及推广建筑节能的益处，提高公众对节能建筑的认知度，引导公众合理使用节能产品。

本方案自2016年1月1日起施行，《保定市提高住宅建筑节能标准实施方案》（保市政〔2014〕47号）同时废止。

抄送：市委办公厅，市人大常委会办公厅，市政协办公厅。

保定市人民政府办公厅　　　　　　　　　2015年12月29日印发

定州市人民政府文件

定政发〔2016〕40号

定州市人民政府
关于印发提高住宅建筑节能标准发展被动式
超低能耗绿色建筑的实施方案（试行）的通知

市政府有关部门：

《定州市人民政府关于提高住宅建筑节能标准发展被动式超低能耗绿色建筑的实施方案（试行）》已经市政府同意，现印发给你们，请认真贯彻落实。

2016年3月16日

定州市人民政府
关于提高住宅建筑节能标准发展被动式
超低能耗绿色建筑的实施方案（试行）

为进一步提高住宅建筑节能标准，发展被动式超低能耗绿色建筑，改善住宅建筑舒适度，提高居民生活品质，推进新型城镇化建设和京津冀协同发展，根据国家、省相关文件要求，制定本实施方案。

一、指导思想

以科学发展观为指引，以保障国家能源安全、着力推进治污减排、实现绿色建筑发展为宗旨，新建住宅节能标准由原来的65%提高到75%，将进一步提高住宅品质，改善居住环境提高室内舒适度，发展被动式超低能耗绿色建筑，科学推进新型城镇化建设，努力打造京津冀协同发展的绿色平台。

二、工作目标

2016年4月1日起实施新建住宅建筑75%节能标准和鼓励发展被动式超低能耗绿色建筑。

三、工作重点

（一）全面执行建筑节能75%标准的强制力。自2016年4月1日起所有居住建筑强制执行节能75%标准，建设主管部门要充分发挥综合管理职能，同步协调立项、规划、国土、设计、施工、监理、质量监督和建设等各个环节，明确责任，加强监管，认真做好建筑节能审查备案、材料复检、过程监管、专项验收、竣工备案等闭合管理工作，确保住宅建筑75%节能标准贯彻落实到位。

（二）鼓励实施被动式低能耗建筑。鼓励建设单位和开发企业建设被动式超低能耗建筑。谋划2-3个示范项目，严格按《被动式超低能耗居住建筑节能设计标准》（DB13（J）T177—2015）、《被动式超低能耗绿色建筑技术导则（试行）》（居住建筑）设计、施工、验收、运行。通过示范项目引领，不断总结在建筑节能设计、施工、监管、材料选用等方面的经验，并逐步在全市推广。

（三）积极推进我市高星绿色建筑发展。大力发展和推广绿色建筑工作，2016年4月1日规划区内新建建筑要按不低于一星绿色建筑标准设计、建设。鼓励发展开展高屋级绿色建筑，政府投资类项目、新建保障性住房、单体建筑超2万平方米以上大型公共建筑等项目率先实施。

（四）加快推动建筑产业现代化发展。大力发展和推广装配式混凝土结构、钢结构（轻钢结构）、钢混结构和其他符合住宅产业现代化的结构体系；推广满足标准化设计、工厂化生产、装配式施工要求的预制部分部件，大力发展集保温、装饰、围护、防水于一体的预制外墙等围护结构技术。

（五）大力推广应用高效节能门窗等绿色建材。新建民用建筑工程，要根据国家、省发布的《建设工程材料设备绿色节能产品推广目录》，选用高效节能门窗，多功能复合墙体材料、低辐射镀膜玻璃、节能环保漆等绿色建材产品。大力发展绿色建材产业，对绿色、节能的新兴绿色建材产业项目和企业，在政策、资金、税收等方面给予政策扶持，使其快速带动、提升全市绿色建材产业发展壮大。

（六）加强可再生能源在建筑中应用。强制推行太阳能光热建筑一体化技术，全市范围内所有新建住宅建筑和实行热水集中供应的医院、学校、饭店、游泳池、公共浴室（洗浴场所）等热水消耗大户，必须采用太阳能热水系统与建筑一体化技术。采用分户独立的分体太阳能技术和采用集中太阳能热水系统的工程，应一体化同步设计、一体化同步施工安装；并委托具备相应资质的单位进行设备安装及材料的安全性和耐久性专项检测；采用集中太阳能热水系统的工程还应进行系统的热性能检测。结合实际，大力推广太阳能光伏发电、污水源热能及工业余热等可再生能源和余热废热应用技术。

四、保障措施

（一）加强领导。成立由市政府主要领导任组长的定州市开展提高住宅建筑节能标准发展被动式超低能耗绿色建筑领导小组，市财政、住建、发改、规划、国土、执法、工信、环保、科技等部门为成员。完善、加强设计、施工和公共建筑、供热单位节能运行的监督执法机构，加强建筑节能综合管理。领导小组下设办公室，办公室主任由住建局局长兼任。建立工作联席会议制度，协调推进全市建筑节能管理工作。

（二）强华监管。发改、土地、规划、住建等相关部门按照责任分工，协调联动，加强新建建筑节能全过程监管。一是项目立项和可行性研究报告评审、土地出让、选址意见书、规划条件中，明确建筑节能标准要求，引导新建项目提高建筑能效水平；二是加大建筑节能设计审查监管、提高建筑节能设计、审查质量，不符合建筑节能75%标准的，不得通过施工图审查；三是强化建筑节能施工的监督管理，严控建筑节能设计变更，防止出现通过施工图变更，随意降低建筑节能质量；四是严格执行建筑节能专项验收，对达不到强制性节能标准的建筑，不得出具竣工验收合格报告；五是切实落实建筑节能信息公示制度，在施工现场主要出入口和销售现场显著位置真实、准确地公示节能性能、措施等建筑节能基本信息；六是加强第三方节能量审核评价及建筑能耗测评机构能力建设，客观审核评估节能量；七是对违反建筑节能标准的，依据《民用建筑节能条例》等规定严肃查处。

（三）激励机制。一是市财政每年在城建资金中设立500万元建筑节能专项奖励资金，对建筑节能率达75%以上、耗热量指标10W/m^{2}的新建居住建筑，按10元/m^{2}奖励，奖励总额不超过50万元；对达到被动式超低能耗绿色建筑按20元/m^{2}奖励，奖励总额不超过100万元，同时土地出让底价每亩下浮20万元。二是对开展被动式超低能耗绿色建筑的项目，免收城市建设配套费，其它政府性基金和地方性行政性收费，可按收费标准下限执行。三是被动式超低能耗绿色建筑可免于保障房配建，同时政府可优先购买其库存房用于保障性住房。四是城乡建设和财政部门将优先推荐申报国家级、省级示范项目，并申请国家、省级财政补贴。此奖励机制仅适用于试点项目，有效期两年。

（四）广泛宣传。一是聘请专家对我市开发建设、设计审图、施工、监理、检测、建材生产等单位的技术人员进行培训，提高从业人员素质。二是积极宣传提高绿色建筑节能标准和实施被动式超低能耗绿色建筑的重大意义，提高城市建设的品质，不断提升建筑节能水平。

附：定州市人民政府关于提高住宅建筑节能标准发展被动式超低能耗绿色建筑领导小组名单

附件

定州市人民政府
关于提高住宅建筑节能标准发展被动式
超低能耗绿色建筑领导小组名单

组　长： 李军辉　市长

副组长： 陈庆亮　市委常委、副市长

成　员： 陈新宁　市财政局局长

杨　晓　市住建局局长

王永军　市发改局局长

杜建雄　市规划局局长

张力田　市国土局局长

侯玉波　市执法局局长

张　欣　市工信局局长

邸占欣　市环保局局长

张　心　市科技局局长

领导小组下设办公室，办公室设在市住建局，办公室主任由住建局局长杨晓同志兼任。

定州市人民政府办公室

2016年3月18日印发

石家庄市住房和城乡建设局文件

石住建办〔2017〕72号

石家庄市住房和城乡建设局
关于印发《2017年全市建筑节能与绿色建筑工作方案》的通知

各县（市）、区（工业园、新区）建设行政主管部门，各有关部门：

按照《2017年全省住房和城乡建设工作要点》（冀建〔2017〕1号）要求，为圆满完成全市今年建筑节能与绿色建筑工作任务，现将《2017年全市建筑节能与绿色建筑工作方案》印发给你们，请结合工作实际认真抓好落实。

附：《2017年全市建筑节能与绿色建筑工作方案》

石家庄市住房和城乡建设局

2017年3月15日

附件

2017年全市建筑节能与绿色建筑工作方案

为扎实推进全市建筑节能与绿色建筑工作，切实转变城乡建设模式和建筑业发展方式，降低建筑使用能耗，提高能源利用效率，保护环境，实现节能减排约束性目标，推动生态文明建设，提高建筑品质，结合我市实际，制定本工作方案。

一、总体思路

2017年，全市建筑节能与绿色建筑工作以“创新、协调、绿色、开放、共享”的发展理念为指导，全面贯彻落实省会城市规划建设管理工作会议、全省住房和城乡建设工作会议以及全市城市建设工作会议精神，着力提高建筑节能标准，促进行业科技体系建设，确保年度目标任务完成。

二、工作目标

——全市继续严格执行新建居住建筑75%节能标准；5月1日起，全面执行新建公共建筑65%的节能标准，实现新开工建筑节能标准执行率达到100%；继续推进既有居住建筑节能改造。

——2017年5月1日起，全面执行绿色建筑标准。全市范围内新开工建设项目均按一星级及以上绿色建筑标准设计、建设；国有投资项目均按二星以上设计、建设。各县（市）、区全年绿色建筑占城镇新建建筑面积比例达到35%以上，城镇节能建筑占城镇现有民用建筑比例达到45%以上。

——桥西区、裕华区、新华区、长安区、鹿泉区、栾城区、藁城区、高新区新建建筑中可再生能源建筑应用占比要达到55%以上；其他县（市）、区要达到50%以上。

——继续开展基于工程建筑全专业、全过程BIM技术应用研究。

三、工作举措

（一）严格执行节能标准。落实新建居住建筑75%的节能标准及新建公共建筑65%的节能标准，实现新开工建筑节能标准执行率达到100%；推动新建建筑能效提升，探索新建居住建筑80%节能标准；鼓励新建建筑按照高于现行节能标准设计、建设；大力推进被动式低能耗建筑发展，桥西区、裕华区、新华区、长安区、鹿泉区、栾城区、藁城区、高新区新建建筑在20万平方米以上的新建小区必须设计建设一栋被动式超低能耗建筑；有条件的县（市）要启动被动式低能耗建筑，在规模化发展中起到示范引领作用，推进省会建筑节能工作实现新的突破。

（二）大力发展绿色建筑。提高绿色建筑品质，继续推动政府投资建筑工程、大型公共建筑强制执行绿色建筑标准，创建一批高品质的绿色建筑小区。2017年5月1日起，全面执行绿建标准，全市范围内新建建筑均按一星级及以上绿色建筑标准设计、建设。推动绿色建筑规模化发展，着眼于新型城镇化发展，达到新建绿色建筑全覆盖。鼓励幼儿园、学校的教学楼及医院病房楼加装新风系统及必要的空气净化设备。有条件的县（市）要启动三星级绿色建筑项目试点建设。

（三）切实加强可再生能源建筑应用。强制推广太阳能热水建筑一体化技术。结合实际推广太阳能、光伏发电等各类可再生能源建筑应用技术，依据政策法规严格项目审批、把关。加大土壤源、空气源、污水源以及生物质能、地热能等可再生能源建筑应用技术推广力度。

（四）强力推进建筑保温与结构一体化技术。全市技术上适合应用一体化技术的新建民用建筑全部采用建筑保温与结构一体化技术设计、建设。加快建筑保温与结构一体化进程。向省厅推荐我市优质厂家，组织专家就现有产品进行评定，择优公布。

（五）积极倡导建设科技。以科技示范工程建设为抓手，大力推进科技成果推广应用，组织共性关键技术攻关和科技成果推广，使科研成果尽快转换为生产力，促进行业科技进步。抓好绿色建筑、被动式低能耗建筑、建筑工程和市政公用、绿色施工、绿色照明、信息化工程等示范项目的建设。

四、工作要求

（一）加强组织领导。各部门、各单位要进一步提高对建筑节能与绿色建筑工作的紧迫性和重要性认识，统一思想，加强领导，采取有效措施，加大对节能建筑的推广和实施，认真落实国家、省、市有关政策、标准和会议要求，确保各项任务全面完成，促进建筑节能与绿色建筑工作水平新的提升。

（二）发挥市场作用。积极推行建筑节能合同能源管理，探索市场化建筑节能运行与改造模式。让建筑节能与绿色建筑成为知名房地产开发企业的品牌。知名房地产企业建设的较大规模住宅小区、具有较大影响的公共建筑项目，确保建成高星级绿色建筑，或力争建成被动式低能耗建筑。

（三）强化监督管理。开展建筑节能监督检查，强化建筑节能工程质量、绿色建筑标识和绿色建筑质量监管，确保建筑节能标准落实，提高绿色建筑工程质量水平。建立健全内部监督管理制度，以政策法规和工程建设标准为依据，强化各方主体责任，实施精细化、规范化管理，落实监督管理责任。加强对项目建设（开发）、设计、施工、监理单位、施工图审查机构各市场责任主体的监管，建立常态化的监督检查制度，覆盖建筑节能与绿色建筑管理的全过程。以绩效考核为重点，强化责任问责和追究。

（四）加强舆论宣传。各县（市）、区建设行政主管部门，各有关部门，要充分利用报纸、广播、电视、网络等媒体加强对建筑节能与绿色建筑的宣传，营造建筑节能的良好社会氛围。让社会充分了解建筑节能与绿色建筑的重要性，提高公众对节能建筑与绿色建筑的认知度，推动建筑节能工作健康发展。

石家庄市住房和城乡建设局办公室

2017年 3月15日印发

石家庄市住房和城乡建设局
石　家　庄　市　财　政　局　文件

石住建办〔2017〕99号

石家庄市住房和城乡建设局　石家庄市财政局
关于印发《石家庄市建筑节能专项资金管理办法》的通知

各县（市）、区住房和城乡（区）建设局（建设局）、财政局，各有关单位：

为切实转变城乡建设模式和建筑业发展方式，实现节能减排约束性目标，推动生态文明建设，提高人民生活质量，规范建筑节能专项资金的管理，现将我市《建筑节能专项资金管理办法》印发给你们，请遵照执行。

石家庄市住房和城乡建设局　石家庄市财政局

2017年4月11日

石家庄市建筑节能专项资金管理办法

第一章　总则

第一条　为切实转变城乡建设模式和建筑业发展方式，实现节能减排约束性目标，推进绿色建筑，提高人民居住品质，规范建筑节能专项资金的管理，提高财政资金使用效益，根据国家和省有关规定，制定本办法。

第二条　建筑节能是指在建筑物用能系统运行等过程中，执行建筑物节能标准，采用新型建筑材料和建筑节能新技术、新工艺、新设备、新产品，从而降低建筑能耗的活动。

第三条　本办法所称建筑节能专项资金（以下简称市级专项资金）是指市级财政按年度安排的专项用于推进建筑节能和建设科技发展的资金，通过补助示范项目和组织重大科研项目攻关对全市城乡建设起到引导和激励作用。

第四条　专项资金由市财政局、市住房和城乡建设局（以下简称市住建局）按照职责分工共同管理。市住建局、市财政局负责围绕市委、市政府重大决策，确定专项资金的年度支持方向和支持重点。

财政部门负责专项资金的预算管理和资金拨付，对住建部门提出的资金分配方案是否符合专项资金的支持方向和支持重点进行审核。住建部门负责专项资金项目管理工作，对申报项目的合法性、合规性和真实性进行审核，确定具体支持项目和补助额度，并对项目实施情况进行跟踪服务、监督检查和绩效评价。

第五条　市级专项资金的申请和使用，遵循公开透明、公正合理、科学管理的原则。

第二章　补助范围、条件和标准

第六条　专项资金的补助范围主要包括：高星级标识绿色建筑、超低能耗建筑示范、装配式建造方式、可再生能源建筑应用项目。

第七条　高星级标识绿色建筑。即取得二、三星级评价标识的绿色建筑项目。（当年获得高星级标识建筑由下一年建筑节能专项资金补助）。

补助资金应符合以下条件：设计类应通过图审、并经专家认定；运行类应通过专家认定、并获得运行标识。

资金补助标准：二星级每平方米设计类5元、运行类10元；单个项目补助分别不超过20万元、30万元；三星级每平方米设计类10元、运行类20元；单个项目补助分别不超过50万元、80万元。

第八条 超低能耗建筑示范。超低能耗建筑（亦称“被动房”）指采用各种节能技术构造最佳的建筑围护结构，极大限度地提高建筑保温隔热性能和气密性，使热传导损失和通风热损最小化。

超低能耗建筑示范条件：执行90%以上建筑节能标准；项目按设计图纸内容施工完毕，手续齐全，经专家鉴定后符合标准要求。

资金补助标准：超低能耗建筑示范项目：2017年建成的，每平方米补贴300元，单个项目不超过500万元；2018年—2019年建成的，每平方米补贴200元，单个项目不超过300万元；2020年建成的，每平方米补贴100元，单个项目不超过200万元。

第九条 装配式建造方式。是指以设计标准化、构件工厂化、施工装配化、装修一体化和管理信息化为特征，整合设计、生产、施工等整个产业链，实现建筑节能、环保、全寿命周期价值最大化的新型建设方式。

（一）生产线：具备生产墙体、楼板、楼梯、阳台、柱、梁等装配式建筑部品部件的生产线。

补助资金应符合以下条件：安装调试完成并通过专家认定。

补助资金标准：单条预制混凝土生产线年产构件在2万立方米以上或钢结构生产线年设计能力达到2万吨以上的，补助30万元；单条预制混凝土生产线设计年产构件在4万立方米以上或钢结构生产线年设计能力达到4万吨以上的，补助40万元。

（二）项目示范。

补助资金应符合以下条件：主动采用装配式建筑方式的商品房项目，竣工验收后，经专家认定且预制装配率达到30%以上的。

补助资金标准：设计单位每平方米补助3元，单个项目不超过10万元。建设单位每平方米补助80元，单个项目不超过100万元。

第十条 可再生能源建筑应用项目。可再生能源建筑应用是指建筑物通过合理利用可再生能源，改善建筑用能结构，降低建筑物能耗消耗中煤炭、石油等传统的化石能的比重。包括：采暖制冷、供电照明项目；应用土壤源、空气源、污水源以及生物质能、地热能等供热供冷项目。

补助资金安排应符合以下条件：申报单位具有独立法人资格，管理规范，财务制度和会计核算体系健全；申请补助资金的建筑项目为当年竣工项目，其应用可再生能源部分的建筑面积应不小于5000平方米；申请的单个项目面积以《建设工程规划许可证》批准的面积予以核准；有具备能效测评资质的检测机构出具的《检测报告》。

资金补助标准：根据当年可再生能源补助资金总额，视情况给予补助，奖励资金标准不超过项目可再生能源总投资额的20%。

第三章　专项资金申报

第十一条　专项资金的申报。按照项目实施单位向辖区建设行政主管部门进行申报并提交相关资料，辖区建设行政主管部门对申报资料进行审核，报市建设行政主管部门审批确定项目补助额度。

第十二条　申报专项资金补助项目时，对同一项目获得上级补助的，不得再申报市级补助资金；同一项目不得同时申报两个及以上类型的补助资金，避免出现专项资金重复申报和补助的情况。

第十三条　申请补助资金项目需要提供的材料：

（一）建筑节能示范项目。

1. 项目可研报告批复文件或核准文件、初步设计批复文件、环境影响审批意见等文件；

2. 资金筹措方案和落实情况（含银行贷款合同承诺书，地方配套资金承诺及到位情况等有关资料）；年度投资计划及资金落实的相关文件；

3. 建设手续及完工后组织专家鉴定符合标准意见；

4. 其他必要的补充材料。所附材料除申请文件和设计图纸外，均按A4纸张尺寸制作，有封面和目录，装订成册。

（二）装配式建造方式（生产线、项目示范）。

1. 生产线：生产厂家说明书；购买合同、发票、专家意见。

2. 项目示范：施工证（开工报告）；竣工后专家评定意见。

（三）可再生能源利用项目。

1. 项目申请书；

2. 项目申报承诺书；

3. 企业营业执照和组织机构代码证；

4. 项目技术方案及专家论证意见；

5. 规划许可证、施工许可证；

6. 项目技术承发包合同；

7. 具备能效测评资质的检测机构出具的《检测报告》；

8. 可再生能源安装工程验收资料；

9. 所附材料均按A4纸张尺寸制作，装订成册，由县（市）、区主管行政部门查验原件。（申报单位除提供以上资料外，均需提供资金申请和资金使用承诺书）

第四章　资金的使用管理

第十四条　各县（市）、区建设行政主管部门要加强对申报示范项目的核实和管理，建立健全示范项目档案，对申报单位弄虚作假，一经核实，三年内取消申报资格，补助到位的，资金要追回。

第十五条　各县（市）、区建设行政主管部门应督促项目单位建立健全内部管理制度，认真履行监督检查职能，认真核查相关资料，因未认真履行职责导致严重后果的，要追究相关人员的责任。

第十六条　专项资金管理，采取转移支付方式及时拨付。对于市级转移支付补助资金，由建设单位注册地建设行政主管部门向财政主管部门出具意见，财政主管部门依据意见及时拨付资金。

第十七条　年度补助资金总额不超过年度预算总额，申报项目的补助资金超过财政年度预算总额的，年度补助资金总量不再增加，统一适当降低调整项目补助标准。

第五章　附则

第十八条　针对2016年度申报研究确定的一星级绿建、建设科技研究等项目，继续按照石住建办〔2016〕308号文件执行。

第十九条　本办法由市住建局、市财政局负责解释。

第二十条　本办法自印发之日起实施，有效期至2020年12月31日。

3 江苏省

海门市人民政府文件

海政发〔2015〕27号

市政府关于加快推进建筑产业现代化的实施意见

海门经济技术开发区、海门工业园区管委会，各区、镇、乡人民政府（管委会），市各委办局，市各直属单位，各垂直管理部门（单位）：

为贯彻落实《省政府关于加快推进建筑产业现代化促进建筑产业转型升级的意见》（苏政发〔2014〕111号）文件精神，积极适应新常态下建筑业发展要求，加快推进我市建筑产业现代化，促进建筑产业转型升级，实现建筑之乡向建筑之城、建筑大市向建筑强市的跨越。经研究，现就我市推进建设产业现作化提出如下实施意见：

一、指导思想和发展目标

（一）指导思想

认真贯彻党的十八大和十八届三中、四中全会以及中央城镇化工作会议精神，按照转变建筑产业发展方式和建设资源节约型、环境友好型社会的要求，以建筑产业绿色智能发展为导向，以住宅产业现代化为重点，以提高建筑经济增长质量和效益为中心，以新型建筑工业化生产方式为手段，坚持政府引导、市场主导，依靠科技进步和技术创新，促进建筑产业集聚集约、低碳低能耗发展；通过政策扶持、项目引领、龙头企业带动，推动我市建筑产业向生产服务型转变，力争提前实现以“标准化设计、工厂化生产、装配化施工、成品化装修、信息化管理”为主要特征的建筑产业现代化发展目标。

（二）发展目标

1. 示范引领期（2015~2017年）。推进海门经济技术开发区建筑产业园区建设，注重科研、设计、物流配送、信息管理等现代服务业协调发展；建成5~6个国家或省级建筑产业现代化示范基地和示范项目，培育市政、装饰及钢结构等产业化基地建设，形成一批以优势企业为核心、产业链相对完善的产业集群。全市建筑产业现代化方式施工的建筑面积占同期新开工建筑面积的比例每年提高5个以上百分点，到2017年底，新建建筑装配化率达到15%以上，新建成品住房全装修率达到20%以土；被动式超低能耗建筑的比例达到5%以上。全市建筑产业现代化示范项目，采用标准化、模块化及BIM等信息化技术进行设计建造，初步建立适应市场发展要求的建筑产业现代化工作管理机制。

2. 推广发展期（2018~2020年）。促进建筑产业现代化成果推广应用，全市大中型以上项目应采用BIM技术进行设计建造。到2020年底，全市建筑产业现代化方式施工的建筑面积占同期新开工建筑面积的比例、新建建筑装配化率及装饰装修装配化率达到30%以上，新建成品住房全装修率达到35%以上；被动式超低能耗建筑的比例达到10%以上。力争建成集建筑产业化技术研发和部品构件生产、展示、集散、经营、服务于一体、年产值过百亿的可持续发展的现代建筑产业园区，实现建筑产业集聚集约发展。

3. 普及应用期（2021~2023年）。到2023年底，实现建筑产业现代化方式施工在我市工程建设中广泛应用，工程建设中普遍采用BIM、智能化等信息化技术，形成适合市场需求和绿色节能建设要求的现代建筑产业化生产、监管体系。建筑产业现代化方式施工的建筑面积占同期新开工建筑面积的比例、新建建筑装配化率均达到50%以上，装饰装修装配化率达到60%以上，新建成品住房全装修率达到50%以上，科技进步贡献率达到60%以上；被动式超低能耗建筑的比例达到20%以上。与2015年全市平均水平相比，工程建设总体施工周期缩短1/3以上，施工机械装备率、建筑业劳动生产率、建筑产业现代化建造方式对全社会降低施工扬尘贡献率分别提高1倍。建成3~4个国家绿色三星级建筑项目或国家康居示范工程。

二、重点任务

（一）制定产业发展规划。结合我市经济社会发展实际，编制《海门市建筑产业现代化“十三五”规划》和《海门市建筑产业园区发展规划》，明确我市建筑产业现代化发展的近期和中长期发展目标、主要任务、技术要求、保障措施；合理确定现代建筑产业园区发展规划布局，并将建筑产业现代化纳入我市国民经济和社会发展规划、“十三五”住房城乡建设领域相关规划，确保全市稳步推进建筑产业现代化发展。

（二）培育引导产业市场。支持建筑产业现代化方式开发建设的骨干企业，整合建筑产业链资源，完善产业服务链，提升开发建设水平；引导节能、环保型建筑产业及关联企业向园区聚集，实现建筑产业及配套服务集约发展。政府投资的保障性住房（含拆迁安置房）、公共建筑以及国有资本开发的建设项目，应率先采用装配式建筑技术、绿色低碳建筑技术、被动式超低能耗建筑技术进行建设和全装修成品房建设；2015年出让土地采用建筑产业现代化方式施工的建筑面积的比例不低于10%；到2017年，新开工的公共建筑项目采用装配式建筑技术、被动式超低能耗建筑技术和全装修成品房的比例应达到30%，到2020年，提升至50%。海门低碳生态新城规划用地范围内的建设项目，到2017年底，商品房按二星级及以上绿色建筑标准建设的比例不低于30%。加快推进建筑产业部品、构件和设备的工厂化生产，鼓励大中型预拌混凝土生产企业、传统建材企业向建筑产业化生产企业转型。发挥企业集成作用，引导开发、设计、工程总承包、机械装备、部品部件生产、物流配送、装配施工、装饰装修、技术服务等单位组成联合体或建筑产业联盟，促进建筑产业现代化全面融合协调发展。

（三）推行先进技术应用。加强产学研合作，发挥设计企业技术引领作用，注重装配式混凝土结构、钢结构、钢混结构等建筑技术研究，支持建筑产业化设计企业、创新设计团队及创业孵化项目发展，尽快形成部品生产、装配施工、成品房建设及被动式超低能耗建筑等一批拥有自主知识产权的核心集成技术，培育2～3家熟练掌握建筑产业现代化核心技术的设计企业，提升建筑产业化设计水平。发展引用绿色环保、低碳智能建筑产业化技术，鼓励采用新技术、新工艺、新材料、新装备，积极推行技术成熟、绿色低碳的建筑产品、构件广泛应用于工程建设项目。推广应用太阳能与建筑一体化、结构保温装修一体化、门窗保温隔热遮阳一体化、成品房装修与整体厨卫一体化，以及地源热泵、空气源与新风系统等绿色低碳成套技术和被动式超低能耗技术。推行采用BIM等智能信息技术，强化技术集成创新和应用效果，为推动建筑产业现代化发展提供技术支撑。

（四）促进产业转型升级。充分发挥市场主体作用，支持企业加大先进适用技术、标准体系的应用研究，年产值超50亿元的建筑总承包企业应建立相应的研发机构或联合科研院所并在海成立研发中心，到2017年底，力争新增1～2家省级以上技术研发中心。引导建筑产业现代化及关联企业，充分应用“互联网+”等现代信息技术提高企业运营效率，提升企业管理水平，尽快适应现代化生产方式要求，到2020年底，培育5~6家具有建筑产业现代化服务水平的建筑行业龙头规模企业。建筑总承包一级及以上资质企业均应建立信息化管理平台，鼓励企业应用互联网技术构建建筑行业物料采购、物流配送产业链，建成集中采购电商平台，向生产性服务业发展、向产业链上下游延伸，促进建筑产业加快转型升级。

（五）建立健全监管体系。完善工程建设全过程监管机制，加强对企业部品及构配件生产质量监督，定期公布贴近市场实际的工程造价指标。强化装配式施工现场安全管理，推广使用“建设工程施工现场安全监督管理平台”。到2017年底，建立对装配式、全装修、绿色建筑、被动式建筑等建筑产业现代化项目从立项、规划许可、设计文件审查、施工许可、质量安全监督到竣工验收备案的全过程监管模式。建立部品部件备案和目录管理制度，对安全质量影响较大的构配件、部品及整体建筑实行性能评价管理；推行工程质量、成品住房质量担保和保险制度，完善工程质量追偿机制，提高质量监管效能。

（六）提升产业国际化水平。抢抓国家推进建设“一带一路”等战略机遇，充分发挥中国—东盟自由贸易区等合作平台作用，大力开拓国际市场，提高建筑行业企业、市场和人才的国际化水平。鼓励企业“走出去”开拓境内外市场，引进国际先进的技术装备和管理经验，整合国内外相关要素资源，提升企业核心竞争力，推动我市建筑产业全面发展。

（七）加强人才引进培养。加大建筑产业人才引进力度，把建筑产业人才引进、培养列入全市人才工作总体规划，积极吸纳高层次、高技能人才向建筑产业集聚，增强建筑产业发展潜力，形成科学的建筑产业人才发展梯队，为建筑产业现代化发展提供一流的人才支撑。推进各种层次的建筑产业人才队伍建设，制定优惠政策大力引进培养建筑产业专业技术人才和经营管理人才；同时，积极依托现有职业技术学校、产业化基地，组建建筑产业现代化培训教育中心，建立用工与技术培训长效机制，培育一批建筑产业高技能人才。

三、政策措施

（一）按照建筑产业现代化发展目标要求，自发文之日起，我市建设用地出让时将建筑产业现代化方式施工的建筑面积、建筑装配化率、装饰装修装配化率、二星级及以上绿色建筑、被动式超低能耗建筑、全装修成品住房等比例要求纳入地块规划设计要点，并在土地出让合同中予以明确。对采用装配式、绿色低碳、被动式超低能耗等建筑技术和成品房建设的棚户区改造、动迁安置房、公共租赁房等保障性安居工程及公共建筑项目，所增加的成本计入项目建设成本。

（二）利用政府现行的各类专项资金扶持政策，采取财政贴息、补助、奖励等方式，优先扶持建筑产业现代化发展。

1. 工业企业设备投入财政扶持资金优先支持建筑产业发展具有重大牵动作用的项目；重点扶持现代建筑产业装备制造和具有自主知识产权核心技术的投资项目。

2. 科技项目专项资金优先支持企业在关键技术、集成应用及产业化生产方面进行有效革新的项目；重点支持建筑产业化设计产业园区、科技公共研发检测平台、工程技术研发中心和重点实验室建设。

3. 服务业发展专项资金优先支持具有建筑产业拉动作用的建筑设计产业集聚及关联企业项目；重点支持建筑设计产业园区的预制装配式设计企业、创新设计团队、创业孵化项目等。

4. 节能减排（建筑产业现代化）专项引导资金重点支持采用装配式、成品房集成、绿色低碳和被动式超低能耗等建筑技术的建设项目和建筑产业现代化示范基地、示范项目建设。

（三）促进建筑产业现代化技术转移、成果转化，鼓励建筑产业现代化技术应用，扶持具有产业技术优势、技术实力强的骨干企业与科研院所合作建立“建筑产业现代化实训基地”，培养适应产业发展需求的技术人员和产业工人。示范引领期内，对建筑装配化率达到15%以上的商品房建设项目，给予建设单位40元/平方米的专项资金补贴；对采用二星级及以上绿色低碳建筑技术、被动式超低能耗建筑技术的建设项目及提供技术管理服务的研发、设计、试验及培训等单位给予奖励扶持；具体奖补办法另行制定。

（四）鼓励采用菜单式或集体委托方式进行装修，对消费者购买全装修商品住房，按照差别化住房信贷政策给予支持，并给予购房者房款总价0.5%的补贴；房地产开发企业开发成品住宅（含绿色低碳、被动式超低能耗建设成本投入）发生的实际装修成本按规定在税前扣除。

（五）采用装配式、二星级及以上绿色建筑技术和被动式超低能耗建筑技术的开发建设项目，对征收的墙改基金、散装水泥基金即征即退，扬尘排污费按规定核定相应的达标削减系数执行。建设工程质量履约保证金以施工成本扣除预制构件成本作为基数计取，并优先安排城市基础设施和公用设施配套工程建设。

（六）鼓励建筑产业现代化生产企业在我市投资新建、扩建工厂，政府提供一站式绿色通道审批服务支持。积极拓宽融资渠道，加大建筑产业现代化企业信贷支持力度，通过组织银企对接活动争取金融机构支持，对符合建筑产业现代化政策要求的企业及项目优先放贷。对明确为建筑产业现代化建设的生产项目，并列入市年度重大项目投资建设计划的，优先安排用地指标。

（七）采用装配式、二星级及以上绿色建筑技术和被动式超低能耗建筑技术开发建设项目，在符合相关政策规定范围内可分期交纳土地出让金，1个月内缴纳总价款的50%，余款1年内付清（须承担同期银行贷款利息）。

（八）房地产开发建设项目采用装配式（建筑单体装配化率达20%以上）和被动式超低能耗建筑技术建设的，在办理规划审批时，其外墙预制部分建筑面积（不超过装配式建筑、绿色低能耗建筑各单体地上规划建筑面积之和的3% ）可不计入成交地块的容积率计算。对采用建筑产业现代化方式建造的开发建设项目，在办理《商品房预售许可证》时，允许装配式预制构件投资计入工程建设总投资额，纳入进度衡量。

（九）激励装配式、绿色低碳和被动式超低能耗建筑技术在开发建设项目中应用，积极推行项目设计、生产、施工一体化开发建设。政府投资的建筑装配化率达到50%以上建设项目，实行成品房标准建设，并优先采用工程设计、生产、施工一体化总承包模式。对建筑装配化率达到50%的建设项目，根据我市现有的住宅产业现代化生产基地实际，招标时可以采用邀请招标方式。

（十）对有自主知识产权（专利）和建筑装配、装修成套技术的生产企业，符合条件的申报认定为国家高新技术企业，按规定享受相应税收和企业研发费用加计扣除等优惠政策，并积极研究落实建筑业营改增后建筑产业生产企业的税收优惠政策。支持企业争取国家、省有关专项资金支持，参与各类工程建设领域的评选、评优以及申报国家绿色建筑、康居示范工程；优先评选优质工程、优秀工程设计和文明工地。

四、组织保障

（一）建立协作机制，强化组织领导。成立海门市建筑产业现代化推进工作领导小组（以下简称“领导小组”），统筹推进全市建筑产业现代化各项工作；领导小组下设办公室，具体负责协调和指导全市建筑产业现代化推进工作，并会同市发改、财政、住建（规划）、国土、环保、建工、税务等部门，按照我市建筑产业现代化发展目标，结合年度建设用地供应计划，编制年度建设计划和相应建筑装配化率、成品住房、二星级及以上绿色建筑和被动式超低能耗建筑比例等任务，报经市政府同意后组织实施推进。各有关单位和部门在领导小组的统筹下，按照职责分工，创新工作手段，认真组织落实，密切协调配合，形成推动建筑产业现代化发展的合力。

（二）开展监测评价，强化技术指导。成立市建筑产业现代化专家委员会，在示范引领阶段，负责对建筑产业现代化项目建设方案和应用技术进行论证、评审，并做好产业技术服务指导。领导小组办公室会同市建筑产业现代化专家委员会，根据《江苏省建筑产业现代化发展水平监测评价办法》，结合海门建筑产业现代化推进目标要求，对采用装配式、绿色低碳、被动式超低能耗建筑技术及成品房建设项目的核心指标作出明确界定，对建筑产业现代化项目建设方案和新技术、新产品、新标准应用组织论证、审核及验收，论证意见作为企业享受各项优惠激励政策的依据。

（三）加强宣传工作，强化社会推广。采用多种形式，加大宣传力度。在报纸、电视、电台与网络等设置专栏或专题，并组织智慧讲坛和宣讲交流、专业论坛等，对广大市民开展广泛宣传，让公众更全面了解建筑产业现代化对于提升建筑品质、实现更舒适的居住环境的作用，提高建筑产业现代化在社会中的认知度、认同度。同时，通过举办全市性建筑产业化住宅和各类部品部件新工艺、新材料展览等活动，向社会推介优质、安全、放心的建筑产品，强化舆论引导，为建筑产业现代化发展营造良好的社会氛围。

2015年7月18日印发

抄送：市委各部门，市人大常委会办公室，市政协办公室，市法院，市检察院，市人武部，市各人民团体。

海门市人民政府办公室

4　山东省

山东省住房和城乡建设厅

鲁建节科字〔2015〕9号

山东省住房和城乡建设厅

关于加强省被动式超低能耗绿色建筑示范项目管理的通知

各有关市住房城乡建委（建设局），省直有关单位：

2014年以来，我省各级积极推进被动式超低能耗绿色建筑试点示范建设，已有19个项目列为省级试点。为加强试点项目监管，提高工程质量安全，确保示范效果，现就有关事项通知如下：

一、提高认识，高度重视被动式超低能耗绿色建筑示范项目建设工作

被动式超低能耗绿色建筑是集高舒适度、低能耗于一体的高效节能建筑。通过采用先进节能设计理念和施工技术，一方面优化建筑围护结构，最大限度提高建筑的保温、隔热和气密性能，并通过新风系统的高效热（冷）量回收利用，显著降低建筑的采暖和制冷需求；另一方面，通过有效利用自然通风、采光、太阳能辐射和室内非供暖热源得热，实现舒适的室内温度、湿度和采光环境，最大限度降低对主动式采暖或制冷系统的依赖。大力推进被动式超低能耗绿色建筑示范项目建设，是落实科学发展观、实施可持续发展的必然要求，是推进新型城镇化建设的重要举措，是实现我省节能减排、建设生态文明山东的重要渠道，对于推动建筑能效提升、提高居民生活品质具有重要的现实意义。各级住房城乡建设主管部门、各有关单位一定要高度重视，精心组织，落实责任。省住房城乡建设厅成立被动式超低能耗绿色建筑示范项目领导小组，下设管理办公室（以下简称省项目管理办公室，见附件1），并成立专家委员会（见附件2），负责全省被动式超低能耗绿色建筑示范项目组织协调。各市建设主管部门要成立领导小组，强化工作督导，及时协调解决建设过程中遇到的突出问题。各项目单位要成立工作推进组，落实专人对示范项目进行监督管理，明确时间表，加快建设进度，确保质量安全，确保示范效果。

二、强化建设全过程监管，确保被动式超低能耗绿色建筑示范项目质量

被动式超低能耗绿色建筑示范项目工艺先进、技术复杂、专业性强，对保温性能、气密性、精细化施工等要求远高于一般节能建筑。各级建设主管部门、项目实施单位要进一步加强示范项目建设全过程的监管和服务。

（一）认真落实招投标制度

1. 依法必须公开招标的示范项目，因技术复杂而只有少量潜在投标人可供选择的，项目建设单位报经当地住房城乡建设部门批准，项目的勘察、设计、施工、监理及与工程建设有关的重要设备、材料等的采购，可以实行邀请招标；需要采用不可替代的专利或者专有技术的，可以不进行招标。

2. 示范项目建设单位根据工程实际需要，可适当提高参建单位资质资格标准要求。

3. 示范项目的资格预审文件和招标文件，应当使用国家标准文本和省示范文本，并将被动式超低能耗绿色建筑示范项目性能指标（见附件3）及保证措施列入招标文件的实质性要求。资格预审文件、招标文件及其修改补充文件，在发出的同时报省项目管理办公室存档。

4. 采用综合评估评标法进行评标的，被动式超低能耗绿色建筑专项设计方案、监理大纲、施工技术方案等应当列为评审要点，明确评审标准，增加评分权重。

5. 评标委员会中熟悉被动式超低能耗绿色建筑技术的专家不少于2名；采取随机抽取方式确定的评标专家难以保证胜任评标工作的，可以由招标人在省住房城乡建设厅专家委员会中直接确定。

（二）加强设计及图审管理

1. 项目方案设计应由建筑和暖通专业设计师共同完成，报经省项目管理办公室组织专家论证通过后，方可进入施工图设计阶段。

2. 项目施工图设计文件要单设“被动式超低能耗设计专篇”，明确各节能节点、部位技术要求和做法。

3. 严格执行施工图设计文件审查制度。施工图设计文件须附省项目管理办公室的专家审查意见，并报具备条件的施工图审查机构审查；任何单位和个人不得擅自修改已审查通过的施工图设计文件；确需设计变更的，建设单位要按有关规定及时报省项目管理办公室审批。

4. 项目设计单位要按专业配备技术人员，做好示范项目实施过程中的驻场服务，外省设计单位需在项目所在地设常驻技术人员。

（三）强化施工现场管理与监督

1. 施工单位要严格按照经审查合格的施工图设计文件、施工技术标准、合同约定和示范项目责任书进行施工，节能施工各工序施工前要做实物样板，进行可视化技术交底。施工时要做好工程细部节点质量检查、处理和记录。

2. 施工现场设立被动式超低能耗绿色建筑相关技术指标公示牌，对示范项目的施工质量安全依法承担责任。

3. 鼓励采用工程设计施工一体化总承包模式建设，由具备工程总承包建设能力的企业，或具备相应设计、施工能力的企业组成联合体承建实施，不得转包和违法分包。

4. 监理单位要在现场配备足够的、专业配套的合格监理人员，对示范项目的施工质量依法承担监理责任。施工监理人员应采用巡视、检测、见证取样和平行检验等方式控制工程质量，严格检查细部节点处理质量，实施全过程无缝监理。

5. 严把材料进场关。项目要使用经国家或省认定推广的绿色、环保新型墙体材料和建筑节能技术产品，新型墙体材料专项基金可于竣工后，视新型墙体材料使用情况交纳。严格实施见证取样制度，建筑材料、构配件、设备技术性能和质量指标达不到设计文件和标准要求，不得使用。

6. 省项目管理办公室根据工程进度和设计图纸，不定期组织专家赴现场进行整体技术实施情况对照检查。工程装修前，项目单位必须提前2周报省项目管理办公室组织现场检查，委托具有相关检测资质的单位进行房屋气密性检测和红外热成像漏风源检查，检测结果符合被动超低能耗绿色建筑要求，方可进行装饰装修工程。

（四）严格验收及认证

1. 示范项目竣工后，应按照被动式超低能耗绿色建筑性能指标要求，委托具备相应检测能力和经验的检测机构进行现场检测，出具检测报告。

2. 检测合格后，项目建设单位提出验收申请，经项目所在地建设主管部门签署意见后报省项目管理办公室。省项目管理办公室接到申请2周内组织验收。验收合格的，颁发省被动式超低能耗绿色建筑认证标识证书。

3. 示范项目投入使用后，应对室内环境和实际能耗进行测试，测试结果采用全时自动控制记录系统实时显示，满足目标责任书规定的各项要求。

（五）加强运营管理及维护

1. 在交付使用时，建设单位应向业主提供被动式超低能耗绿色建筑使用说明书。说明书应包括：被动式超低能耗绿色建筑的性能指标；维护结构的维护保养及修补；新风系统的维护、清洗、维修以及参数设置条件必要时（如厨房油烟）的特殊处理；门、窗常闭的原因以及开启的条件；风管法门、管道节点等易漏损部位的监控检查及维修更换等内容。

2. 在运行过程中，建设单位应定期向省项目管理办公室提报项目运行后的能耗数据；省项目管理办公室组织相关人员对所收集到的数据进行分析评估，为制定符合我省的被动式超低能耗绿色建筑指标体系提供有效的数据支持。

3. 各地建设主管部门应加强对示范项目运行能耗的监督、管理。验收评估完以后，示范项目的承担单位或其委托的运行管理单位应建立、健全可再生能源建筑应用的管理制度和操作规程，并对建筑物用能系统进行监测、维护，并逐级上报建筑能耗统计报告。

三、保障措施

（一）管好用好财政资金。省级财政列支建筑节能与绿色建筑发展专项资金，对符合被动超低能耗绿色建筑要求的示范项目，按照产生的增量成本给予一定比例的奖励资金。各单位一定要遵守财经纪律，专款专用，管好用好奖励资金。示范项目如不能按期完成或达不到山东省被动式超低能耗绿色建筑有关技术指标、资金使用违规违纪或实施内容发生重大变化的，将取消其示范称号，并追回省级财政补助资金。确因特殊原因需要对建设任务、实施内容等作重大调整的，应报经省财政厅、省住房和城乡建设厅批准。

（二）强化技术支撑。省住房城乡建设厅委托山东建筑科学研究院成立“山东省被动式超低能耗绿色建筑技术研究中心”，根据示范项目进度情况，适时邀请国内知名专家进行专题讲座，组织开展被动式超低能耗绿色建筑施工技术培训。住房城乡建设厅将组建山东省被动式超低能耗绿色建筑产业联盟，编制《山东省被动式超低能耗绿色建筑产品推荐目录》。

（三）做好总结推广。各有关单位要重视加强对社会各界的宣传推广，提高全社会的感知度和认同感。住房城乡建设主管部门应认真总结已建成项目的经验，同时，注重采取多种形式组织开展专项技术培训，增强管理、设计、开发、施工、检测、运营等相关技术人员承担被动式超低能耗绿色建筑示范项目建设以及推广应用的能力，为推动我省被动超低能耗绿色建筑发展做出积极贡献。

附件：1. 山东省住房和城乡建设厅被动式超低能耗绿色建筑示范项目领导小组成员名单

2. 山东省住房和城乡建设厅被动式超低能耗绿色建筑示范项目专家委员会成员名单

3. 山东省被动式超低能耗绿色建筑示范项目性能指标

山东省住房和城乡建设厅

2015年5月21日

附件1

山东省住房和城乡建设厅被动式超低能耗绿色建筑示范项目领导小组成员名单

组　长：李兴军　省住房城乡建设厅副厅长

副组长：顾发全　省住房城乡建设厅总工程师

成　员：殷　涛　省住房城乡建设厅节能科技处处长

栾厚杰　省住房城乡建设厅工程处处长

尹枝俏　省住房城乡建设厅勘察设计处处长

梁泽庆　省住房城乡建设厅规划处处长

李　伟　省建管局质安处处长

白维山　省住房城乡建设厅定额站副站长

巩崇洲　省住房城乡建设厅招标办主任

领导小组下设办公室，负责日常工作。办公室设在厅节能科技处，殷涛同志兼任办公室主任，闫兴利、潘峰、张春雷、闫民任副主任。

附件2

山东省住房和城乡建设厅
被动式超低能耗绿色建筑
示范项目专家委员会成员名单

顾　问

韩爱兴　住房城乡建设部节能科技司副司长

梁俊强　住房城乡建设部科技与产业化发展中心副主任

张小玲　住房城乡建设部科技与产业化发展中心处长

徐　伟　中国建筑科学研究院环境与节能院院长

王　臻　河北省秦皇岛市五兴房地产有限公司总经理

专家委员会主任委员

王崇杰　山东建筑大学书记/研究员

副主任委员

韩培江　山东城建职业学院院长/研究员

朱洪祥　省建设发展研究院院长/研究员

宋义仲　省建筑科学研究院院长/研究员

成　员

朱传晟　山东省建设发展研究院研究员

王春堂　山东同圆设计集团有限公司研究员

孙洪明　山东省建筑科学研究院研究员

李天勋　山东省建筑科学研究院研究员

田华强　山东省建筑科学研究院研究员

王海涛　潍坊市建设工程施工图审查中心高级工程师

王德林　山东建筑大学建筑设计院研究员

于晓明　山东省建筑设计研究院研究员

李　震　山东省建筑科学研究院研究员

吴恩远　山东省建筑设计研究院研究员

张建华　山东建筑大学信电学院教授

张克峰　山东建筑大学环境工程学院教授
何建华　山东省建筑设计研究院研究员
丁海成　山东省科学院能源所副所长、研究员
申作伟　山东大卫国际建筑设计有限公司总建筑师
司昌雷　青岛昌盛日电有限公司经理、高工
马保林　山东力诺瑞特新能源有限公司高工

附件3

山东省被动式超低能耗绿色建筑示范项目性能指标

室内环境规定：室内温度为20~26℃；室内相对湿度40%～60%；超温频率≤10%；室内二氧化碳含量≤1000ppm；PM2.5≤35μg/m^3；

气密性规定：在室内外压差为50Pa的条件下，房屋的小时换气次数不超过0.6次（N_{50}≤0.6/h）；

能耗和负荷规定：房屋单位面积的年采暖热需求≤15kWh/m^2或房屋单位面积采暖负荷≤10W/m^2；总的年一次能源消耗（采暖、制冷、生活热水、照明和其它办公）≤120kWh/m^2；

围护结构内表面温度差≤3℃；

设备及围护结构热工性能要求：外墙（屋面）的传热系数K≤0.15W/（m^2·K）；整窗传热系数K≤1.0W（m^2·K）；新风系统热回收率≥75%。

青岛市城乡建设委员会文件

青建办字〔2014〕91号

青岛市城乡建设委员会
青岛市财政局
关于组织申报2014年度青岛市绿色建筑及被动式建筑奖励资金的通知

各有关单位：

为进一步推进我市绿色建筑工作，促进绿色建筑技术和产业研发推广，青岛市财政局、青岛市城乡建设委员会设立了“绿色建筑技术和产业研发推广专项资金”和“被动式建筑技术研究及示范专项资金”（以下简称奖励资金），现将有关申报事项通知如下：

一、奖励范围和实施途径

奖励资金主要用于支持本市绿色建筑项目建设、绿色建筑技术研发及相关标准、规范的编制和被动式建筑技术研究及示范等。奖励资金由青岛市城乡建设委员会和青岛市财政局管理，根据项目进度情况对其进行奖励。

二、奖励标准

申请奖励资金的绿色建筑项目，需取得国家“绿色建筑评价标识”，或已评审完毕进入公示阶段，具体标准如下：

（一）公共建筑

1. 取得国家三星级绿色建筑评价标识的项目，给予50元/m^2的奖励，单个项目150万元封顶（依据获得绿色建筑评价标识的面积决定）；

2. 取得国家二星级绿色建筑评价标识的项目，给予40元/m^2的奖励，单个项目100万元封顶（依据获得绿色建筑评价标识的面积决定）。

（二）居住建筑

1. 取得国家三星级绿色建筑评价标识的项目，给予40元/m^2的奖励，单个项目150万元封顶（依据获得绿色建筑评价标识的面积决定）；

2．取得国家二星级绿色建筑评价标识的项目，给予30元/m^{2}的奖励，单个项目100万元封顶（依据获得绿色建筑评价标识的面积决定）。

（三）被动式建筑技术研究及示范

被动式建筑示范工程，给予200元/m^{2}的奖励，单个项目300万元封顶。对于通过示范项目经验形成本市被动式建筑工程建设标准或适用性技术研究等技术成果的，分别给予50万元的额外奖励。

三、申报程序和材料

项目的申报材料须统一按A4纸张制作并装订成册（包括封面和目录），附材料电子文档（光盘）。申报材料一式二份，报青岛市建筑节能与墙体材料革新办公室进行形式审查，审查通过后报市财政局申请拨付奖励资金。未在本市进行评审（或初评）的项目不在奖励范围之内。申请奖励资金的项目应及时提供如下材料：

1．奖励资金申请表。

2．绿色建筑应提供有效的绿色建筑评价标识证书（复印件，原件备查）或有关证明材料；被动式建筑应提供项目申请报告和建设用地许可等相关证明材料。

四、奖励资金的管理和监督

1．项目实施单位与市建设主管部门、监管银行签订三方监管协议，设立政府资金监管帐户。

获得奖励资金的项目，市财政按照前述第二条“奖励标准”相关规定确认资金使用额度，将全额奖励资金下达到资金监管帐户；市建设主管部门根据项目进度通知监管银行发放奖励资金。

2．公共建筑在取得国家“绿色建筑评价标识”（设计标识）后，拨付应奖励金额的30%；在工程项目竣工后拨付应奖励金额的20%；在取得国家“绿色建筑评价标识”（运行标识）后，拨付剩余的50%奖励资金。

居住建筑在取得国家“绿色建筑评价标识”（设计标识）后，拨付应奖励金额的50%；在工程项目竣工后，拨付剩余的50%奖励资金。

被动式建筑示范工程通过图纸专项审查后，拨付应奖励资金的30%，在工程项目竣工后拨付应奖励金额的40%；后通过三年运行状态监测后，拨付剩余全部资金。

3. 青岛市建筑节能与墙体材料革新办公室对列入奖励范围的建设项目进行过程监管，并负责被动式建筑示范工程技术咨询和监理单位的认可。项目实施单位应按有关财务规定加强核算管理，妥善保存有关原始票据及凭证备查，提供相应的文件、资料，配合主管部门做好督查评审工作。

4. 申报单位违反财经纪律，虚报、冒领奖励资金的，除由相关部门按有关规定处理外，5年内不再受理该单位任何财政支持或奖励资金申请。

5. 对违反有关标准、规范的行为，由青岛市城乡建设委员会责令限期整改；对违反有关财政奖励资金使用规定的，由青岛市财政局依照《财政违法行为处罚处分条例》等有关法律、法规、规章的规定予以处理。

附件：1. 绿色建筑推广奖励资金申请表（略）

2. 被动式房屋的基本指标（略）

青岛市城乡建设委员会　　青岛市财政局

2014年11月17日

青岛市城乡建设委员会　　2014年11月17日印发

九　被动式低能耗建筑发展趋势分析和政策建议

目前我国被动式低能耗建筑已经开始从少数人尝试开始走向规模化发展道路。随着我国节能减排和消除雾霾力度不断加大、随着人们对室内适度水平的进一步追求，被动房市场将呈暴发式增长。它将对建筑建材业和相关领域产生深远的影响。

1. 被动房目前的市场发展基本健康。主要表现在以下几个方面：

（1）被动房将成为中国“好房子”的代名词

被动房以房屋建成后“室内环境指标”和“能耗指标”作为评判指标，通俗易懂。被动房所拥有的极低的能源消费和极舒适的室内环境已经深入人心。同以往国内外节能建筑和绿色建筑专家评价体系不同的是：普通人很容易识别出哪些建筑是被动房，哪些建筑不是。这使得房地产市场识别成本很低，也为被动房的推广普及带来了便利条件。

一些以“被动房”作为噱头的假冒伪劣“被动房”并未影响被动房的声誉。一些建筑只是保温做的厚了一些，窗户的U值低了一些，在没有采取被动房无热桥设计、气密措施等一系列措施的情况下就对外宣称建成了被动房。这样的“被动房”项目极易出现质量问题。比如室内一侧结露发霉、能耗过高等。大多数人并没有把这些问题归咎于“被动房”不好，而是能够指出这些房屋的基本错误。

（2）人们将不再盲目追求以超低增量成本建造被动房

市场上曾经出现某些单位以超低增量成本竞标建造被动房的情况。这样的房屋可能在门窗系统配件、保温系统配件材料、门窗密封材料和屋面防水卷材等方面采用了质量较差的产品。这样的低成本将给房屋带来严重的质量隐患和使用成本的上升。某项目门窗系统采用较差的五金件，虽然通过了房屋的气密性检测，但门窗需要年年维修；某项目采用了比正常成本低一半的三玻二腔Low-E玻璃，不到一年室内一侧门窗结露，表明玻璃保温隔热性能基本丧失；某项目选用了低价的屋面防水卷材，五年的质保期一过屋面就出现渗漏现象；现实教育人们，不存在优质低价，不合理地降低成本意味着质量和性能的下降。

（3）引导人们追求建筑本体性能的提高和采用合理的技术方案

人们将追求建筑的本真即提高建筑本体性能以抵御外界气候的变化，追求合理的技术方案，不再盲目崇拜采用更多的“先进技术产品和设备”。一些工程技术人员喜欢采用很多的先进产品和设备而不去深究这些产品和设备为节能减排起了多大的作用。一些国内外的评价体系采用“多用产品设备多加分”的评价体系进一步助长了以多用设备、多用先进技术为荣耀的风气。被动房以提高建筑本体性能为出发点，以明确的“室内环境指标”和“能耗指标”作为评判标准，追求提高建筑物的本体性能。被动房引导人们在实现明确目标的前提下，所采用的技术越少越好，所花费的资金越少越好。

以一个典型案例说明盲目追求先进设备技术带来的危害。某办公楼，总建筑面积1400m^2，采暖能耗为10.34kWh/m^2，采暖负荷13.04W/m^2，制冷能耗16.44kWh/m^2，制冷负荷17.07W/m^2。因建设方愿意使用较多的设备，该项目采用了地道风、地源热泵、太阳能热水驱动溴化锂机组、空气源热泵，设备总投资达1400元/m^2，是一般被动式房屋投资的三倍以上。有300m^{2}使用面积的屋顶被太阳能热水器占了200m^2。项目投入使用两年后，设备仍然在调试。

（4）被动房的设计将变得愈来愈精细

同德国、瑞典等发达国家相比，我国建筑设计较为粗糙。室内环境设计方面还处在起步阶段。被动房需要精细化设计，无法靠抄标准图解决所有问题。每一个被动房都需要依靠工程技术人员提出最佳的解决方案。譬如建筑师，在普通建筑设计中，建筑师可能只需要提出门窗的传热系数就可以选用门窗产品了；但到了被动房设计，建筑师除了需要提出门窗的传热系数，还要提出得热系数、得光系数，还要进行采光设计。再譬如暖通工程师，在普通建设计中，暖通工程师做采暖空调设备配置时，只要满足负荷要求就行了，但到了被动房设计，暖通工程师需要控制好室内温度、湿度、二氧化碳浓度、室内风速、噪声等多项指标，还要进行室内环境分析。工程技术人员充分发挥自己的聪明才智，通过精细化设计，为每一个被动房打造最佳的技术方案，并为建设单位节省不必要的支出。工程技术人员的价值通过对工程精心设计，充满创造性的劳动而加以体现。

以株洲市创业广场为例说明被动房项目同做一般节能建筑的区别。在一般的节能建筑设计中，只要软件计算结果能通过节能标准就可以了。而被动房能耗计算必须得到准确可靠的能耗和负荷计算结果（图1）。只有通过这样周密的分析才能够确定保温材料的厚度、门窗的性能（包括传热系数、玻璃的得热系数和选择性系数）、设备应满足的采暖和制冷的负荷。普通建筑设计中，配备暖通空调往往只考虑满足最大负荷的要求即可，经常出现大马拉小车的现象。而被动房暖通设计需要全面考虑室内环境状况（图2），让设备处在最佳的运行状态。

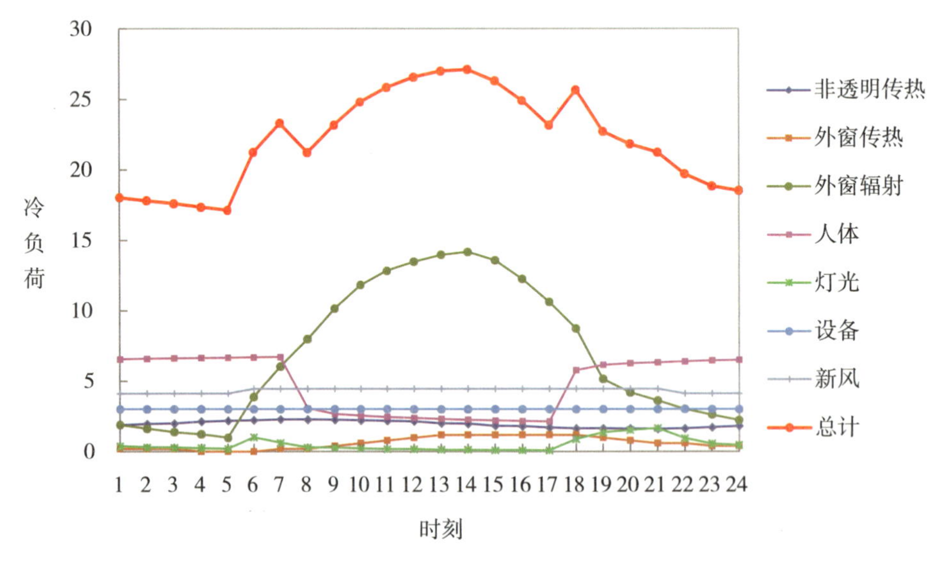

图1_株洲市创业广场的冷负荷各项分析

（5）被动房的施工将走向规范化和精细化

被动房极高的室内舒适性、极低的室内环境和长久的使用寿命不可能用粗放式的施工方法去实现。被动房施工要求处理好每一道接缝、贴好每一块保温板、密封好所有的电线套管、做好所有的洞口抹灰等每一道工序，也只有这样才能通过气密性测试并且确保在房屋竣工之后可以达到预期的使用效果。

在被动房的实践中，人们在不断总结经验，研究更加合理的施工工艺和工法。譬如，被动房门窗的安装方法同我国普遍采用的安装方法截然不同。过去的安装方式只考虑怎么方便工人安装，而不考虑是否确保施工过程中门窗性能不受影响；而被动房的门窗是在必须考虑方便施工的同时，确保门窗的性能和外观不在施工过程中遭到破坏。以安装塑料门窗为例，早期被动房

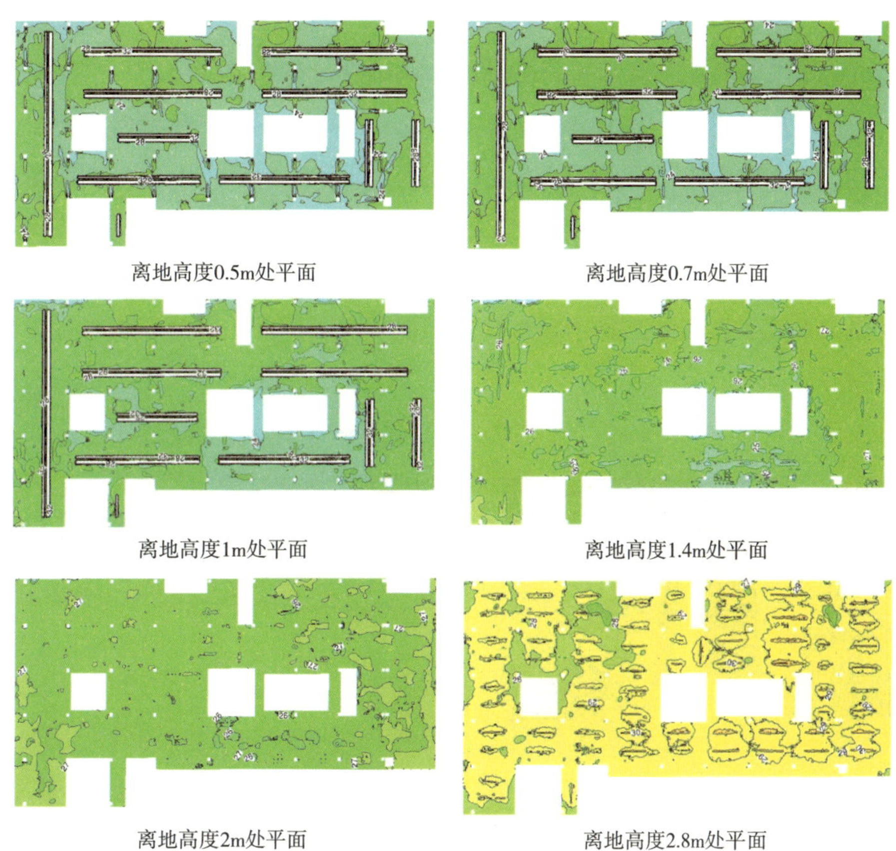

图2_株洲市创业广场送风温度为20℃时离地不同高度的温度分布图

安装塑料窗时，往往先安装外框，在施工装修工程进行到一定程度后，玻璃被后装上去（图3）。这种安装方式极易造成门窗框和玻璃的损坏。某工程以这种方式完成的门窗安装，真空玻璃的损坏率高达20%。在冬季，被损坏门窗的真空玻璃室内一侧出现了大量的结露水（图4）。现在的被动房开始逐渐采用带玻璃整窗安装方式。

（6）被动房将愈来愈青睐质量好、寿命长的产品

被动房不但具有室内环境舒适度高和能耗低的特征，同时它比普通建筑有更长久的使用寿命。一个合格的被动房应该有40年以上的免维护期。选用质量好有更长久使用寿命的产品会降低全社会成本。在我国目前建筑市场普遍存在低价中标的市场氛围下，被动房市场已经出现了拼质量、拼服务的良性竞争。建设方对一些对被动房起重要影响的产品提出了远超过目前国家标准的要求。譬如，外门的开启次数应满足20万次以上的要求；屋面防水材料

和构造应满足30年以上的安全使用寿命；门窗玻璃的性能应保证有30年以上的安全使用期；密封材料应有50年以上的使用寿命等。

被动房对材料产品的高质量要求将深刻影响相关行业的发展。譬如由于我国防水材料的产品大多属于胶粉沥青（图6），一般只保证5年的使用年限，而德国SBS高聚物改性沥青防水卷材（图7）配以合理的构造，屋面防水保温系统有长达30～50年甚至100年的免维护期。随着被动房的发展，高质量的产品必然会逐渐被市场接受。华而不实、低价低质的产品终将被市场摒弃。

图3_先安装不带玻璃的塑料门窗框

图4_真空玻璃窗室内一侧出现结露水

图5_塑料窗整窗安装

图6_胶粉沥青防水卷材

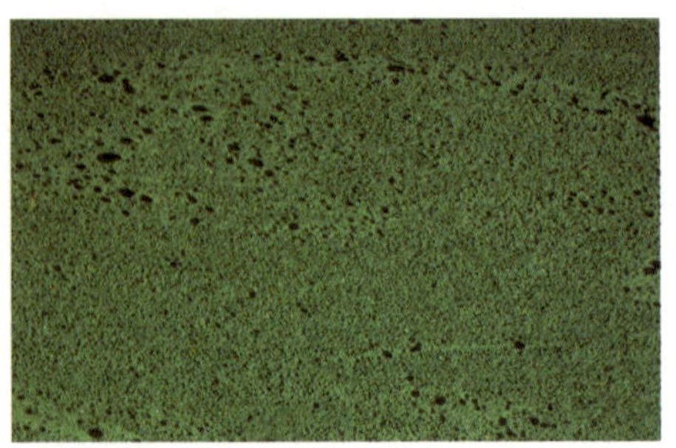

图7_SBS高聚物改性沥青防水卷材

2. 被动房有广阔的市场发展空间

我国有600亿m^2既有建筑，每年新建建筑规模超过10亿m^2。被动房总量在我国大约有100万m^2左右。被动房在以下四个领域将有巨大的市场发展空间。

（1）个人家装市场

无论是独栋建筑还是多高层建筑的一个单元，均可以进行家装改造。同传统的家装市场不同，被动房的家装改造可以让室内环境得到彻底改善。一个无尘、富氧、终年室内温度20～26℃、无须担忧PM2.5侵害的室内环境可以让有一定经济实力的家庭进行被动房改造。这种改造在极大改善室内环境的同时，其采暖空调能耗可以降低至原来1/6～1/10。如果这种改造形成一定的规模，就会形成节能减排的规模化效应，为我国节能减排降低雾霾影响做出巨大贡献。目前这个市场是一个有几万亿潜力的巨大市场。

图8_改造之前室内结露现象

图9_改造之前室内暴发霉菌

图10_改造之后室内无结露现象

图11_改造后新风口

图8～图11是一个高层住户被动房改造前后状况对比。改造前室内一侧结露发霉，改造后拆除了室内空调系统，安装了新风系统，实现了被动房所要求的室内环境品质。个人的被动房的改造可以实现以下几方面的变化：一是室内环境得到极大改善。常年可实现室内温度20～26℃，湿度35%～65%，二氧化碳含量小于1000ppm，室内无结露发霉现象，室内灰尘大幅度降低，室内听不见室外噪声；二是空调采暖用能大幅度降低，可节省90%以上能耗。

图12_北京昌平延寿镇沙岭村被动房农宅

图13_北京门头沟区被动房农宅效果图

（2）既有建筑被动房改造市场

我国现有民用建筑超过600亿m^2，建筑能耗占社会终端能耗的30%左右。如果现有建筑最终改造成被动房，则可使建筑能耗降低至社会终端能耗的3%左右，从而使建筑能耗彻底摆脱对化石能源的依赖。这是一个有几十万亿规模的巨大市场。如果能够实现，则可为我国能源压力的缓解和彻底解决雾霾问题做出巨大贡献。

这一市场可以率先从北方地区的采暖建筑开始。可以优先选择有独立锅炉房供暖的社区。这样的社区在全面进行被动房改造之后，锅炉房基本可以拆除，从而留下可以重新进行规划的原锅炉房区域。这一区域的再开发利用有可能解决全部或部分被动房改造资金。

（3）农宅建设

同德国、瑞典等发达国家相比，我国城镇居民的室内环境远远优于农村住宅。我国现有农村住宅普遍存在室内环境差、能耗高、寿命短的特点。北方农民必须自行解决冬季采暖问题。随着经济水平的提高，农宅用能消费愈来愈高。解决这一问题的根本办法就是将农宅建造成被动式房屋。

农宅的使用寿命一般在15～20年。被动房农宅的造价要比普通农宅高出1500～2000元，寒冷地区经济型的被动房的建造成本可控制在3500元/m^2。虽然被动房农宅的建造成本是普通农宅的1倍以上，但是在使用过程中其采暖花费可降低至原来1/4～1/6。一旦农宅按被动房标准建设，则可在两方面取得重大突破：一是农民住房可同城市住房拥有同样的舒适度；二是彻底解决农宅的短命问题。被动房农宅的房屋寿命可达几百年以上，是一个可留给子子孙孙的财富。

（4）新建建筑

我国每年有20亿左右的新建建筑，如果有30%左右的房屋按被动房标准建造，则每年新增近万亿投资。被动房在新建建筑中占有份额会愈来愈大，并最终成为强制性标准被执行。

3. 政策建议

北京、河北省、山东省、江苏省以及石家庄、海门、青岛、保定、乌鲁木齐、株洲政府陆续出台了鼓励被动房发展的政策。结合这些政策的执行情况和被动房发展现状，建议如下：

（1）优先选择幼儿园、学校作为被动房的试点示范

将幼儿园、学校建设成被动房可以让更多的人受益并且让更多的人了解被动房。北京曾经在重度雾霾时颁布过幼儿园、学校的放假通知。按被动房标准建造幼儿园、学校可以保障室内空气在重度雾霾时处于优良水平。如果一个城市先将幼儿园、学校建设成被动房，在提供给下一代安全室内环境同时，将降低社会的运行成本。

（2）政府开发的保障房项目宜优先做成被动房

各地在开展被动房的建设的过程中，由政府出资开发的保障房项目宜优先考虑按被动房标准建造。居住在保障房的人属于低收入人群，如果他们住在被动房里，则可帮他们年年节省出采暖、空调费用。政府管理部门也不必为冬季采暖带来的各种问题所困扰。

（3）鼓励较大规模的区域集中联片按被动房标准建设

较大规模的区域集中联片按被动房标准建设会获得规模化效益。被动房区域可以不配备锅炉房和采暖管网系统，用电负荷可以降低3/4，从而较大幅度降低基础设施投资。经济条件比较好的地区应强制按被动房标准建设。

（4）既有建筑被动房的节能改造应妥善规划

既有建筑被动房的节能改造应进行妥善规划以期获得最大的效益。有独立锅炉房的社区和能耗高的建筑应优先改造。如果锅炉房所供暖的所有建筑均改造成被动房，则锅炉房可拆除。锅炉房所占用的土地可拍卖出售，筹集的资金则可用于被动房小区的改造费用。

（5）出台个人既有房屋改造成被动房的补贴政策

株洲2017年出台了个人既有房屋改造补贴政策，得到了居民的热烈响应。这样的政策可以使被动房的知识得以迅速普及，并可以有效撬动民间资本。

中国被动房的健康发展需要政府的培育和正确引导。确保每一个被动房达到标准是一件很难的事。中国亟须好的政策推动被动房市场，更需要好的政策促使从业者认真做事。

（撰文：张小玲）

十　被动式低能耗建筑发展大事记

1. 2007年，住房和城乡建设部科技发展促进中心和德国能源署合作编写《中国建筑节能手册》，并由中国建筑工业出版社出版。

2. 2009年，在住房和城乡建设部建筑节能与科技司的指导下，部科技发展促进中心和德国能源署合作开展“中国被动式—低能耗建筑示范建筑项目”合作。

3. 2010年起，住房城乡建设部科技发展促进中心和德国能源署每年选择几个城市，进行“被动式房屋”宣传推广活动。2010年在上海、天津、沈阳、哈尔滨、唐山、秦皇岛、盘锦；2012年在乌鲁木齐、常州、杭州、赤峰、包头、北戴河新区；2013年在长春、青岛、郑州、太原、武汉和合肥；2014年在北京、吉林、西安、烟台、徐州和洛阳；2015年在西安、张家口、成都、海门、株洲和临汾；2016年在大连、银川、乌兰浩特、嘉兴、厦门和荆门。

4. 2010年起，住房和城乡建设部科技发展促进中心和德国能源署每年在绿色建筑大会期间举办“被动式房屋”研讨会。

5. 2010年5月，住房和城乡建设部科技发展促进中心承担了联合国UNDP“中国终端能效项目”被动式房屋的可行性研究，同年完成了《中国被动式—低能耗建筑示范可行性研究报告》。

6. 2010年5月，秦皇岛“在水一方”1栋18层住宅和哈尔滨“辰能·溪树庭院”1栋11层住宅列入部科学计划，成为“中德被动式低能耗示范”第一批合作项目并正式启动。

7. 2010年10月18日～21日，住房和城乡建设部科技发展促进中心和德国能源署在上海世博会期间与德国能源署共同举办“未来城市的能源效率和可持续发展”论坛。

8. 2011年6月，在首届中德政府协商会议期间，在中德双方总理温家宝和默克尔的见证下，我国住房和城乡建设部姜伟新部长与德国联邦交通、建设与城市发展部彼特·拉姆绍尔部长在柏林签署了《关于建筑节能与低碳生态城市建设技术合作谅解备忘录》，其中将被动式低能耗房屋作为重要合作内容予以深化推进。

9. 2011年8月1日，住房和城乡建设部部长姜伟新就扎实推进“被动式”超低能耗建筑建设在秦皇岛进行调研，并就如何做好“被动式”超低能耗建筑建设试点等工作进行座谈。河北省副省长宋恩华、秦皇岛市委书记王三堂等领导陪同调研。住房和城乡建设部科技司司长陈宜明、省政府副秘书长曹汝涛、省住房和城乡建设厅厅长朱正举、秦皇岛市副市长马宇骏，财政部经建司、省政府办公厅、省住房和城乡建设厅科技处以及黑龙江省住房和城乡建设厅建筑节能与科技处有关负责人参加调研。姜伟新部长一行实地调研了秦皇岛市“在水一方”住宅小区和“被动式”超低能耗建筑样板间的各个节能细节设计。

10. 2012年5月，住房和城乡建设部科技发展促进中心、河北省建筑科学研究院和河北五兴房地产有限公司启动《河北省被动式低能耗居住建筑节能设计标准》。

11. 2012年10月28日住房和城乡建设部部长姜伟新、河北省副省长宋恩华专程到秦皇岛视察“在水一方”被动式房屋。一同前往的领导还有住房城乡建设部建筑节能与科技司司长陈宜明，河北省住房城乡建设厅厅长朱正举、副厅长梁军，秦皇岛市委书记王三堂、市长朱浩文、副市长马宇俊、北戴河新区管委会主任李学民、市建设局局长吕保全等。姜部长一行来到了“在水一方”C15号楼施工现场在建工程，仔细查看了被动房施工用主要材料、施工工序和施工节点，认真听取了房地产公司王臻总经理的汇报。在随后举行的座谈会中姜部长指出：对“在水一方”C区和北戴河新区这两个建筑节能示范点，一定要高标准、严要求，从实施、验收、总结、宣传几方面要给予高度重视。

12. 2013年1月，“在水一方”C15号楼通过了气密性和室内环境测试。2013年10月通过德国能源署和部科技发展促进中心的质量验收，成为中国首例成功实施的被动式低能耗建筑示范项目。

13. 2013年10月23日，德国能源署和部科技发展促进中心正式授予“在水一方”C15号楼被动式房屋质量标识。

14. 2013年10月25日，住房和城乡建设部科技发展促进中心和德国能源署在国家会议中心举行“首届中德合作被动式低能耗房屋技术交流研讨会”。此后每年住宅产业博览期间，该技术交流会成为双方每年的例行会议。

15. 2013年10月，住房和城乡建设部科技发展促进中心和德国能源署编制完成《被动式低能耗建筑（中德合作）示范项目手册》。

16. 2013年12月和2014年和9月，哈尔滨“辰能・溪树庭院”顺利通过二次气密性测试，并于2014年9月正式通过质量验收。它标志着我国第一个严寒地区的被动式建筑建造成功。

17. 2014年9月18日，德国能源署和住房和城乡建设部科技发展促进中心正式授予哈尔滨“辰能・溪树庭院”B4号楼“被动式房屋的质量标识”。

18. 2014年9月18日签署合作协议。德国能源署和住房和城乡建设部科技发展促进中心合作共同支持山东省被动房屋的11个项目建设。

19. 2014年，德国能源署和住房和城乡建设部科技发展促进中心向青海省第一个被动式低能耗建筑提供技术支持。

20. 2014年11月，由住房和城乡建设部科技发展促进中心和德国能源署编制完成《中德合作高能效建筑实施手册—秦皇岛“在水一方”项目经验解析》

21. 2015年2月27日，河北省住房和城乡建设厅颁布《被动式低能耗居住节能设计标准》DB 13（J）/T177-2015，自2015年5月1日起施行。该标准由住房和城乡建设部科技发展促进中心、河北省建筑科学研究院和河北五兴能源集团秦皇岛五兴房地产有限公司主编。

22. 为了促进中国被动式低能耗建筑工程的建设及产品和技术的应用与推广，促进中国被动式低能耗建筑产业合作共赢，带动建筑节能产业的升级换代，有效推进中国建筑节能工作，住房和城乡建设部科技与产业化发展促进中心牵头于2015年3月25日在北京成立了“被动式低能耗建筑产业技术创新战略联盟”，发起的成员单位有54家。截止到2017年3月，联盟成员单位已达到86家。

23. 2015年5月21日，山东省建设厅发布“关于加强省被动式超低能耗绿色建筑示范项目管理通知”，对19个示范项目加强监管并给予资金支持。

24. 2016年3月31日，被动式低能耗建筑产业技术创新战略联盟正式发布第一批《被动式低能耗建筑产品选用目录》，2016年10月12日和2017年3月20日分别发布了第二批和第三批《目录》，为示范项目选择符合被动式房屋性能要求的材料、技术和产品提供参考。

25. 2016年9月，住房和城乡建设部科技与产业化发展中心与株洲市国投文旅产业发展有限公司签订株洲市创业广场项目“被动房”技术咨询服务协议。株洲创业广场项目总建筑面积约62334㎡，地下二层，地上四层，总用地面积约142亩。其中，建设用地23.74亩，其余为绿轴用地。总投资4.5亿元。

26．2016年9月1日，住房和城乡建设部批准国家标准图集“被动式低能耗建筑—严寒和寒冷地区居住建筑”16J908-8正式实行。该图集由住房和城乡建设部科技发展促进中心和中国建筑标准设计研究院主编。

27．2016年10月9日，北京市住房和城乡建设委员会、北京市规划和国土资源管理委员会、北京市发展和改革委员会、北京市财政局联合印发了“《北京市推动超低能耗建筑发展行动计划（2016-2018年）》的通知”，通知要求“3年内建设不少于30万平方米的超低能耗示范建筑，被认定为第一年度的示范项目，资金奖励标准为1000元/平方米，且单个项目不超过3000万元；第二年度的示范项目，资金奖励标准为800元/平方米，且单个项目不超过2500万元；第三年度的示范项目，资金奖励标准为600元/平方米，且单个项目不超过2000万元。”

28．2017年3月20日，青岛市城乡建设委员会发布《青岛市被动式低能耗建筑节能设计导则》，“导则”自2017年4月1日起生效。“导则”适用于青岛市新建和扩建的居住、办公、旅馆、学校、幼儿园、养老院等被动式低能耗民用建筑的节能设计，改建建筑和医院、商场、工业厂房类建筑可参照执行。

29．2017年3月22日，住房和城乡建设部科技与产业化发展中心和德国能源署与山东泉海置业有限公司签订技术服务协议，双方为中国最大的被动房住区“济南汉峪海风住宅项目地块2（A3），7栋高层，建筑面积105，964㎡”提供技术支持。该项目7栋建筑全部按被动房标准建造，并做中德双方认证。

“被动式低能耗建筑产业技术创新战略联盟”

十一　被动式低能耗建筑产品选用目录2017（第三批）

第一类　门窗组

1　外门窗、型材与玻璃间隔条

1.1　外门窗产品选用目录

产品名称	生产厂商	产品型号	型材传热系数，W/（m^2·K）	玻璃传热系数，W/（m^2·K）	整窗传热系数K，W/（m^2·k）	可见光透射比τ_v	太阳红外热能总透射比g_{IR}	太阳能得热系数SHGC	气密性，m^3/（m·h）	水密性，Pa	抗风压性，Pa	适用范围
外窗	哈尔滨森鹰窗业股份有限公司	P120被动式铝包木窗	底部：0.75 边沿：0.73 顶部：0.73	0.7	0.8	0.629	0.28	0.439	0.3 8级	700 6级	5000 9级	严寒/寒冷地区
		P160被动式铝包木窗	底部：0.64 边沿：0.59 顶部：0.59	0.5	0.6	0.567	0.22	0.424	0.3 8级	700 6级	5000 9级	严寒地区
外窗	北京市腾美骐科技发展有限公司	欧格玛PAW95系列被动式木包铝窗	框扇横料（上，下）：1.197 框扇竖料：1.285 梃扇竖料：1.266 框横料（上，下）：0.896 框竖料：0.901	0.668	0.95	0.57	0.185	0.421	0.20 8级	600 5级	5000 9级	寒冷地区
		欧格玛PAD95系列被动式木包铝门	门框扇横料（上，下）：1.142 门框扇竖料（左，右）：1.242	0.668	0.92	0.57	0.185	0.421	0.20 8级	600 5级	5000 9级	寒冷地区

续表

产品名称	生产厂商	产品型号	型材传热系数，W/（m²·K）	玻璃传热系数，W/（m²·K）	整窗传热系数K，W/（m²·k）	可见光透射比 τ_v	太阳红外热能总透射比 g_{IR}	太阳能得热系数 SHGC	气密性，m³/（m·h）	水密性，Pa	抗风压性，Pa	适用范围
外窗	河北新华幕墙有限公司	REHAU-GENEO-S980系列塑钢门窗	框扇横料（上，下）：0.797 框扇竖料：0.771 梃竖料：0.769 框横料（上，下）：0.66 框竖料：0.61	0.62	0.79	0.68	0.22	0.54	0.19 8级	700 6级	按GB50009-2012要求	寒冷地区
幕墙	河北新华幕墙有限公司	180系列木结构隐框玻璃幕墙	幕墙横料（上，下边）：0.66 幕墙竖料（左右）：0.61，幕墙中竖料：0.711；幕墙中横料：0.732	0.6	0.76	0.48	0.18	0.37	0.15 4级	1800 4级	按GB50009-2012要求	寒冷地区
外窗	河北奥润顺达窗业有限公司	88系列6腔三道密封塑料窗	下部：0.79 侧边和上部0.80	0.7	0.9	0.62	0.45	0.47	0.20 8级	600 5级	4500 8级	严寒/寒冷地区
		86系列6腔三道密封塑料窗	下部：0.79 侧边和上部0.79	0.7	0.9	0.62	0.45	0.47	0.20 8级	600 5级	4500 8级	严寒/寒冷地区
		PAS125系列铝包木窗	下部：0.69 侧边和上部0.71	0.7	0.9	0.67	0.49	0.45	0.20 8级	600 5级	5000 9级	严寒/寒冷地区
		PAS130系列铝包木窗	下部：0.74 侧边和上部0.74	0.7	0.9	0.67	0.49	0.45	0.20 8级	600 5级	5000 9级	严寒/寒冷地区

续表

产品名称	生产厂商	产品型号	型材传热系数，W/（m^2·K）	玻璃传热系数，W/（m^2·K）	整窗传热系数K，W/（m^2·k）	可见光透射比τ_v	太阳红外热能总透射比g_{IR}	太阳能得热系数SHGC	气密性，m^3/（m·h）	水密性，Pa	抗风压性，Pa	适用范围
外窗	河北奥润顺达窗业有限公司	Therm+50	下部：0.91 侧边和上部0.92	0.75	0.8	0.72	0.496	0.49	0.20 8级	600 5级	5000 9级	严寒/寒冷地区
		78系列铝包木	下部：1.3 侧边和上部1.3	0.6	1.0	0.71	0.44	0.53	0.20 8级	600 5级	5000 9级	严寒/寒冷地区
外窗	极景门窗有限公司（山东）	P2被动式节能窗	0.9	0.54	0.77	0.6	0.22	0.43	0.3 8级	700 6级	5000 9级	严寒地区
		P2被动式节能门	0.9	0.6	0.77	0.58	0.22	0.425	0.3 8级	700 6级	5000 9级	寒冷地区
		Q系列节能幕墙	0.79	0.54	0.73	0.63	0.25	0.428	0.3 8级	700 6级	5000 9级	寒冷地区
外窗	北京米兰之窗节能建材有限公司	MILUX Passive80系列铝包木窗	底部：0.95 边沿：0.95 顶部：0.92	0.6	0.88	0.62	0.38	0.42	0.3 8级	600 5级	5000 9级	严寒地区
		MILUX Passive95系列铝包木窗	底部：0.91 边沿：0.91 顶部：0.90	0.6	0.85	0.62	0.38	0.42	0.3 8级	600 5级	5000 9级	严寒地区
		MILUX Passive115系列铝包木窗	底部：0.81 边沿：0.81 顶部：0.80	0.70	0.79	0.45	0.50	0.35	0.3 8级	600 5级	5000 9级	严寒地区
		MILUX Passive120系列铝包木窗	底部：0.75 边沿：0.75 顶部：0.78	0.63	0.80	0.65	0.35	0.54	0.3 8级	600 5级	5000 9级	严寒地区

续表

产品名称	生产厂商	产品型号	型材传热系数，W/（m²·K）	玻璃传热系数，W/（m²·K）	整窗传热系数K，W/（m²·k）	可见光透射比τ_v	太阳红外热能总透射比g_{IR}	太阳能得热系数SHGC	气密性，m³/（m·h）	水密性，Pa	抗风压性，Pa	适用范围
外窗	天津格瑞德曼建筑装饰工程有限公司	GM-C85铝合金节能窗	底部：1.09 边沿：0.84 顶部：0.74	0.59	0.83	0.53	0.27	0.52	0.3 8级	700 6级	5000 9级	寒冷地区
外窗	北京爱乐屋建筑节能制品有限公司	78系列铝包木被动窗（平开上悬）	1.1	0.516	0.89	0.713	0.377	0.522	0.3 8级	700 6级	5000 9级	各气候区

1.2 外门窗型材产品选用目录

产品名称	生产厂商	产品型号	型材传热系数，W/（m²·K）	玻璃传热系数，W/（m²·K）	整窗传热系数K，W/（m²·K）	可见光透射比τ_v	太阳红外热能总透射比g_{IR}	太阳能得热系数SHGC	气密性，m³/（m·h）	水密性，Pa	抗风压性，Pa	适用范围
型材	大连实德科技发展有限公司	SINOSD-80聚酯合金型材	0.7						0.1-0.2 8级	350-5004级	5000 9级	寒冷地区
型材	维卡塑料（上海）有限公司（德国）	Softline MD70 NEO	1.2（含衬钢）						≤0.5 8级	700 6级	≥3500 6级 （常规中梃）	寒冷地区
		Softline MD82	0.99（含衬钢）						≤0.5 8级	700 6级	≥4000 7级 （常规中梃）	寒冷地区

续表

产品名称	生产厂商	产品型号	型材传热系数，W/（m^2·K）	玻璃传热系数，W/（m^2·K）	整窗传热系数K，W/（m^2·K）	可见光透射比 τ_v	太阳红外热能总透射比 g_{IR}	太阳能得热系数SHGC	气密性，m^3/（m·h）	水密性，Pa	抗风压性，Pa	适用范围
型材	瑞好聚合物（苏州）有限公司（德国）	S980 PHZ 86	0.79						0.21 8级	700 5级	3000 5级	寒冷地区
型材	江阴市绿胜节能门窗有限公司	温格润WG75系列聚氨酯隔热铝合金型材	0.9						0.1（单位缝长） 0.2（单位面积） 8级	1000 6级	5000 9级	严寒/寒冷地区
型材	柯梅令（天津）高分子型材有限公司	88 plus	底部：0.79 边沿：0.80 顶部：0.80						0.49（单位缝长） 0.86（单位面积） 8级	500 5级	4200 7级	寒冷地区

1.3 玻璃间隔条产品选用目录

产品名称	生产厂商	产品型号	玻璃间隔条材料的导热系数，W/（m·K）	适用范围
暖边间隔条	圣戈班舒贝舍暖边系统商贸（上海）有限公司	舒贝舍超强型暖边间隔条	λ =0.14	各气候区
		舒贝舍标准型暖边间隔条	λ =0.29	各气候区
暖边间隔条	泰诺风泰居安（苏州）隔热材料有限公司	Wave 系列	λ =0.4（导热因子0.0018 W/K）	各气候区
		M 系列	λ =0.4（导热因子0.0018 W/K）	各气候区

续表

产品名称	生产厂商	产品型号	玻璃间隔条材料的导热系数，W/（m·K）	适用范围
暖边间隔条	浙江芬齐涂料密封胶有限公司	全塑复合型暖边条（Multitech）	导热因子：0.001W/K	各气候区
		复合型不锈钢暖边条（Chromatech Ultra）	导热因子：0.0017W/K	各气候区
		齿纹面不锈钢暖边条（Chromatech Plus）	导热因子：0.0045W/K	各气候区
		不锈钢暖边条（Chromatech）	导热因子：0.0054W/K	各气候区
暖边间隔条	李赛克玻璃建材（上海）有限公司	添益隔“Thermix”暖边间隔条	λ =0.32	各气候区
		“Thermobar”暖边间隔条	λ =0.14	各气候区
暖边间隔条	美国奥玛特公司	SST暖边条（LPX1）	导热因子：0.0057W/K	各气候区
		SST暖边条（GTM）	导热因子：0.0043W/K	各气候区
		SST暖边条（GTM Hybrid）	导热因子：0.00285W/K	各气候区
		SST钢暖边条（GTM HS）	导热因子：0.00229W/K	各气候区
暖边间隔条	辽宁双强塑胶科技发展股份有限公司	萨沃奇柔性暖边6.5mm—22mm全系列	λ =0.38（导热因子0.0016W/K）	各气候区
暖边间隔条	美国Quanex（柯耐士）建材产品集团	Truplas/超级玻纤暖边间隔条	λ =0.14	各气候区

2 外围护门窗洞口的密封材料

外围护门窗洞口的密封材料产品选用目录

产品名称	生产厂商	产品型号	性能指标						适用范围
			最大抗拉强度，N/50mm	最大伸长率，%	燃烧性能等级	气密性	水密性	sd值，m	
可抹灰外围护结构门窗洞口的密封材料	德国博仕格有限公司	可抹灰型防水雨布 Winflex 室内侧	纵向＞450；横向＞80	纵向＞20；横向＞100	建筑材料等级B2 燃烧等级Class E	气密	＞200cm水柱	55	各气候区
		可抹灰型防水雨布 Winflex 室外侧	纵向＞450；横向＞80	纵向＞20；横向＞140	建筑材料等级B2 燃烧等级Class E	气密	＞200cm水柱	0.1	各气候区

产品名称	生产厂商	产品型号	性能指标									适用范围
			厚度，mm	水蒸气扩散阻力	sd值，m	抗拉强度，MPa	断裂伸长率，%	抗撕裂，N	水密性2kPa水压	抗老化	燃烧性能等级	
不可抹灰型三元乙丙防水透汽膜	德国博仕格有限公司	不可抹灰型室外侧三元乙丙防水透汽膜Fasatan	0.6	20000	12	≥6	≥250	≥10	通过	通过	建筑材料等级B2 燃烧等级E	各气候区
			0.8	20000	16	≥7	≥300	≥10	通过	通过		
			1.0	20000	20	≥7	≥300	≥10	通过	通过		
			1.2	20000	24	≥8	≥300	≥20	通过	通过		

产品名称	生产厂商	产品型号	性能指标									适用范围
			厚度，mm	水蒸气扩散阻力值	sd值，m	抗拉强度，MPa	断裂伸长率，%	抗撕裂，N	水密性2kPa水压	抗老化	燃烧性能等级	
不可抹灰型三元乙丙防水隔汽膜	德国博仕格有限公司	不抹灰的室内一侧三元乙丙防水隔汽膜Fasatyl	0.6	140000	84	≥6	≥250	≥10	通过	通过	建筑材料等级B2 燃烧等级E	各气候区
			0.8	140000	112	≥7	≥250	≥10	通过	通过		
			1.0	140000	140	≥7	≥250	≥10	通过	通过		
			1.2	140000	170	≥8	≥300	≥20	通过	通过		

3 透明部分用玻璃

透明部分用玻璃产品目录

产品名称	生产厂商	产品型号	传热系数 K，W/（$m^2 \cdot K$）	可见光透射比 τ_v	太阳红外热能总透射比 g_{IR}	太阳能得热系数 SHGC	光热比 LSG	适用范围
透明部分用玻璃	北京新立基真空玻璃技术有限公司	真空复合中空玻璃：5mm白玻+12A+5mmLow-E +V+5mm白玻	0.66	0.68	0.34	0.52	1.31	严寒/寒冷地区
	青岛亨达玻璃科技有限公司	5mm透明+16A暖边+5mm Low-E+0.15mm真空+5mm透明	0.78	0.59	0.36	0.49	1.20	寒冷地区
	天津南玻节能玻璃有限公司	5 超白（CES01-85N）#2+15Ar+5 超白+15Ar+5 超白（CES01-85N）#5	0.78	0.65	0.25	0.46	1.41	寒冷地区
	中国玻璃控股有限公司	5Low-E+16Ar+5Low-E+16Ar+5C（单银2#/单银4#，高透基片）	0.69	0.615	0.26	0.46	1.34	严寒/寒冷地区
	天津耀皮工程玻璃有限公司	5YME-0185（2#）+12Ar+5YME-0185（4#）+16Ar+5YEA-0182（6#）	0.72	0.61	0.20	0.43	1.42	寒冷地区
	信义玻璃（天津）有限公司	5XETN0188#2+15AR+5XETN0188#4+15AR+5XETN0188#5	0.74	0.69	0.21	0.46	1.44	寒冷地区
	北京金晶智慧有限公司	5Optilite S1.16+12Ar+5C+12Ar+5Optilite S1.16	0.79	0.73	0.29	0.50	1.46	寒冷地区
		5Optilite S1.16+18Ar+5C+18Ar+5Optilite S1.16	0.60	0.73	0.29	0.50	1.45	严寒地区

续表

产品名称	生产厂商	产品型号	传热系数K，W/（m^2·K）	可见光透射比τ_v	太阳红外热能总透射比g_{IR}	太阳能得热系数SHGC	光热比LSG	适用范围
透明部分用玻璃	北京金晶智慧有限公司	5Optisolar D80+12Ar+5C+12Ar+5Optilite S1.16	0.77	0.64	0.15	0.35	1.81	寒冷地区，夏热冬冷地区，温和地区
		5Optisolar D80+18Ar+5C+18Ar+5Optilite S1.16	0.59	0.64	0.15	0.35	1.82	寒冷地区，夏热冬冷地区，温和地区
		5Optiselec T70XL+12Ar+5C+12Ar+5Optilite S1.16	0.75	0.63	0.09	0.28	2.26	夏热冬暖地区
		5Optiselec T70XL+18Ar+5C+18Ar+5Optilite S1.16	0.57	0.63	0.09	0.28	2.27	夏热冬暖地区
		5Optiselec T70XL+16Ar+5C+16Ar+5Optilite S1.16	0.67	0.62	0.02	0.30	2.07	夏热冬暖地区
	台玻天津玻璃有限公司	5mmLow-E（2#）+16Ar+5mmClear+16Ar+5mmLow-E（5#）	0.74	0.60	0.25	0.46	1.30	寒冷地区
	北京冠华东方玻璃科技有限公司	5 low-E钢+16 Ar + 5 白钢+ 16 Ar + 5 LOW-E钢	0.71	0.58	0.17	0.43	1.35	夏热冬冷地区
	大连华鹰玻璃股份有限公司	TPS长寿命中空玻璃：4浮法钢化玻璃+15.5TPS.ar +3钢化LOW-E+15.5 TPS.ar+3钢化LOW-E	0.71	0.71	0.24	0.52	1.37	寒冷地区

续表

产品名称	生产厂商	产品型号	传热系数K，W/（m^2·K）	可见光透射比τ_v	太阳红外热能总透射比g_{IR}	太阳能得热系数SHGC	光热比LSG	适用范围
透明部分用玻璃	保定市大韩玻璃有限公司清苑分公司	6mmLOW—E钢化（super—1）+16Ar（TPS充氩气）+5mm白玻钢化+16Ar（TPS充氩气）+6mmLOW—E钢化（super—1）	0.78	0.64	0.24	0.47	1.36	寒冷地区（B）
	福莱特玻璃集团股份有限公司	5mmLow-e（SET1.16II）钢化玻璃+16mm氩气层+5mm无色钢化玻璃+16mm氩气层+5mmLow-e（SET1.16II）钢化玻璃	0.75	0.59	0.24	0.46	1.28	寒冷地区
	台玻成都玻璃有限公司	5mmLow-E（TDE78A03）钢化玻璃+15mm氩气层+5mm，无色玻璃+15mm氩气层+5mmLow-E（TCE83）钢化玻璃	0.70	0.58	0.15	0.41	1.41	夏热冬冷
	中航三鑫股份有限公司	5mm Low-E钢化（SEE-83T，#2）+16Ar（充氩气）+5mm 白玻刚化+16 Ar（充氩气）+5mm Low-E 钢化（SEE-83T，#5）	0.76	0.62	0.25	0.48	1.29	寒冷地区（B）
	浙江中力节能玻璃制造有限公司	5mmLow-E（PPG85（T））钢化玻璃+16mm氩气层+5mmLow-E（PPG85（T））钢化玻璃+16mm氩气层+5mmLow-E无色钢化玻璃	0.67	0.57	0.06	0.36	1.58	夏热冬冷温和地区

4 遮阳产品

被动房遮阳产品目录

产品名称	生产厂商	产品型号	通光量	叶片角度调节量	户外百叶帘遮阳系数		能量穿透总量系数（含玻璃与遮阳系统）		抗风等级（根据百叶帘面积大小）	适用范围
					叶片关闭	叶片水平	叶片关闭	叶片水平		
遮阳产品	瑞士森科遮阳	Z型铝合金百叶帘	3% ~ 100%	0° ~ 90°	0.10	0.20	0.06	0.12 ~ 0.15	蒲福风级9 ~ 11级（24.4 ~ 32.6m/s）	各气候区多层及以下建筑
		全金属百叶帘（垂直）	3% ~ 100%	0° ~ 90°	0.10	0.20	0.06	0.12 ~ 0.15	蒲福风级10 ~ 12级（28.4 ~ 36.9m/s）	
		全金属百叶帘（水平）	3% ~ 100%	0° ~ 90°	0.10	0.20	0.06	0.12 ~ 0.15	蒲福风级10 ~ 12级（28.4 ~ 36.9m/s）	
		卷包式百叶帘	3% ~ 100%	0° ~ 90°	0.10	0.20	0.06	0.12 ~ 0.15	蒲福风级10 ~ 12级（28.4 ~ 36.9m/s）	
		折叠滑动式百叶窗	0% ~ 100%	0° ~ 90°	0.10	0.20	0.07	0.13 ~ 0.16	蒲福风级10 ~ 12级（28.4 ~ 36.9m/s）	
		推拉滑动式百叶窗	0% ~ 100%	0° ~ 90°	0.10	0.20	0.07	0.13 ~ 0.16	蒲福风级10 ~ 12级（28.4 ~ 36.9m/s）	
		无导轨滑动式百叶窗	0% ~ 100%	0° ~ 90°	0.10	0.20	0.07	0.13 ~ 0.16	蒲福风级10 ~ 12级（28.4 ~ 36.9m/s）	

第二类 屋面和外墙用防水材料、保温材料、预压膨胀密封带等材料组

5 屋面和外墙用防水隔汽膜和防水透汽膜（防水卷材）

屋面和外墙用防水隔汽膜屋和防水透汽膜（防水卷材）产品选用目录

产品名称	生产厂商	产品型号	性能指标							适用范围
			拉伸力，N/50mm	断裂伸长率，%	撕裂强度（钉杆法），N	不透水性	透水蒸汽性，g/（m^2·24h）	低温弯折性	耐热度	
屋面和外墙用防水隔汽膜	德国博仕格有限公司	Winflex Wall&Roof 防水隔汽膜	纵向：129 横向：203	纵向：80 横向：67	纵向：70 横向：68	1000mm，2h不透水	27	-45℃无裂纹	100℃，2h无卷曲，无明显收缩	各气候区

产品名称	生产厂商	产品型号	性能指标					适用范围
			拉伸力，N/50mm	断裂伸长率，%	撕裂强度（钉杆法），N	不透水性	透水蒸汽性，g/（m2·24h）	
屋面和外墙用防水透汽膜	德国博仕格有限公司	Winflex Wall&Roof 防水透汽膜	纵向：165；横向：230	纵向：63；横向：62	纵向：150；横向：156	1000mm，2h不透水	377	各气候区

续表

产品名称	生产厂商	产品型号	性能指标				适用范围
			低温柔度，℃	高温流淌性，℃	最大抗拉力，N/5cm	最大拉力下的延伸率，%	
玻纤聚酯胎基改性沥青隔火自粘防水卷材	德国威达公司	Vedatop® SU (RC) 100	−20	70	纵/横≥800/800	纵/横≥2/2	各气候区
			弹性改性沥青自粘防水卷材，具有隔火性能。采用抗撕拉胎基，下表面为改性沥青自粘胶，上表面为PE保护膜及搭接边自粘保护膜				

产品名称	生产厂商	产品型号	性能指标				适用范围
			低温柔度，℃	耐水汽渗透性等效空气层厚度Sd，m	最大抗拉力，N/50mm	最大拉力下的延伸率，%	
自粘性耐酸碱特殊铝箔面玻纤胎隔汽卷材	德国威达公司	Vedatect SK–D (RC) 100	−15	1500	纵/横≥400/400	纵/横≥2/2	各气候区
			冷自粘弹性体改性沥青隔汽卷材。上表面是一层耐酸碱、耐腐蚀的铝膜。拥有极佳的隔汽效果（耐水汽渗透性等效空气层厚度S_d值在1500m以上）；幅宽1米，用在带涂层的压型钢板基层上时无需涂刷冷底子油；+5℃及以上可冷自粘安装；施工方便快捷，与基层粘结良好。				

产品名称	生产厂商	产品型号	性能指标				适用范围
			低温柔度，℃	高温流淌性，℃	最大抗拉力，N/50mm	最大拉力下的延伸率，%	
弹性体改性沥青防水材料	德国威达公司	Vedasprint (RC) green 100	−20	90	纵/横≥600/500	纵/横≥30/30	各气候区
			卷材是通过使用高强度的聚酯胎基浸透优质SBS改性沥青涂层，然后在上表面附着板岩颗粒，下表面附以防粘保护膜等一系列严谨的工序加工而成。具有极强的可操作性，即使在极高的施工温度下仍能保持抗变性能力、高抗裂能力、高抗穿刺能力。				

续表

产品名称	生产厂商	产品型号	性能指标				适用范围
			低温柔度，℃	高温流淌性，℃	最大抗拉力，N/50mm	最大拉力下的延伸率，%	
铜离子复合胎基改性沥青耐根穿刺防水卷材	德国威达公司	Vedaflor WS-I (RC) bluegreen 100	-25	105	纵/横≥800/800	纵/横≥40/40	各气候区
			具有根阻性能的改性沥青防水卷材。采用SBS改性沥青涂层以及铜-聚酯复合胎基制作而成，赋予产品独具的植物根阻拦功能，上表层为蓝绿色板岩颗粒。根阻性能通过FLL的试验验证；高耐折力；持久的低温柔度。				

6 外墙外保温系统及其材料的性能指标

抹灰外墙外保温系统及材料产品选用目录

产品名称	生产厂商	产品型号	抗冲击性	吸水量，g/m²	耐候性	抗风荷载性能	耐冻融性能	不透水性	水蒸气透过湿流密度，g/（m²·h）	适用范围
外墙外保温系统	堡密特建筑材料（苏州）有限公司	模塑聚苯板/石墨聚苯板外墙外保温系统	首层10J级别，二层及以上3J级别	≤500	经过80次高温-淋水循环和5次加热-冷冻循环后，试样未见可见裂缝，未见粉化、空鼓、剥落现象；抹面层与保温层拉伸粘结强度≥0.10MPa	不小于工程项目的风荷载设计值	30次冻融循环后，试样未见可见裂缝，未见粉化、空鼓、剥落现象，保护层和保温层的拉伸粘结强度大于等于100KPa	—	≥0.85	各气候区

续表

产品名称	生产厂商	产品型号	抗冲击性	吸水量，g/m²	耐候性	抗风荷载性能	耐冻融性能	不透水性	水蒸气透过湿流密度，g/（m²·h）	适用范围
外墙外保温系统	堡密特建筑材料（苏州）有限公司	堡密特岩棉板外墙外保温系统	10J	≤1000	未出现饰面层起泡或脱落、保护层空鼓或脱落等现象，未产生渗水裂缝。破坏面在保温层内	不小于工程项目的风荷载设计值	保温层无空鼓、脱落、无渗水裂缝，破坏面在保温层内	2h不透水	≥1.67	各气候区
		堡密特岩棉带外墙外保温系统	10J	≤1000	未出现饰面层起泡或脱落、保护层空鼓或脱落等现象，未产生渗水裂缝。拉伸粘结强度≥100KPa，破坏面在保温层内	不小于工程项目的风荷载设计值	保温层无空鼓、脱落、无渗水裂缝，≥100KPa，拉伸粘结强度破坏面在保温层内	2h不透水	≥1.67	各气候区
聚氨酯外墙外保温系统	上海华峰普恩聚氨酯有限公司	改性PIR聚氨酯外墙外保温系统	建筑物首层墙面和门窗洞口等易受碰撞部位：10.0J级 合格建筑物二层以上墙面等不易受碰撞部位：3.0J级合格	水中浸泡1h，只带有抹面层和带有全部保护层的系统，吸水量均不得大于0.5kg/m²	80次热/雨循环和5次热冷循环后，外观不得出现饰面层起泡或剥落、保护层和保温层空鼓或剥落等破坏，不得产生渗水裂缝；抹面层和保温层的拉伸粘结强度≥0.10MPa，且破坏部位应位于保温层内	不小于风荷载设计值（6.0KPa）	30次冻融循环后，保护层无空鼓、脱落，无渗水裂缝；保护层和保温层的拉伸粘结强度≥0.1MPa，破坏部位应位于保温层，保护层和防火隔离带的拉伸粘结强度≥80kPa	抹面层2h不透水	≥0.85	各气候区

续表

产品名称	生产厂商	产品型号	抗冲击性	吸水量，g/m^2	耐候性	抗风荷载性能	耐冻融性能	不透水性	水蒸气透过湿流密度，$g/(m^2 \cdot h)$	适用范围
外墙外保温系统	巴斯夫化学建材（中国）有限公司	模塑聚苯板/石墨聚苯板外墙外保温系统	建筑物首层墙面和门窗洞口等易受碰撞部位：10J级 建筑物二层以上墙面等不易受碰撞部位：3J级	只带有抹面层和带有全部保护层的系统，水中浸泡1h，吸水量均不得大于或等于1.0kg/m^2	不得出现饰面层起泡或剥落、保护层和保温层空鼓或剥落等破坏，不得产生渗水裂缝；抹面层和保温层的拉伸粘结强度≥0.10MPa；抗冲击性能3J级（单层网格布）	不小于风荷载设计值	30次冻融循环后，保护层无空鼓、脱落，无渗水裂缝；保护层和保温层的拉伸粘结强度≥0.10MPa，破坏部位应位于保温层，保护层和防火隔离带的拉伸粘结强度≥80kPa	2h不透水	≥0.85	各气候区
	巴斯夫化学建材（中国）有限公司	巴斯夫岩棉外墙外保温系统	建筑物首层墙面和门窗洞口等易受碰撞部位：10J级 建筑物二层以上墙面等不易受碰撞部位：3J级	只带有抹面层和带有全部保护层的系统，水中浸泡1h，吸水量均不得大于或等于500g/m^2	不得出现饰面层起泡或剥落、保护层和保温层空鼓或剥落等破坏，不得产生渗水裂缝；抹面层和保温层的拉伸粘结强度：岩棉板≥7.5KPa，岩棉带≥80KPa；抗冲击性能3J级（单层网格布）	不小于风荷载设计值	30次冻融循环后，保护层无空鼓、脱落，无渗水裂缝；保护层和保温层的拉伸粘结强度：岩棉板≥7.5KPa，岩棉带≥80KPa	2h不透水	≥0.85	各气候区

续表

产品名称	生产厂商	产品型号	抗冲击性	吸水量，g/m^2	耐候性	抗风荷载性能	耐冻融性能	不透水性	水蒸气透过湿流密度，$g/(m^2 \cdot h)$	适用范围
外墙外保温系统	山东秦恒科技股份有限公司	模塑聚苯板/石墨聚苯板外墙外保温系统	普通型（P型），3.0J冲击10点，无破坏；加强型（Q型），10.0J冲击10点，无破坏；	只带有抹面层和带有全部保护层的系统，水中浸泡1h，吸水量均不得大于或等于500g/m²	热/雨周期80次，热/冷周期5次，表面无裂纹、粉化、剥落现象	不小于风荷载设计值	冻融10个循环，表面无裂缝、空鼓、起泡、玻璃现象	浸水2h，防护层内侧无水渗透	≥0.85	各气候区
	江苏卧牛山保温防水技术有限公司	模塑聚苯板/石墨聚苯板外墙外保温系统	建筑物首层墙面和门窗洞口等易受碰撞部位：10J级 建筑物二层以上墙面：3J级	浸水24h，吸水量不大于500g/m²	热/雨周期80次，热/冷周期5次，表面无裂纹、粉化、剥落现象；抹面层与保温层拉伸粘结强度≥0.10MPa，且保温层破坏	不小于风荷载设计值，检测时，6.7kPa未破坏	冻融10个循环，表面无裂缝、空鼓、起泡、剥离现象	浸水2h，防护层内侧无水渗透	≥0.85	各气候区

续表

产品名称	生产厂商	产品型号	抗冲击性	吸水量，g/m^2	耐候性	抗风荷载性能	耐冻融性能	不透水性	水蒸气透过湿流密度，$g/(m^2 \cdot h)$	适用范围
外墙外保温系统	北京金隅砂浆有限公司	岩棉外保温系统	首层10J级别，二层及以上3J级别	只带有抹面层0.7，带有全部保护层0.2	经耐候性试验后，无饰面层起泡或剥落、保护层和保温层空鼓或脱落等破坏，无裂缝. 抹面层与保温层拉伸粘结强度0.11MPa，拉伸粘结强度破坏面在保温层内	不小于工程项目的风荷载设计值	经30次冻融循环后，保护层无空鼓、脱落，无裂缝；保护层和保温层的拉伸粘结强度0.10 MPa，拉伸粘结强度破坏面在保温层内	2h不透水	2.34	各气候区

7 模塑聚苯板、石墨聚苯板的性能指标

模塑聚苯板、石墨聚苯板产品选用目录

产品名称	生产厂商	产品型号	导热系数，W/（m·K）	表观密度，kg/m^3	垂直板面的抗拉强度，MPa	尺寸稳定性，%	水蒸气透过系数，ng/（Pa·m·s）	吸水率，%	弯曲变形，mm	氧指数，%	燃烧性能等级	适用范围
模塑聚苯板	山东秦恒科技股份有限公司	模塑聚苯板	≤0.039	≥18.0	≥0.10	≤0.3	≤4.5	≤3.0	≥20	≥32	不低于B1级	各气候区
石墨聚苯板		石墨聚苯板	≤0.032	≥18.0	≥0.10	≤0.3	≤4.5	≤3.0	≥20	≥32	不低于B1级	各气候区

续表

产品名称	生产厂商	产品型号	导热系数，W/（m·K）	表观密度，kg/m^3	垂直板面的抗拉强度，MPa	尺寸稳定性，%	水蒸气透过系数，ng/（Pa·m·s）	吸水率，%	弯曲变形，mm	氧指数，%	燃烧性能等级	适用范围
模塑聚苯板	江苏卧牛山保温防水技术有限公司	模塑聚苯板	≤0.039	≥18.0	≥0.10	≤0.3	≤4.5	≤3.0	≥20	≥32	B1（C）	各气候区
石墨聚苯板		石墨聚苯板	≤0.032	≥18.0	≥0.10	≤0.3	≤4.5	≤3.0	≥20	≥32	B1（B）	各气候区
模塑聚苯模块	哈尔滨鸿盛建筑材料制造股份有限公司	模塑聚苯模块	≤0.033	≥29.0	≥ 0.20	≤ 0.3	≤ 4.0	≤ 2.0	≥20	≥ 32	不低于B1级	各气候区
			≤0.037	≥19.0	≥ 0.15	≤ 0.3	≤ 4.0	≤ 2.0	≥25	≥ 32	不低于B1级	各气候区
石墨聚苯模块		石墨聚苯模块	≤0.030	≥29.0	≥ 0.20	≤ 0.3	≤ 4.0	≤ 2.0	≥20	≥ 32	不低于B1级	各气候区
			≤0.032	≥19.0	≥ 0.15	≤ 0.3	≤ 4.0	≤ 2.0	≥25	≥ 32	不低于B1级	各气候区
石墨聚苯板	巴斯夫化学建材（中国）有限公司	巴斯夫凡士能®NEO阻燃型高性能保温隔热板	≤0.033	≥18.0	≥0.10	≤0.20	≤4.5	≤3.0	≥20	≥32	不低于B1级，且遇电焊火花喷溅时无烟气、不起火燃烧	各气候区
模塑聚苯板	南通锦鸿建筑科技有限公司	模塑聚苯板	≤0.037	≥20.0	≥0.10	≤0.30	≤4.5	≤3.0	≥20	≥31	不低于B1级	各气候区

8 聚氨酯板性能指标

聚氨酯板产品选用目录

产品名称	生产厂商	产品型号	导热系数，W/（m·K）	密度，kg/m³	抗压强度，KPa	尺寸稳定性（%，70℃，24h）	垂直于板面方向的抗拉强度，MPa	吸水率，%	氧指数，%	烟密度等级（SDR）	适用范围
改性聚氨酯板	上海华峰普恩聚氨酯有限公司	改性PIR聚氨酯保温板	≤0.024	≥35	≥150	≤1.5	≥0.10	≤3	≥30	55	各气候区

9 真空绝热板的性能指标

真空绝热板产品选用目录

产品名称	生产厂商	产品型号	导热系数，W/（m·K）	表观密度，kg/m³	穿刺强度，N	垂直板面的抗拉强度，MPa	尺寸稳定性，%	表面吸水量，g/m²	穿刺后垂直于板面方向膨胀率，%	穿刺后导热系数，W/（m·K）	燃烧性能等级	适用范围
真空绝热板	中亨新型材料科技有限公司	厚度：10mm~30mm	≤0.006	≤220	≥18	≥80	长度、宽度：≤0.5 厚度：≤1.5	≤100	≤10	≤0.02	A1	各气候区
STP真空绝热板	青岛科瑞新型环保材料集团有限公司	厚度≤35mm	≤0.006	—	≥50	≥80	长度、宽度：≤0.5 厚度：≤3	≤100	≤10	≤0.02	A2	各气候区

10　岩棉

10.1　薄抹灰外墙外保温系统用岩棉板产品选用目录

产品名称	生产厂商	产品型号	导热系数（25℃），W/（m·k）	酸度系数	密度，kg/m³	尺寸稳定性，%	抗拉拔强度（垂直于表面），kPa	抗压强度（10%变形），KPa	短期吸水量（部分浸水，24h），kg/m²	憎水率，%	燃烧性能	熔点，℃	适用范围
薄抹灰外墙外保温系统用岩棉板	上海新型建材岩棉有限公司	樱花TR10	≤0.040	≥1.8	≥140	≤0.2	≥10	≥40	≤0.2	≥99	A级	≥1000	各气候区
		樱花TR15	≤0.040	≥1.8	≥140	≤0.2	≥15	≥60	≤0.2	≥99	A级	≥1000	各气候区
	北京金隅节能保温科技有限公司	金隅星FR10	≤0.038	≥2.0	140	≤0.1	≥10	≥60	≤0.1	≥99	A级	1100	各气候区
	南京彤天岩棉有限公司	彤天TTW10	≤0.038	≥1.8	≥140	≤0.2	≥10	≥40	≤0.2	≥99	A级	≥1000	各气候区
		彤天TTW15	≤0.039	≥1.8	≥140	≤0.2	≥15	≥60	≤0.1	≥99	A级	≥1000	各气候区

10.2 岩棉防火隔离带的性能指标

产品名称	生产厂商	产品型号	导热系数（25℃），W/（m·k）	酸度系数	密度，kg/m³	尺寸稳定性，%	抗拉拔强度（垂直于表面），kPa	抗压强度（10%变形），KPa	燃烧性能	熔点，℃	匀温灼烧性能（750℃，0.5h）		适用范围
											线收缩率，%	质量损失率，%	
薄抹灰外墙外保温系统用岩棉防火隔离带	上海新型建材岩棉有限公司	樱花 TR80	≤0.045	≥1.8	≥100	≤0.2	≥100	≥40	A级	≥1000	≤8	≤6	各气候区
	北京金隅节能保温科技有限公司	金隅星 BR100	≤0.046	≥2.0	100	≤0.1	≥80	≥80	A级	1100	≤7	≤4	各气候区
	南京彤天岩棉有限公司	彤天 TTWF100	≤0.044	≥1.8	100	≤0.2	≥300	≥80	A级	≥1000	≤7	≤4	各气候区

10.3 不采暖地下室顶板保温用岩棉板的性能指标

产品名称	生产厂商	产品型号	导热系数（25℃），W/（m·k）	酸度系数	密度，kg/m³	尺寸稳定性，%	短期吸水量，（部分浸水，24h），kg/m²	憎水率，%	燃烧性能	降噪系数 NRC	适用范围
建筑用岩棉保温板	上海新型建材岩棉有限公司	樱花MB	≤0.038	≥1.8	≥50	≤0.5	≤0.2	≥99	A级	≥0.8	各气候区
建筑用岩棉保温板	南京彤天岩棉有限公司	彤天TTM	≤0.038	≥1.8	≥60	≤0.5	≤0.5	≥99	A级	≥0.7	各气候区

11　保温用矿物棉喷涂层

保温用矿物棉喷涂层产品选用目录

产品名称	生产厂商	产品规格	密度，kg/m³	渣球含量（>0.25mm），%	纤维平均直径，μm	导热系数（25℃），W/（m·k）	粘结强度，kPa	密度允许偏差，%	憎水率，%	酸度系数	质量吸湿率	降噪系数（NRC）	短期吸水量，kg/m²	燃烧性能	适用范围
保温用矿物棉喷涂	北京海纳联创无机纤维喷涂技术有限公司	无机纤维喷涂保温层（SPR3）	80～150	≤6	≤6	≤0.042	大于5倍自重	±10	—	1.2~1.8	≤5.0	≥0.8	≤0.2	A级	各气候区
		憎水型无机纤维喷涂保温层（SPR5）	80～150	≤6	≤6	≤0.042	大于5倍自重	±10	≥98	1.2~1.8	≤5.0	≥0.8	≤0.2	A级	各气候区
	我国各气候区被动式低能耗建筑特定部位（不透明幕墙保温、地下室顶板、电梯井、设备夹层等有防火、保温、吸声要求的部位）。无机纤维作为一种保温材料，可广泛用于建筑内外墙保温系统中。保温层“皮肤式”覆盖于基层墙体，具有无空腔、无接缝、无冷桥。														

12　抹面胶浆和粘结胶浆

12.1　抹面胶浆产品选用目录

产品名称	生产厂商	产品型号	拉伸粘结强度（与岩棉条），kPa				柔韧性		抗冲击性，J	吸水量，g/m²	可操作时间，h	适用范围
			原强度	耐水强度		耐冻融强度	抗压强度/抗折强度（水泥基）	开裂应变（非水泥基），%				
				浸水48h，干燥2h	浸水48h，干燥7d							
抹面胶浆	北京金隅砂浆有限公司	533-RW（被动房）	83.7	65.3	82.2	80.5	2.4	—	3J级	439	放置1.5小时，拉伸粘结强度（与岩棉条）为81kPa	各气候区

12.2 粘结胶浆产品选用目录

产品名称	生产厂商	产品型号	拉伸粘结强度（与水泥砂浆），kPa			拉伸粘结强度（与岩棉条），kPa			可操作时间，h	适用范围
			原强度	耐水强度		原强度	耐水强度			
				浸水48h，干燥2h	浸水48h，干燥7d		浸水48h，干燥2h	浸水48h，干燥7d		
粘结胶浆	北京金隅砂浆有限公司	523-RW（被动房）	646.2	400.3	618.9	90.7	67.9	87.4	放置1.5小时，拉伸粘结强度（水泥砂浆）为634.5kPa	各气候区

13 预压膨胀密封带

预压膨胀密封带产品选用目录

产品名称	生产厂商	产品型号	性能指标								适用范围
			荷载	抗暴风雨强度，Pa	热导率，W/（m·K）	密封透气性，$m^3/[h \cdot m \cdot (daPa)^n]$	抗水蒸汽扩散系数	耐候性	与其他材料相容性	燃烧性能等级	
预压缩膨胀密封带	德国博仕格有限公司	预压缩膨胀密封带 COMBBAND300	BG2级	300	λ_{10}=0.048	a<0.1	μ≤100	-30~+90℃，短时间达到+120℃	满足BG2	B1级	各气候区
		预压缩膨胀密封带 COMBBAND600	BG1级	600	λ_{10}=0.045	a<0.1	μ<100	-30~+90℃	满足BG1	B1级	各气候区

14　防潮保温垫板

防潮保温垫板产品选用目录

产品名称	生产厂商	产品型号	性能指标							适用范围
			密度，kg/m^3	抗弯强度，N/mm^3	导热系数，W/m·K	镙钻防脱力，N	厚度膨胀（24小时浸水）	汲水性（24小时浸水）	尺寸变化（24小时浸水）	
防潮保温垫板	德国博仕格有限公司	Phonotherm200	500±50	7.8	0.076	650	1.0%	5%	1%	各气候区
			700±50	10.5	0.10	800	1.0%	4%	1%	
			密度，kg/m^3	抗压强度，N/mm^2	E值，N/mm^2	抗水蒸汽扩散值sd，m	长度膨胀系数（-20至+60℃范围内）	残余水分	建筑材料燃烧等级	
			500±50	24.2	500	0.27	$28.375 \cdot 10^{-6}K^{-1}$	2%～4%	B2，不会燃至流状滴下	
			700±50	26.3	750	0.37	$28.375 \cdot 10^{-6}K^{-1}$	2%～4%	B2，不会燃至流状滴下	

15　锚栓

锚栓产品选用目录

产品名称	生产厂商	产品型号	单个锚栓的抗拉承载力标准值，kN				锚栓圆盘的强度标准值，kN	单个锚栓对系统传热的增加值，W/（m^2·K）	防热桥构造	适用范围
			普通混凝土基层墙体	实心砌体基层墙体	多孔砖砌体基层墙体	蒸压加气混凝土基层墙体				
锚栓	利坚美（北京）科技发展有限公司	10*215，10*275，10*305，10*365	0.81	0.55	0.45	0.39	0.53	0.001	锚栓有塑料隔热端帽，或有聚氨酯发泡填充阻断热桥	各气候区

16 耐碱网格布

耐碱网格布产品选用目录

产品名称	生产厂商	产品型号	单位面积质量，g/m^2	化学成分，%	耐碱断裂强力（经、纬向），N/50mm	耐碱断裂强力保有率（经、纬向），%	断裂伸长率（经、纬向），%	适用范围
耐碱网格布	利坚美（北京）科技发展有限公司	网孔4*4	171.8	ω（Na_2O）+（K_2O） ω（SiO_2） ω（Al_2O_3）	经向 1551 纬向 2109	经向 75.8 纬向 82.8	经向 4.0 纬向 3.9	各气候区

17 门窗连接条

门窗连接条产品选用目录

产品名称	生产厂商	产品型号	耐寒性	耐热性	网布与护角拉力，N/50mm	最低粘网宽度，mm	单位面积质量，g/m^2	适用范围
门窗连接条	利坚美（北京）科技发展有限公司	2.2*1.6*1.4	−35℃，48h，无气泡、裂纹、麻点等外观缺陷	50℃，48h，无气泡、裂纹、麻点等外观缺陷	224	100	171.8	各气候区

第三类　设备组

18　新风与空调设备

新风与空调设备产品选用目录

产品名称	生产厂商	产品型号	性能指标											适用范围
			标准/最大新风量，m^3/h	最大循环风量，m^3/h	显热回收效率，%	全热回收效率，%	制冷量，kW	制热量，kW	通风电力需求，Wh/m^3，	系统COP	余压，Pa	过滤等级	噪声，dB（A）	
全热回收除霾抗菌新风空调一体机	中山万得福电子热控科技有限公司	XKD-26D-150	60/120	400	80.1	77.3	2.6	3.4	<0.45	2.8	60	G4或以上	36	各气候区
		XKD-35D-200	90/200	500	80.1	77.3	3.5	4.0	<0.45	2.8	100	G4或以上	36	各气候区
		XKD-51D-300	120/300	600	80.1	77.3	5.1	6.2	<0.45	2.8	120	G4或以上	36	各气候区
		XKD-72D-500	150/500	700	80.1	77.3	7.2	8.6	<0.45	2.8	150	G4或以上	36	各气候区

产品名称	生产厂商	产品型号	性能指标								适用范围
			标准/最大新风量，m^3/h	显热回收效率，%	全热回收效率，%	输入功率，kW	通风电力需求，Wh/m^3	余压，Pa	过滤等级	噪声，dB（A）	
集中式全热回收新风机	中山万得福电子热控科技有限公司	ERV-5000	1000/5000	80.1	77.3	3.0	<0.45	350	G4或以上	46	各气候区

续表

产品名称	生产厂商	产品型号	性能指标					适用范围
			最大风量，m^3/h	热回收效率，%	余压，Pa	功率，W	电流，A	
全热交换器	上海兰舍空气技术有限公司	Comfo350 ERV 全热交换主机	350	85	225	241	1.78	各气候区
全热交换器	上海兰舍空气技术有限公司	Comfo550 ERV 全热交换主机	550	85	240	365	2.56	

产品名称	生产厂商	产品型号	性能指标						适用范围
			最大风量，m^3/h	热回收效率，%	功率，W	电压，V	重量，kg	设备噪声，dB（A）	
全热交换器	上海兰舍空气技术有限公司	ERV250/GL 全热交换主机	273	76	108	220（50Hz）	29.2	33	各气候区
		ERV350/GL 全热交换主机	341	73	126	220（50Hz）	29.2	34	
		ERV550/GL 全热交换主机	551	74	276	220（50Hz）	35	43	

名称	生产厂商	产品型号	性能指标							适用范围
			最大风量，m^3/h	显热回收效率，%	制冷量，kW	制热量，kW	通风电力需求，Wh/m^3	系统COP	设备噪声，dB（A）	
被动式建筑能源环境系统与设备	同方人工环境有限公司	PA30E/C	600	≥75	2.92	3.01	≤0.45	3.34（制热）	≤42	各气候区
		PA40E/CⅢ	650	≥75	4.17	4.02	≤0.45	3.06（制热）	≤42	各气候区

续表

名称	生产厂商	产品型号	性能指标							适用范围
			最大风量，m^3/h	显热回收效率，%	制冷量，kW	制热量，kW	通风电力需求，Wh/m^3	系统COP	设备噪声，dB（A）	
被动式建筑能源环境系统与设备	同方人工环境有限公司	PA50E/CⅢ	750	≥75	5.01	5.10	≤0.45	2.97（制热）	≤48	各气候区
		PA58EH/C（内置150L热水箱）	1100	≥75	5.30	5.80	≤0.45	3.07（制热）	≤55	各气候区
		PA40E-D/CⅢ（带除湿功能）	650	≥75	4.20	4.07	≤0.45	3.08	≤42	有除湿需求的地区
		PA50E-D/CⅢ（带除湿功能）	750	≥75	5.05	5.15	≤0.45	2.98	≤48	有除湿需求的地区

产品名称	生产厂商	产品型号	性能指标							适用范围
			新风/循环风量，m^3/h	显热/全热回收效率，%	制冷量，kW	制热量，kW	通风电力需求，W/（m^3/h）	系统COP	设备噪声dB（A）	
被动式建筑能源环境系统与设备	森德中国暖通设备有限公司	CHM-AC60HB	200/600	85/62	3.5	3.80	≤0.45	制冷4.6 制热5.0	≤42	各气候区
		CHM-GC60HN	200/600	85/62	3.8	4.2	≤0.45	制冷5.6 制热5.6	≤42	各气候区

续表

产品名称	生产厂商	产品型号	性能指标							适用范围
			新风/循环风量，m^3/h	显热/全热回收效率，%	制冷量，kW	制热量，kW	通风电力需求，W/（m^3/h）	系统COP	设备噪声，(dB（A）	
被动式建筑能源环境系统与设备	森德中国暖通设备有限公司	CHM-NC60HN	200/600	85/62	3.2	3.5	≤0.45		≤42	各气候区
		CHN-AC120HB	400/1200	85/65	5.0	5.1	≤0.45	制冷4.5 制热5.0	≤50	各气候区

产品名称	生产厂商	产品型号	性能指标						适用范围
			最大风量，m^3/h	显热回收效率，%	全热回收效率，%	机外静压，Pa	功率，W	电流，A	
全热回收新风机	森德中国暖通设备有限公司	CA200ERV	215	85	60	100	95	0.43	各气候区
		CA350 ERV	350	85	60	225	241	1.1	各气候区
		CA550 ERV	550	85	60	240	365	1.66	各气候区
吊顶全热回收处理机	森德中国暖通设备有限公司	CA-D9100	1000	85	60	220	650	2.95	各气候区带空气净化功能
		CA-D9150	1500	85	60	220	990	4.5	各气候区带空气净化功能

续表

产品名称	生产厂商	产品型号	性能指标								适用范围
			最大风量，m^3/h	全热回收效率（制热），%	全热回收效率（制冷），%	噪声值，dB（A）	出口全压	过滤级别	PM2.5过滤率	功率，W	
管道式热回收新风机	北京朗适新风技术有限公司	WRG-L全热交换空气净化新风机	300	≥ 75	≥69	39	150	F8以上	≥90%	190	各气候区
蓄放热式热回收新风机	北京朗适新风技术有限公司	LUNO-e^2蓄放热式热回收新风机	30	≥ 90.6		19（计权隔声量42）		F8以上	≥80%	3.0	除严寒地区外

产品名称	生产厂商	产品型号	性能指标								适用范围
			标准/最大风量，m^3/h	标准新风量，m^3/h	显热回收效率，%	制冷量，kW	制热量，kW	通风电力需求，Wh/m^3	系统COP	过滤等级	
中央式热回收除霾能源环境机	河北省建筑科学研究院	JYXFGBR-720	615/720	180	78	4.2	4.5	≤0.45	3.0（制热）	F9	寒冷及部分严寒地区
中央式热回收除霾能源环境机	河北省建筑科学研究院	JYXFGBR-930	790/930	180	78	6.5	7.4	≤0.45	3.0（制热）	F9	寒冷及部分严寒地区

续表

产品名称	生产厂商	产品型号	性能指标							适用范围
			标准/最大风量，m^3/h	显热回收效率，%	最大静压，Pa	功率，W	过滤效率，%	有效换气率，%	重量，kg	
中央式热回收新风换气机	博乐环境系统（苏州）有限公司	Komfort EC SB 350	350/415	80	150/50	173	90	98	56	各气候区

产品名称	生产厂商	产品型号	性能指标					适用范围
			风量，m^3/h	显热交换效率，%	潜热交换效率，%	全热交换效率，%	压力损失，Pa	
全热交换芯块	中山市创思泰新材料科技股份有限公司	TA－334/334-393-2.3	230	80.1	70.9	77.3	54	各气候区
全热交换芯块	中山市创思泰新材料科技股份有限公司	TA－199/438/198-440-2.3	260	80.4	65.3	75.2	82	
			180	86.4	76.6	83.5	61	

产品名称	生产厂商	产品型号	性能指标							适用范围
			最大新风量，m^3/h	最大送风量，m^3/h	显热交换效率，%	湿交换效率，%	焓交换效率，%	功率，W	噪声，dB（A）	
多传感变风量全热新风机	杭州龙碧科技有限公司	LB250-1S	200	200	制冷工况：80%±3% 制热工况：91%±3%	制冷工况：71%±3% 制热工况：63%±3%	制冷工况：73%±3% 制热工况：82%±3%	≤75	≤41.6	各气候区

续表

产品名称	生产厂商	产品型号	性能指标										适用范围
			标准/最大新风量，m^3/h	最大循环风量，m^3/h	显热回收效率，%	制冷量，kW	制热量，kW	通风电力需求，Wh/m^3，	系统COP	余压，Pa	过滤等级	噪声，dB（A）	
被动式建筑能源环境与设备	中洁环境科技（西安）有限公司	SC-QT1S32-F15DL（G）A	90~200	750	夏季≥76 冬季≥80	3.25	3.5	≤0.45	制冷3 制热3.2	150	G4+H12	≤42	各气候区
		SC-QT1S14-F27DC（G）A	150~300	300	夏季≥75 冬季≥85	1.44	1.04	≤0.45	制冷3 制热3.2	125	G4+H12	≤42	各气候区

第四类　其他

19　抽油烟机

抽油烟机产品选用目录

产品名称	生产厂商	产品型号	性能指标									适用范围
			风量，m^3/min	风压，Pa	噪声，dB（A）	电机功率，W	照明功率，W	风管尺寸，mm	外观主要材质	控制方式	油脂分离度	
抽油烟机	武汉创新环保工程有限公司	CXW-218-JH168A	15±1	280	≦54	218	2×1.5	160	钢化玻璃/冷轧板	感应	98.9%	各气候区

十二　被动式低能耗建筑产业创新联盟名单

［理事长单位］

江苏南通三建集团股份有限公司

［常务副理事长单位］

住房和城乡建设部科技与产业化发展中心

［副理事长单位］

黑龙江辰能盛源房地产开发有限公司

秦皇岛五兴房地产有限公司

辽宁辰威集团有限公司

大连博朗房地产开发有限公司

湖南伟大集团

哈尔滨森鹰窗业股份有限公司

北京新立基真空玻璃技术有限公司

武汉创新环保工程有限公司

江阴市绿胜节能门窗有限公司

上海森利建筑装饰有限公司

中国玻璃控股有限公司

中国建筑设计院有限公司

瑞士森科（南通）遮阳科技有限公司

中国建材检验认证集团股份有限公司

北京国建联信认证中心有限公司

北京市腾美骐科技发展有限公司

亚松聚氨酯（上海）有限公司

北京海纳联创无机纤维喷涂技术有限公司

极景门窗有限公司

中山市创思泰新材料科技股份有限公司

北京米兰之窗公司节能建材有限公司

哈尔滨鸿盛建筑材料制造股份有限公司

中洁绿建科技（西安）有限公司

浙江芬齐涂料密封胶有限公司

住房和城乡建设部科技与产业化发展中心康居认证中心

江苏卧牛山保温防水技术有限公司

德尉达（上海）贸易有限公司

中山市万得福电子热控科技有限公司

［理事单位］

北京金晶智慧有限公司

迪和达商贸（上海）有限公司（德国优尼路科斯有限公司中国国内代表）

迪和达商贸（上海）有限公司（德国博仕格有限公司中国国内代表）

山海大象建设集团

海东市金鼎房地产开发有限公司

青岛亨达玻璃科技有限公司

同方人工环境有限公司

上海兰舍空气技术有限公司

马鞍山钢铁股份有限公司

上海华峰普恩聚氨酯有限公司

辽宁省建筑标准设计研究院

北京怡好思达软件科技发展有限公司

圣戈班SWISSPACER舒贝舍TM

中国节能环保集团公司

清华大学建筑设计研究院

瑞好聚合物（苏州）有限公司

维卡塑料（上海）有限公司

Aluplast　GmbH

上海新型建材岩棉有限公司

大连实德科技发展有限公司

河北奥润顺达窗业有限公司

北京金隅节能保温科技有限公司

博乐环境系统（苏州）有限公司

天津南玻节能玻璃有限公司

柯梅令（天津）高分子型材有限公司

中亨新型材料科技有限公司

北京朗适新风技术有限公司

中材科技股份有限公司

南通锦鸿建筑科技有限公司

天津耀皮玻璃公司

大连华鹰玻璃股份有限公司

北京怡空间被动房装饰工程有限公司

杭州龙碧科技有限公司

利坚美（北京）科技发展有限公司

青岛科瑞新型环保材料有限公司

唐山市思远工程材料检测有限公司

河北堪森被动式房屋有限公司

美国QUANEX（柯耐士）建材产品集团

［会员单位］

河北新华幕墙有限公司

北京中筑天和建筑设计有限公司

TYDI腾远 青岛腾远设计事务所有限公司

北京建筑材料总院

CAPOL 華陽國際 深圳市华阳国际建筑产业化有限公司

台玻天津玻璃有限公司

堡密特建筑材料（苏州）有限公司

北京秦恒商贸有限公司

信义玻璃（天津）有限公司

德国D+H

天津市格瑞德曼建筑装饰工程有限公司

泰诺风泰居安（苏州）隔热材料有限公司

北京冠华东方玻璃科技有限公司

［团体会员］

中国玻璃协会

中国绝热节能材料协会

中国建筑防水协会

山东建筑大学

世界绿色设计组织建筑专业委员会

后记 | POSTSCRIPT

自2009年，住房和城乡建设部科技与产业化发展中心与德国能源署在中国研究推广被动房以来，已经在中国各个气候带，完成了近30栋试点示范工程的建设。住房和城乡建设部科技与产业化发展中心主编完成了《河北省被动式低能耗居住建筑设计标准》、《黑龙江被动式低能耗居住建筑设计标准》、国家标准图集16J908-8《被动式低能耗建筑——严寒和寒冷地区居住建筑》、《青岛市被动式低能耗建筑节能设计导则》、《北京市超低能耗农宅示范建设项目应用技术导则》。

被动房在中国经过几年的发展，取得了突破性进展。理论上实现了从无到有，并不断通过实践进行完善。开发规模从单体建筑到10万m^2以上规模化开发。人们对被动房的态度也从怀疑到主动接受。

被动房对建筑、建材等相关产业产生了深刻影响。房屋建造实现了从粗放式施工到精细化施工的转变；可满足被动房要求的门窗实现了从无到有的突破；性能优异的真空玻璃、LOW-E玻璃得到了应用；远高于国家标准的防水卷材被市场所接受；追求产品质量、追求房屋建造后的质量已经成为人们的共识；一个从低价中标转向追求高质量和合理性价比的健康的被动房市场已经形成。

于2015年3月成立的“被动式低能耗建筑产业创新战略联盟”集合了对被动房有着深刻情怀的设计、施工、产品材料生产商、高校、研究院所。联盟成员为中国被动房建筑的健康发展共同努力。“联盟”推出的《被动式低能耗建筑产品选用目录》已经成为各地被动房产品材料的选用依据。

为了让人们对中国被动房发展有系统的了解，住房和城乡建设部科技与产业化发展中心、被动式低能耗建筑产业创新战略联盟决定自2017年起，每年推出《中国被动式低能耗建筑年度发展研究报告》，以飨读者。